21世纪高等学校数学系列教材
编 委 会

主　　任：羿旭明　武汉大学数学与统计学院，副院长，教授
副 主 任：何　穗　华中师范大学数学与统计学院，副院长，教授
　　　　　肖业胜　武汉工程职业技术学院，副教授
　　　　　孙旭东　武汉工业职业技术学院，副教授
　　　　　万　武　湖北轻工业职业技术学院，副教授
　　　　　骞　明　华中科技大学数学学院，副院长，教授
　　　　　曾祥金　武汉理工大学理学院，数学系主任，教授、博导
　　　　　李玉华　云南师范大学数学学院，副院长，教授
编　　委：（按姓氏笔画为序）
　　　　　王绍恒　重庆三峡学院数学与计算机学院，教研室主任，副教授
　　　　　叶牡才　中国地质大学（武汉）数理学院，教授
　　　　　叶子祥　武汉科技学院东湖校区，副教授
　　　　　刘　俊　曲靖师范学院数学系，系主任，教授
　　　　　全惠云　湖南师范大学数学与计算机学院，系主任，教授
　　　　　何　斌　红河师范学院数学系，副院长，教授
　　　　　李学峰　仰恩大学（福建泉州），副教授
　　　　　李逢高　湖北工业大学理学院，副教授
　　　　　杨柱元　云南民族大学数学与计算机学院，院长，教授
　　　　　杨汉春　云南大学数学与统计学院，数学系主任，教授
　　　　　杨泽恒　大理学院数学系，系主任，教授
　　　　　张金玲　襄樊学院，讲师
　　　　　张惠丽　昆明学院数学系，系副主任，副教授
　　　　　陈圣滔　长江大学数学系，教授
　　　　　邹庭荣　华中农业大学理学院，教授
　　　　　吴又胜　咸宁学院数学系，系副主任，副教授
　　　　　肖建海　孝感学院数学系，系主任
　　　　　沈远彤　中国地质大学（武汉）数理学院，教授
　　　　　欧贵兵　武汉科技学院理学院，副教授
　　　　　赵喜林　武汉科技大学理学院，副教授
　　　　　徐荣聪　福州大学数学与计算机学院，副院长

高遵海　武汉工业学院数理系，副教授
梁　林　楚雄师范学院数学系，系主任，副教授
梅汇海　湖北第二师范学院数学系，副主任
熊新斌　华中科技大学数学学院，副教授
蔡光程　昆明理工大学理学院数学系，系主任，教授
蔡炯辉　玉溪师范学院数学系，系副主任，副教授

执行编委： 李汉保　武汉大学出版社，副编审
　　　　　　黄金文　武汉大学出版社，副编审

21世纪高等学校数学系列教材

（第三版）

高等数学学习指导

- 主 编 万 武
- 副主编 肖业胜 孙旭东

武汉大学出版社

图书在版编目(CIP)数据

高等数学学习指导/万武主编;肖业胜,孙旭东副主编. —3版. —武汉:武汉大学出版社,2011.4
21世纪高等学校数学系列教材
ISBN 978-7-307-08665-4

Ⅰ.高… Ⅱ.①万… ②肖… ③孙… Ⅲ.高等数学—高等学校—教学参考资料 Ⅳ.O13

中国版本图书馆 CIP 数据核字(2011)第 064970 号

责任编辑:李汉保　　责任校对:黄添生　　版式设计:詹锦玲

出版发行:武汉大学出版社　(430072　武昌　珞珈山)
（电子邮件:cbs22@whu.edu.cn　网址:www.wdp.whu.edu.cn）
印刷:通山金地印务有限公司
开本:787×1092　1/16　印张:15.5　字数:326 千字　插页:1
版次:2004 年 11 月第 1 版　　2006 年 8 月第 2 版
　　2011 年 4 月第 3 版　　2011 年 9 月第 3 版第 2 次印刷
ISBN 978-7-307-08665-4/O·447　　定价:22.00 元

版权所有,不得翻印;凡购买我社的图书,如有质量问题,请与当地图书销售部门联系调换。

内容简介

本书是 21 世纪高等学校数学系列教材之一，全书遵循高等教育规律，突出高等职业教育的特点，注重对学生数学素养和应用能力的培养，体现数学建模思想。全书分为上、下两册共 10 章，内容包括：函数、极限与连续、导数的应用、一元函数的积分学、微分方程、向量代数与空间解析几何、多元函数微积分和无穷级数等。教材每章后附有历史的回顾与评述，主要介绍数学发展史与相关数学大师。

本书对于所涉及的若干定理、推论、命题等，既不追求详细的证明过程，又不失数学理论的严谨；注重将数学建模思想融入到教学中；结合数学软件，培养学生处理数据以及求解数学模型的能力。

与本书配套的辅助教材有《高等数学练习册》、《高等数学学习指导》。本书可以作为高职高专各类专业通用数学教材，也可以作为成人高校、网络教育及相关科技人员的高等数学自学教材。

序

　　数学是研究现实世界中数量关系和空间形式的科学。长期以来，人们在认识世界和改造世界的过程中，数学作为一种精确的语言和一个有力的工具，在人类文明的进步和发展中，甚至在文化的层面上，一直发挥着重要的作用。作为各门科学的重要基础，作为人类文明的重要支柱，数学科学在很多重要的领域中已起到关键性、甚至决定性的作用。数学在当代科技、文化、社会、经济和国防等诸多领域中的特殊地位是不可忽视的。发展数学科学，是推进我国科学研究和技术发展，保障我国在各个重要领域中可持续发展的战略需要。高等学校作为人才培养的摇篮和基地，对大学生的数学教育，是所有的专业教育和文化教育中非常基础、非常重要的一个方面，而教材建设是课程建设的重要内容，是教学思想与教学内容的重要载体，因此显得尤为重要。

　　为了提高高等学校数学课程教材建设水平，由武汉大学数学与统计学院与武汉大学出版社联合倡议，策划，组建21世纪高等学校数学课程系列教材编委会，在一定范围内，联合多所高校合作编写数学课程系列教材，为高等学校从事数学教学和科研的教师，特别是长期从事教学且具有丰富教学经验的广大教师搭建一个交流和编写数学教材的平台。通过该平台，联合编写教材，交流教学经验，确保教材的编写质量，同时提高教材的编写与出版速度，有利于教材的不断更新，极力打造精品教材。

　　本着上述指导思想，我们组织编撰出版了这套21世纪高等学校数学课程系列教材，旨在提高高等学校数学课程的教育质量和教材建设水平。

　　参加21世纪高等学校数学课程系列教材编委会的高校有：武汉大学、华中科技大学、云南大学、云南民族大学、云南师范大学、昆明理工大学、武汉理工大学、湖南师范大学、重庆三峡学院、襄樊学院、华中农业大学、福州大学、长江大学、咸宁学院、中国地质大学、孝感学院、湖北第二师范学院、武汉工业学院、武汉科技学院、武汉科技大学、仰恩大学（福建泉州）、华中师范大学、湖北工业大学等20余所院校。

　　高等学校数学课程系列教材涵盖面很广，为了便于区分，我们约定在封首上以汉语拼音首写字母缩写注明教材类别，如：数学类本科生教材，注明：SB；理工类本科生教材，注明：LGB；文科与经济类教材，注明：WJ；理工类硕士生教材，注明：LGS，如此等等，以便于读者区分。

　　武汉大学出版社是中共中央宣传部与国家新闻出版署联合授予的全国优秀出版

社之一。在国内有较高的知名度和社会影响力、武汉大学出版社愿尽其所能为国内高校的教学与科研服务。我们愿与各位朋友真诚合作、力争将该系列教材打造成为国内同类教材中的精品教材，为高等教育的发展贡献力量！

21 世纪高等学校数学系列教材编委会
2007 年 7 月

前　言

数学是研究现实世界中数量关系和空间形式的科学。作为各门科学的重要基础，数学科学在许多重要的领域中已起到关键性甚至决定性的作用。发展数学科学，是推进我国科学研究和技术发展，保障我国在各个重要领域中可持续发展的战略需要。高等学校作为人才培养的摇篮和基地，对大学生的数学教育，是所有的专业教育和文化教育中非常基础、非常重要的一个方面，而教材建设是课程建设的重要内容，是教学思想与教学内容的重要载体，因此显得尤为重要。为了提高高等学校数学课程教材建设水平，由武汉大学数学与统计学院与武汉大学出版社联合倡议、策划，组建21世纪高等学校数学课程系列教材编委会，在一定范围内，联合华中科技大学、云南大学、武汉理工大学、湖南师范大学、重庆三峡学院、福州大学、中国地质大学、孝感学院、武汉科技大学、华中师范大学、武汉工业职业技术学院、武汉工程职业技术学院、湖北轻工业职业技术学院等省内外20余所院校合作编写数学课程系列教材，为高等学校从事数学教学和科研的教师，特别是长期从事教学且具有丰富教学经验的广大教师搭建一个交流和编写数学教材的平台。通过该平台，联合编写教材，交流教学经验，确保教材的编写质量，同时提高教材的编写与出版速度，有利于教材的不断更新，极力打造精品教材。

本套教材根据国家教育部制定的高职高专教育高等数学课程基本要求，贯彻以"应用为目的，以够用为度"的原则编写而成，以"培养能力，强化应用"为出发点，满足专业对数学的基本要求并体现了高等职业教育的特点。着重培养以下四方面的能力：一是用数学思维分析解决实际问题的能力；二是把实际问题转化为数学模型的能力；三是求解数学模型的能力；四是用数学知识解决所学专业上的一些问题的能力。本套教材具有以下特点：一是体现以必需、够用为度的原则，对于所涉及的若干定理、推论、命题等，既不追求详细的证明，又不失数学理论的严谨，适度淡化了难度较大的数学理论，加强了应用较强的数学方法；二是突出了能力培养，注重将数学建模思想融入到教学中，结合数学软件，培养处理数据以及求解数学模型的能力；三是突出数学知识与专业知识的衔接，增强针对性和实用性，提高学生学习数学的目的性；四是增强了可读性，提高学生学习数学的兴趣和积极性，教材每章后附有历史的回顾与评述材料；五是本套教材配有《高等数学学习指导》，对主教材的重点、难点逐一进行分析讲解，对典型例题进行归纳，着重理清解题的思路、方法和规律，以帮助学生正确地理解数学概念，提高学生的解题能力和数学素质，保持了主教材的体系并按主教材的章节编排，每章包括学习指导、典型例题、同步训练、模拟试题和参考答案等。

本套教材包括《高等数学》上、下册共有10章和9个附录，每节后配有适量的习题，书后附有参考答案。打"＊"号的内容供选学。本教材可以供高职高专各专业选用。

本套教材由孙旭东、肖业胜、万武担任主编。《高等数学》（上册）由肖业胜担任主编，孙旭东、万武担任副主编。《高等数学》（下册）由孙旭东担任主编；万武、肖业胜担任副主编。《高等数学学习指导》由万武担任主编；肖业胜、孙旭东担任副主编。为便于学生学习，本套教材还配有《高等数学练习册》。

本套教材得到武汉大学出版社、武汉工业职业技术学院、武汉工程职业技术学院、湖北轻工业职业技术学院等高等学校的大力支持，本套教材还参考吸收了有关教材及著作的成果，在此一并致谢！

由于作者水平所限，本书难免存在疏漏之处，敬请广大读者不吝赐教，提出批评建议，以便再版时修订，使本套教材日臻完善。

作　者

2010年3月

目 录

第1章 函数、极限与连续 ……………………………………………… 1
　§1.1　内容提要 ……………………………………………………… 1
　§1.2　疑难解析 ……………………………………………………… 2
　§1.3　范例讲评 ……………………………………………………… 6
　§1.4　习题选解 ……………………………………………………… 10
　§1.5　综合练习 ……………………………………………………… 15

第2章 导数与微分 ……………………………………………………… 20
　§2.1　内容提要 ……………………………………………………… 20
　§2.2　疑难解析 ……………………………………………………… 22
　§2.3　范例讲评 ……………………………………………………… 25
　§2.4　习题选解 ……………………………………………………… 33
　§2.5　综合练习 ……………………………………………………… 37

第3章 导数的应用 ……………………………………………………… 41
　§3.1　内容提要 ……………………………………………………… 41
　§3.2　疑难解析 ……………………………………………………… 44
　§3.3　范例讲评 ……………………………………………………… 44
　§3.4　习题选解 ……………………………………………………… 50
　§3.5　综合练习 ……………………………………………………… 53

第4章 不定积分 ………………………………………………………… 58
　§4.1　内容提要 ……………………………………………………… 58
　§4.2　疑难解析 ……………………………………………………… 59
　§4.3　范例讲评 ……………………………………………………… 61
　§4.4　习题选解 ……………………………………………………… 65
　§4.5　综合练习 ……………………………………………………… 67

第5章 定积分及其模型 ………………………………………………… 71
　§5.1　内容提要 ……………………………………………………… 71

§5.2 疑难解析 …………………………………………………………… 74
§5.3 范例讲评 …………………………………………………………… 77
§5.4 习题选解 …………………………………………………………… 86
§5.5 综合练习 …………………………………………………………… 91

第6章 微分方程 …………………………………………………………… 96
§6.1 内容提要 …………………………………………………………… 96
§6.2 疑难解析 …………………………………………………………… 98
§6.3 范例讲评 …………………………………………………………… 100
§6.4 习题选解 …………………………………………………………… 106
§6.5 综合练习 …………………………………………………………… 115

第7章 向量代数与空间解析几何 ………………………………………… 118
§7.1 内容提要 …………………………………………………………… 118
§7.2 疑难解析 …………………………………………………………… 123
§7.3 范例讲评 …………………………………………………………… 125
§7.4 习题选解 …………………………………………………………… 136
§7.5 综合练习 …………………………………………………………… 141

第8章 多元函数微分学 …………………………………………………… 144
§8.1 内容提要 …………………………………………………………… 144
§8.2 疑难解析 …………………………………………………………… 149
§8.3 范例讲评 …………………………………………………………… 151
§8.4 习题选解 …………………………………………………………… 158
§8.5 综合练习 …………………………………………………………… 162

第9章 多元函数积分学 …………………………………………………… 168
§9.1 内容提要 …………………………………………………………… 168
§9.2 疑难解析 …………………………………………………………… 171
§9.3 范例讲评 …………………………………………………………… 173
§9.4 习题选解 …………………………………………………………… 187
§9.5 综合练习 …………………………………………………………… 199

第10章 无穷级数 …………………………………………………………… 206
§10.1 内容提要 ………………………………………………………… 206
§10.2 疑难解析 ………………………………………………………… 209
§10.3 范例讲评 ………………………………………………………… 213

§10.4 习题选解 …………………………………………… 217
§10.5 综合练习 …………………………………………… 221

附录 综合测试题（一） ……………………………………… 227
　　　综合测试题（二） ……………………………………… 228
　　　综合测试题（三） ……………………………………… 230

综合测试题参考答案 ……………………………………………… 231

第1章 函数、极限与连续

§1.1 内容提要

1.1.1 主要内容

函数的概念,函数的几种特性;基本初等函数、复合函数与初等函数的概念;数列极限与函数极限的定义,极限的运算法则,无穷小与无穷大的概念,两个重要极限;函数的连续性概念与函数的间断点;闭区间上连续函数的性质.

1.1.2 连续与极限及相关概念的关系

$$\lim_{\substack{x \to x_0 \\ (x \to \infty)}} f(x) = A \begin{cases} \lim_{x \to \infty} f(x) = A \begin{cases} \text{数列极限} \lim_{n \to \infty} f(n) = A \\ \lim_{x \to +\infty} f(x) = A \\ \lim_{x \to -\infty} f(x) = A \end{cases} \\ \lim_{x \to x_0} f(x) = A \begin{cases} \lim_{x \to x_0^+} f(x) = A \\ \lim_{x \to x_0^-} f(x) = A \end{cases} \\ \text{连续} \quad \lim_{x \to x_0} f(x) = f(x_0) \end{cases}$$

当 $A = 0$ 时,$f(x)$ 是无穷小;当 $A = \infty$ 时,$f(x)$ 是无穷大;如果 $f(x)$ 是无穷小(或无穷大),且 $f(x) \neq 0$,则 $\dfrac{1}{f(x)}$ 是无穷大(或无穷小).

1.1.3 几个常用的基本极限

(1) $\lim\limits_{\substack{x \to x_0 \\ (x \to \infty)}} C = C$($C$ 为常数). (2) $\lim\limits_{x \to x_0} x = x_0$.

(3) $\lim\limits_{x \to \infty} \dfrac{1}{x^a} = 0$($a$ 为正常数). (4) $\lim\limits_{x \to \infty} \left(1 + \dfrac{1}{x}\right)^x = e$.

(5) $\lim\limits_{x \to \infty} \dfrac{a_0 x^m + a_1 x^{m-1} + \cdots + a_m}{b_0 x^n + b_1 x^{n-1} + \cdots + b_n} = \begin{cases} \dfrac{a_0}{b_0}, & n = m \\ 0, & n > m \\ \infty, & n < m \end{cases}$.

其中 $a_0, a_1, \cdots, a_m$ 和 $b_0, b_1, \cdots, b_n$ 都是常数,且 $a_0 \neq 0, b_0 \neq 0$.

(6) $\lim\limits_{x \to 0} \dfrac{\sin x}{x} = 1$.

1.1.4 有关函数连续性的主要结论

1. 基本初等函数在其定义域内是连续的
2. 一切初等函数在其定义区间内是连续的
3. 最大值、最小值定理

在闭区间上连续的函数一定有最大值和最小值.

4. 介值定理

设函数 $f(x)$ 在闭区间 $[a,b]$ 上连续,且在该区间的端点取不同的函数值: $f(a) = A$ 与 $f(b) = B$,则对于 A 与 B 之间的任意一个数 C,在开区间 (a,b) 内至少存在一点 x_0,使得 $f(x_0) = C$.

§1.2 疑难解析

1.2.1 极限的求法

极限方法是研究函数的基本方法,极限的概念是高等数学中重要的、基础的概念。其概念和方法是本章的难点之一. 由于数列是整变量函数,因此,数列的极限和函数的极限都是函数的极限. 本章极限概念采用了描述性定义,用描述性定义求函数极限,或者取一些 x,y 的对应值,观察函数值是否无限趋近于某一常数;或者通过函数图像直观地看到,自变量在某种趋向下,函数是否无限趋近于某一常数.

除按定义求极限的方法外,极限还有下列求法:

1. 利用极限的四则运算法则
2. 利用函数的连续性求极限

初等函数在其定义域上是连续的,利用函数连续的定义 $\lim\limits_{x \to x_0} f(x) = f(x_0)$,可以求初等函数在定义域上某一点的极限.

3. "$\dfrac{0}{0}$" 型未定型极限问题

(1) 分子、分母因式分解后约去零因子,将所论函数转化成连续函数在定义域上某点的极限问题.

(2) 分子、分母有理化后约去零因子,将所论函数转化成连续函数求极限问题.

例如 $\lim\limits_{x \to 4} \dfrac{\sqrt{1+2x} - 3}{\sqrt{x} - 2}$.

(3) 分子、分母采用整体或乘积因子作等价无穷小量替换. 例如

$$\lim_{x\to 0}\frac{1-\cos x}{x^2(\mathrm{e}^2-1)}.$$

(4) 利用公式 $\lim\limits_{x\to 0}\dfrac{\sin x}{x}=1$ 求极限. 例如 $\lim\limits_{x\to 0}\dfrac{\sin 5x}{\sin 3x}$.

(5) 利用洛必达法则求极限(见后面相关章节).

把以上方法综合起来,能更容易地求极限.

4. "$\dfrac{\infty}{\infty}$" 型未定型极限问题

求 $x\to\infty$ (或 $n\to\infty$) 的极限,分子、分母同时除以 x(或 n)的最高次幂 (也可以转化为 "$\dfrac{0}{0}$" 型极限或用洛必达法则).

还有许多极限问题,例如 "$\infty-\infty$" 型、"$0\cdot\infty$" 型未定型极限问题,可以适当变形转化成为 "$\dfrac{0}{0}$" 型、"$\dfrac{\infty}{\infty}$" 型未定型的极限问题.

5. 利用公式 $\lim\limits_{x\to\infty}\left(1+\dfrac{1}{x}\right)^x=\mathrm{e}$ 求 "1^∞" 型未定型的极限

1.2.2 复合函数

复合函数在函数的连续、导数、积分等问题中都具有广泛的应用,因此很重要,突破了这个难点,学生在今后的学习中才会顺利.

1. 如何构成复合函数

如由函数 $y=\ln u, u=\sin v$ 和 $v=x^2+1$ 构成的复合函数.

$$y=\ln\sin(x^2+1).$$

而由

$$f(x)=\begin{cases}0, & x\leqslant 0\\ x, & x>0\end{cases}$$

和

$$g(x)=\begin{cases}x, & x\leqslant 0\\ -x^2, & x>0\end{cases}$$

构成复合函数为

$$g(f(x))=\begin{cases}0, & x\leqslant 0\\ -x^2, & x>0\end{cases}.$$

例如函数 $y=\arcsin u$ 及 $u=2+x^2$ 能构成复合函数吗?

因为 $u=2+x^2$ 的值域为 $[2,+\infty)$, 而 $y=\arcsin u$ 的定义域为 $[-1,1]$, $[2,+\infty]\not\subset[-1,1]$, 因此 $y=\arcsin u$ 和 $u=z+x^2$ 不能构成复合函数.

2. 分析函数的复合过程

例如,指出函数 $y=(-2x+1)^7, y=\sqrt{\log_2(\cos x-\mathrm{e}^x)}$ 的复合过程.

$y=(-2x+1)^7$ 是由 $y=u^7$ 和 $u=-2x+1$ 复合而成的;

$y=\sqrt{\log_2(\cos x-\mathrm{e}^x)}$ 是由 $y=\sqrt{u}, u=\log_2 v$ 和 $v=\cos x-\mathrm{e}^x$ 复合而成的.

1.2.3 间断点分类

间断点是讨论函数连续的继续,找出了函数的间断点并判定了类型,就容易绘出完整、准确的函数图形.

$$\text{函数的间断点}\begin{cases}\text{第一类间断点}\atop\text{(左、右极限都存在)}\begin{cases}\text{可去间断点}\\\text{跳跃间断点}\end{cases}\\\text{第二类间断点}\atop\text{(左极限或右极限不存在)}\begin{cases}\text{无穷大间断点}\\\text{振荡间断点}\end{cases}\end{cases}$$

例如,函数 $y = \dfrac{\sin x}{x}$ 在 $x = 0$ 处是可去间断点,函数 $y = \begin{cases} x - 1, & x \leqslant 1 \\ 3 - x, & x > 1 \end{cases}$ 在 $x = 1$ 处是跳跃间断点,均属第一类间断点;又例如,函数 $y = \dfrac{1}{x+1}$ 在 $x = -1$ 处是无穷大间断点,函数 $y = \sin \dfrac{1}{x}$ 在 $x = 0$ 处是振荡间断点.

1.2.4 分段函数

凡涉及分段函数的问题,尤其是分段函数的复合等,学生总感到困难.以下讨论涉及分段函数的几个方面.

1. 分段函数的函数值

计算分段函数值时主要判定自变量在什么区间,选择这个区间对应的表达式.

例如,设 $f(x) = \begin{cases} 2x + 3, & x > 0 \\ 1, & x = 0 \\ x^2, & x < 0 \end{cases}$,求 $f(0)$,$f\left(-\dfrac{1}{2}\right)$.

则 $f(0) = 1$,$f\left(-\dfrac{1}{2}\right) = \left(-\dfrac{1}{2}\right)^2 = \dfrac{1}{4}$.

2. 建立分段函数的函数关系

首先讨论不同自变量的范围,得出相应函数的表达式,然后综合为一个分段函数.

例如旅客乘坐火车可以免费携带不超过 20kg 的物品,超过 20kg 而不超过 50kg 的部分每千克交费 a 元,超过 50kg 部分每千克交费 b 元.求运费与携带物品重量的函数关系.

设物品重量为 x kg,应交运费为 y 元.

第一种情况,当重量不超过 20kg 时

$$y = 0, \quad x \in [0, 20]$$

第二种情况,当重量大于 20kg 但不超过 50kg 时

$$y = (x - 20) \times a, \quad x \in (20, 50]$$

第三种情况,当重量超过 50kg 时

$$y = (50 - 20) \times a + (x - 50) \times b, \quad x \in (50, +\infty).$$

因此,所求的函数是一个分段函数

$$y = \begin{cases} 0, & x \in [0, 20] \\ a(x - 20), & x \in (20, 50] \\ 30a + b(x - 50), & x \in (50, +\infty) \end{cases}.$$

3. 分段函数的复合

分段函数的复合,要抓住最外层函数定义域的各区间段,结合中间变量的表达式进行分析,从而得出复合函数.

例如, 设分段函数 $f(x) = \begin{cases} \sin x, & x \leq 0 \\ x^2 + \ln x, & x > 0 \end{cases}$,求 $f(1-x)$.

$$f(1-x) = \begin{cases} \sin(1-x), & 1-x \leq 0 \\ (1-x)^2 + \ln(1-x), & 1-x > 0 \end{cases}$$

即

$$f(1-x) = \begin{cases} \sin(1-x), & x \geq 1 \\ (1-x)^2 + \ln(1-x), & x < 1 \end{cases}.$$

4. 分段函数的反函数

例如求函数 $f(x) = \begin{cases} x^2 - 1, & 0 \leq x \leq 1 \\ x^2, & -1 \leq x < 0 \end{cases}$ 的反函数.

当 $0 \leq x \leq 1$ 时,$y = x^2 - 1$,值域为 $-1 \leq y \leq 0$.

由 $y = x^2 - 1$ 得 $x = \sqrt{1 + y}$,故函数 $y = x^2 - 1$ 的反函数为

$$y = \sqrt{1 + x}, \quad -1 \leq x \leq 0.$$

当 $-1 \leq x < 0$ 时,$y = x^2$,值域为 $0 < y \leq 1$.

由 $y = x^2$ 得 $x = -\sqrt{y}$,故 $y = x^2$ 的反函数为 $y = -\sqrt{x}, 0 < x \leq 1$.

故反函数为

$$y = \begin{cases} \sqrt{1 + x}, & -1 \leq x \leq 0 \\ -\sqrt{x}, & 0 < x \leq 1 \end{cases}.$$

综上所述,求分段函数的反函数,可以先求出各定义区间上函数的值域,并进而求其在该区间上的反函数,反函数的定义域是原区间上函数的值域,最后综合出整个定义域上函数的反函数.

5. 分段函数的连续问题

例如,讨论分段函数 $f(x) = \begin{cases} 2x + 1, & x < 1 \\ 0, & x = 1 \\ 2x - 1, & x > 1 \end{cases}$ 的连续性.

在 $x < 1$ 上,函数 $f(x) = 2x + 1$ 是初等函数,故在 $x < 1$ 上所论函数连续;在 $x > 1$ 上,函数 $f(x) = 2x - 1$ 是初等函数,故在 $x > 1$ 上 所论函数连续.

现在讨论 $x = 1$ 处的连续性,因

$$\lim_{x \to 1^+} f(x) = \lim_{x \to 1^+} (2x - 1) = 1, \lim_{x \to 1^-} f(x) = \lim_{x \to 1^-} (2x + 1) = 3$$

故 $x = 1$ 是函数 $f(x)$ 的跳跃间断点,即第一类间断点.因此,分段函数在 $(-\infty, +\infty)$

内除点 $x = 1$ 外均连续.

从上例可知讨论分段函数的连续性,常常是讨论各个区间的交界点是否连续,而在各个区间上是初等函数,故在各个区间上连续.

§1.3 范例讲评

1.3.1 函数

例 1 试求 1 的 δ 空心邻域,并表示成区间.

解 由 $0 < |x-1| < \delta$ 得, $1 - \delta < x < 1 + \delta$ 且 $x \neq 1$. 因此,1 的 δ 的空心邻域表示成区间为 $(1-\delta, 1) \cup (1, 1+\delta)$.

例 2 试求函数 $f(x) = \dfrac{1}{\sqrt{x^2 - 2x - 3}} + \lg(x-2)$ 的定义域.

解 函数的定义域为
$$\begin{cases} x^2 - 2x - 3 > 0 \\ x - 2 > 0 \end{cases} \text{解之得} \begin{cases} x > 3 \text{ 或 } x < 1 \\ x > 2 \end{cases}, \text{即 } x > 3.$$
故函数的定义域为 $(3, +\infty)$.

例 3 设 $f(x) = \begin{cases} 2 + x, & x \leq 0 \\ 2^x, & x > 0 \end{cases}$,试求 $f(0), f(-1), f(1)$.

解 $f(0) = 2 + 0 = 2$; $f(-1) = 2 + (-1) = 1$; $f(1) = 2^1 = 2$.

例 4 设 $f(x) = 2x^2 + 2x - 1$,试求 $f(1), f(x+1), f\left(\dfrac{1}{x}\right), f(\Delta x) - f(0)$ (Δx 表示一个数).

解
$$f(1) = 2 \cdot 1^2 + 2 \cdot 1 - 1 = 3$$
$$f(x+1) = 2(x+1)^2 + 2(x+1) - 1 = 2x^2 + 6x + 3$$
$$f\left(\dfrac{1}{x}\right) = 2\left(\dfrac{1}{x}\right)^2 + 2 \cdot \dfrac{1}{x} - 1 = \dfrac{2}{x^2} + \dfrac{2}{x} - 1$$
$$f(\Delta x) - f(0) = 2(\Delta x)^2 + 2\Delta x - 1 - (2 \times 0^2 + 2 \times 0 - 1) = 2(\Delta x)^2 + 2\Delta x.$$

例 5 由直线 $y = x, y = 2 - x$ 及 Ox 轴所围的等腰三角形 $\triangle OBC$,如图 1-1 所示,在底边 OC 上任取一点 $x \in [0, 2]$,过点 x 作垂直于 Ox 轴的直线,将图上阴影部分的面积表示成 x 的函数.

解 设阴影部分的面积为 A,当 $x \in [0, 1)$ 时,$A = \dfrac{1}{2} x^2$,

当 $x \in [1, 2]$ 时,$A = 1 - \dfrac{1}{2}(2-x)^2$.

所以

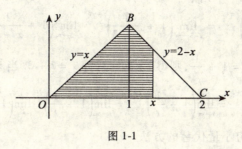

图 1-1

$$A = \begin{cases} \dfrac{1}{2}x^2, & x \in [0,1) \\ 2x - \dfrac{1}{2}x^2 - 1, & x \in [1,2] \end{cases}$$

1.3.2 函数的极限

例 6 求下列函数的极限

(1) $\lim\limits_{x \to 1} \dfrac{x^2 - 3}{x^2 - 5x + 4}$;   (2) $\lim\limits_{x \to 2} \dfrac{x^2 - 3x + 2}{x^2 - x - 2}$;

(3) $\lim\limits_{x \to 2}\left(\dfrac{x}{x^2 - 4} - \dfrac{1}{x - 2}\right)$;   (4) $\lim\limits_{x \to 0} \dfrac{\sin 3x - \sin x}{x}$;

(5) $\lim\limits_{x \to \infty}\left(\dfrac{2 - x}{3 - x}\right)^{x+2}$;   (6) $\lim\limits_{x \to 0} \dfrac{\ln(1 + x)}{e^{2x} - 1}$.

解 (1) 因 $\lim\limits_{x \to 1} \dfrac{x^2 - 5x + 4}{x^2 - 3} = \dfrac{1^2 - 5 + 4}{1^2 - 3} = 0$ 故

$$\lim\limits_{x \to 1} \dfrac{x^2 - 3}{x^2 - 5x + 4} = \infty.$$

(2) $\lim\limits_{x \to 2} \dfrac{x^2 - 3x + 2}{x^2 - x - 2} = \lim\limits_{x \to 2} \dfrac{(x-1)(x-2)}{(x+1)(x-2)} = \lim\limits_{x \to 2} \dfrac{x-1}{x+1} = \dfrac{2-1}{2+1} = \dfrac{1}{3}$.

(3) 这里不能直接用极限运算定理,一般处理的方法是通分.

$$\lim\limits_{x \to 2}\left(\dfrac{x}{x^2 - 4} - \dfrac{1}{x - 2}\right) = \lim\limits_{x \to 2} \dfrac{x - (x+2)}{x^2 - 4} = \lim\limits_{x \to 2} \dfrac{-2}{x^2 - 4} = \infty.$$

(4) $\lim\limits_{x \to 0} \dfrac{\sin 3x - \sin x}{x} = \lim\limits_{x \to 0} \dfrac{2\cos\dfrac{3x+x}{2}\sin\dfrac{2x}{2}}{x} = \lim\limits_{x \to 0} 2\cos 2x \lim\limits_{x \to 0} \dfrac{\sin x}{x} = 2.$

(5) **解法 1** $\lim\limits_{x \to \infty}\left(\dfrac{2-x}{3-x}\right)^{x+2} = \lim\limits_{x \to \infty}\left(\dfrac{3-x-1}{3-x}\right)^{x+2} = \lim\limits_{x \to \infty}\left(1 - \dfrac{1}{3-x}\right)^{x+2}$

$$= \lim\limits_{x \to \infty}\left(1 + \dfrac{1}{x-3}\right)^{x+2}$$

$$= \lim\limits_{x \to \infty}\left(1 + \dfrac{1}{x-3}\right)^{x-3} \cdot \lim\limits_{x \to \infty}\left(1 + \dfrac{1}{x-3}\right)^{5}$$

当 $x \to \infty$ 时,$x - 3 \to \infty$. 故

$$\lim_{x \to \infty}\left(\frac{2-x}{3-x}\right)^{x+2} = \lim_{x-3 \to \infty}\left(1 + \frac{1}{x-3}\right)^{x-3} \lim_{x-3 \to \infty}\left(1 + \frac{1}{x-3}\right)^{5} = e.$$

解法 2 令 $\frac{2-x}{3-x} = 1 + \frac{1}{t}$,则得 $t = x - 3$,即 $x = t + 3$. 当 $x \to \infty$ 时,$t \to \infty$. 故

$$\lim_{x \to \infty}\left(\frac{2-x}{3-x}\right)^{x+2} = \lim_{t \to \infty}\left(1 + \frac{1}{t}\right)^{t+5} = \lim_{t \to \infty}\left(1 + \frac{1}{t}\right)^{t} \lim_{t \to \infty}\left(1 + \frac{1}{t}\right)^{5} = e \cdot 1 = e.$$

(6) 利用等价无穷小量代替的方法.

因当 $x \to 0$ 时,$\ln(1+x) \sim x$,$e^{2x} - 1 \sim 2x$. 故

$$\lim_{x \to 0} \frac{\ln(1+x)}{e^{2x} - 1} = \lim_{x \to 0} \frac{x}{2x} = \frac{1}{2}$$

(本题可以用洛必达法则,见后面相关章节).

例 7 计算 $\lim_{x \to 4} \frac{\sqrt{2x+1} - 3}{\sqrt{x} - 2}$.

解 分子、分母同时有理化,得

$$\lim_{x \to 4} \frac{\sqrt{2x+1} - 3}{\sqrt{x} - 2} = \lim_{x \to 4} \frac{(\sqrt{2x+1} - 3)(\sqrt{2x+1} + 3)(\sqrt{x} + 2)}{(\sqrt{x} - 2)(\sqrt{x} + 2)(\sqrt{2x+1} + 3)}$$

$$= \lim_{x \to 4} \frac{2(x-4)}{x-4} \cdot \frac{\sqrt{x} + 2}{\sqrt{2x+1} + 3} = \lim_{x \to 4} \frac{2\sqrt{x} + 4}{\sqrt{2x+1} + 3}$$

$$= \frac{2\sqrt{4} + 4}{\sqrt{2 \times 4 + 1} + 3} = \frac{4}{3}.$$

1.3.3 函数的连续性

例 8 试证明 $f(x) = \begin{cases} 2x + 1, & x \leq 0 \\ \cos x, & x > 0 \end{cases}$ 在 $x = 0$ 处连续.

证明 函数 $f(x)$ 在 $x = 0$ 处有定义,且 $f(0) = 2 \times 0 + 1 = 1$.

$$\lim_{x \to 0^+} f(x) = \lim_{x \to 0^+} \cos x = \cos 0 = 1$$

$$\lim_{x \to 0^-} f(x) = \lim_{x \to 0^-} (2x + 1) = 2 \times 0 + 1 = 1$$

故 $\lim_{x \to 0} f(x) = 1 = f(0)$. 即函数 $f(x)$ 在 $x = 0$ 处连续.

例 9 判定下列函数是否有间断点?是哪一类间断点?

(1) $f(x) = \dfrac{2^{\frac{1}{x}} - 1}{2^{\frac{1}{x}} + 1}$; (2) $f(x) = \dfrac{1 + x^2}{1 + x}$;

(3) $f(x) = x \sin \dfrac{1}{x}$; (4) $f(x) = \begin{cases} x + 2, & x < -1 \\ -x, & |x| \leq 1 \\ x - 3, & x > 1 \end{cases}$.

解 (1) 函数 $f(x)$ 是初等函数,因此在定义域上每点都连续. 而在 $x = 0$ 处无定

义,故 $x=0$ 是函数 $f(x)$ 的间断点. 又因为

$$\lim_{x\to 0^+}f(x)=\lim_{x\to 0^+}\frac{2^{\frac{1}{x}}-1}{2^{\frac{1}{x}}+1}=\lim_{x\to 0^+}\frac{1-\frac{1}{2^{\frac{1}{x}}}}{1+\frac{1}{2^{\frac{1}{x}}}}=\frac{1-0}{1+0}=1$$

$$\lim_{x\to 0^-}f(x)=\lim_{x\to 0^-}\frac{2^{\frac{1}{x}}-1}{2^{\frac{1}{x}}+1}=\frac{0-1}{0+1}=-1$$

故 $x=0$ 是函数 $f(x)$ 的跳跃间断点,即第一类间断点.

(2) 函数 $f(x)$ 是初等函数,因此函数在定义域上每点都连续. 而在 $x=-1$ 处无定义,故 $x=-1$ 是函数 $f(x)$ 的间断点. 又因为

$$\lim_{x\to -1}f(x)=\lim_{x\to -1}\frac{1+x^2}{1+x}=\infty$$

因此, $x=-1$ 是函数 $f(x)$ 的无穷大间断点,即第二类间断点.

(3) 函数 $f(x)$ 是初等函数,故在定义域上连续. 而在 $x=0$ 处函数无定义,故 $x=0$ 是函数 $f(x)$ 的间断点. 又因为

$$\lim_{x\to 0}f(x)=\lim_{x\to 0}x\sin\frac{1}{x}=0$$

故 $x=0$ 是函数 $f(x)$ 的可去间断点,即第一类间断点.

(4) 函数 $f(x)$ 在 $x<-1$ 上的表达式为 $x+2$,故函数 $f(x)$ 在 $x<-1$ 上点点连续. 同理,函数在 $|x|<1$ 或 $x>1$ 上也是连续的.

现在讨论 $x=-1$ 和 $x=1$ 处的情况

$$f(-1)=-(-1)=1,\quad f(1)=-1$$

因为
$$\lim_{x\to -1^-}f(x)=\lim_{x\to -1^-}(x+2)=-1+2=1$$
$$\lim_{x\to -1^+}f(x)=\lim_{x\to -1^+}(-x)=-(-1)=1$$

故 $\lim_{x\to -1}f(x)=1=f(-1)$,即函数 $f(x)$ 在 $x=-1$ 处连续. 又因为

$$\lim_{x\to 1^-}f(x)=\lim_{x\to 1^-}(-x)=-1$$
$$\lim_{x\to 1^+}f(x)=\lim_{x\to 1^+}(x-3)=1-3=-2$$

即
$$\lim_{x\to 1^-}f(x)\neq \lim_{x\to 1^+}f(x)$$

所以, $x=1$ 是函数 $f(x)$ 的跳跃间断点,即第一类间断点.

例 10 证明:方程 $x^3-4x^2+1=0$ 在区间 $(0,1)$ 内至少有一个实根.

证明 令 $f(x)=x^3-4x^2+1$,则
$$f(0)=0^3-4\times 0^2+1=1,\quad f(1)=1^3-4\times 1^2+1=-2$$

故
$$f(0)\cdot f(1)=-2<0.$$

又因为函数 $f(x)$ 在区间 $[0,1]$ 上连续,根据根的存在定理,方程 $f(x)=0$ 在区间 $(0,1)$ 内至少有一个实根. 证毕.

§1.4 习题选解

[习题1-1 6] 根据邮章规定,国内外埠平信,每增重20克多付邮资0.2元,不足20克者以20克计算,当信件重60克以内时,写出以信件重为自变数表示邮资的函数.

解 设信件重为 x 克,邮资为 y 元,则

$$y = \begin{cases} 0.2, & x \leq 20 \\ 0.4, & 20 < x \leq 40 \\ 0.6, & 40 < x < 60 \end{cases}$$

[习题1-1 7] 讨论下列函数的奇偶性.

(2) $f(x) = \ln(x + \sqrt{x^2+1})$.

解 函数 $f(x)$ 的定义域为 $(-\infty, +\infty)$.

$$f(-x) = \ln(-x + \sqrt{(-x)^2+1}) = \ln\frac{(\sqrt{x^2+1}-x)(\sqrt{x^2+1}+x)}{(\sqrt{x^2+1}+x)}$$

$$= \ln\frac{1}{x+\sqrt{x^2+1}} = -\ln(x+\sqrt{x^2+1}) = -f(x)$$

所以 $f(x)$ 是奇函数.

[习题1-1 8] 求下列各函数的反函数.

(2) $y = 3\sin 2x,\ x \in \left[\dfrac{\pi}{4}, \dfrac{3\pi}{4}\right]$; (3) $y = 10^{x+2}$.

解 (2) 函数 $y = \arcsin x$ 的定义域为 $-1 \leq x \leq 1$,值域为 $-\dfrac{\pi}{2} \leq y \leq \dfrac{\pi}{2}$.

又因为函数 $y = 3\sin 2x$ 的定义域为 $x \in \left[\dfrac{\pi}{4}, \dfrac{3\pi}{4}\right]$,所以, $\dfrac{\pi}{2} \leq 2x \leq \dfrac{3\pi}{2}$.

故函数 $y = 3\sin 2x$ 在 $x \in \left[\dfrac{\pi}{4}, \dfrac{3\pi}{4}\right]$ 上单调,因此存在反函数,由 $y = 3\sin 2x$ 解得 $2x = \pi - \arcsin\dfrac{y}{3}$. 故

$$x = \dfrac{\pi}{2} - \dfrac{1}{2}\arcsin\dfrac{y}{3}.$$

因此,函数 $y = 3\sin 2x$ 的反函数为 $y = \dfrac{\pi}{2} - \dfrac{1}{2}\arcsin\dfrac{x}{3}$,定义域为 $-3 \leq x \leq 3$.

(3) 函数 $y = 10^{x+2}$ 的定义域为 $(-\infty, +\infty)$,值域为 $(0, +\infty)$.

由 $y = 10^{x+2}$ 得 $x + 2 = \lg y$,即 $x = \lg y - 2$,故函数 $y = 10^{x+2}$ 的反函数为 $y = \lg x - 2$,其中 $x \in (0, +\infty)$.

[习题1-2 2] 设 $f(x) = x^2, \varphi(x) = \lg x$,求 $f(\varphi(x)), f(f(x)), \varphi(f(x)), \varphi(\varphi(x))$.

解 $f(\varphi(x)) = (\lg x)^2$, $f(f(x)) = (x^2)^2 = x^4$
$\varphi(f(x)) = \lg x^2 = 2\lg|x|$, $\varphi(\varphi(x)) = \lg\lg x$.

[习题1-2 3] 函数 $y = \sqrt{u-1}$, $u = \log_2(1-x^2)$ 能不能构成复合函数, 为什么?

解 构成复合函数必须符合两个条件 $1 - x^2 > 0$ 和 $u - 1 \geq 0$, 即
$$\begin{cases} 1 - x^2 > 0 \\ \log_2(1 - x^2) - 1 \geq 0 \end{cases}$$
由 $\log_2(1-x^2) - 1 \geq 0$ 得 $\log_2(1-x^2) \geq 1$, 即 $1 - x^2 \geq 2$,
故 $x^2 \leq -1$, 这个不等式无实数解, 因此, 函数 $y = \sqrt{u-1}$, $u = \log_2(1-x^2)$ 不能构成复合函数.

[习题1-2 5] 设 $f(x)$ 的定义域是 $[0,1]$, 问 (1) $f(\sin x)$; (2) $f(x^2)$ 的定义域各是什么?

解 (1) 由 $0 \leq \sin x \leq 1$ 得 $2k\pi \leq x \leq (2k+1)\pi$, 其中 $k \in \mathbb{Z}$, 即函数 $f(\sin x)$ 的定义域为 $[2k\pi, (2k+1)\pi]$, 其中 $k \in \mathbb{Z}$;

(2) 由 $0 \leq x^2 \leq 1$ 得 $|x| \leq 1$, 即 $-1 \leq x \leq 1$. 因此, 函数 $f(x^2)$ 的定义域为 $[-1,1]$.

[习题1-2 7] 如何在上口半径为 2cm, 下底半径为 1cm, 高为 10cm 的圆台形量杯 (如图1-2 所示) 上作出容积 V 为 10cm^3、20cm^3、30cm^3 的刻度 h?

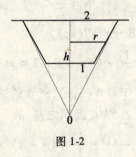

图 1-2

解 这是一个求函数关系 $h = f(V)$ 的问题. 设液面高度为 h 时, 液面圆的半径为 r, 则由相似三角形性质得 $r = \dfrac{h+10}{10}$.

$$V = \frac{\pi(10+h)}{3}\left(\frac{h+10}{10}\right)^2 - \frac{\pi \cdot 10 \cdot 1^2}{3}$$
$$= \frac{\pi(10+h)^3}{300} - \frac{10\pi}{3}$$

从而有
$$h = \sqrt[3]{\frac{300V}{\pi} + 1000} - 10.$$

将 $V = 10\text{cm}^3$、20cm^3、30cm^3 代入, 即可求出相应的刻度位置 $h = 2.504\text{cm}$、

4.277cm、5.693cm.

[习题1-2　8] 当 x 在区间 $[0,3]$ 上取值时，求在折线 $OABC$ 下方区间 $[0,x]$ 以上阴影部分面积 S(如图1-3(a)所示)与 x 之间的函数关系.

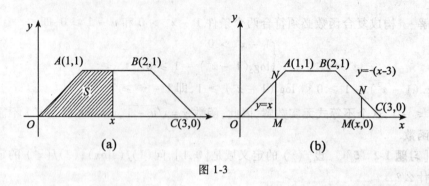

图1-3

解 如图1-3(b)所示，

直线 AO 的方程：$y = x$

直线 BC 的方程：$y = -(x-3)$

过点 $(x,0)$ 引直线平行 Oy 轴交 Ox 轴于点 $M(x,0)$，当 $0 \leq x \leq 1$ 时，MN 交 OA 于点 $N(x,x)$

$$S = \frac{1}{2}x^2$$

当 $1 < x \leq 2$ 时，MN 交 AB 于点 $N(x,1)$

$$S = \frac{1}{2} + (x-1) \times 1 = x - \frac{1}{2}$$

当 $2 < x \leq 3$ 时，MN 交 BC 于点 $N(x,y)$，点 N 的纵坐标 $y = -(x-3)$，此时阴影部分面积为梯形 $ADCO$ 面积与 $\triangle NMC$ 面积之差. 故

$$S = \frac{1}{2}(1+3) - \frac{1}{2} \times (3-x) \times (3-x)$$

$$= 2 - \frac{1}{2}(3-x)^2 = -\frac{1}{2}x^2 + 3x - \frac{5}{2}$$

综上所述

$$S = \begin{cases} \dfrac{1}{2}x^2, & 0 \leq x \leq 1 \\ x - \dfrac{1}{2}, & 1 < x \leq 2 \\ -\dfrac{1}{2}x^2 + 3x - \dfrac{5}{2}, & 2 < x \leq 3 \end{cases}$$

[习题1-3　3] 设某企业对某产品制定了如下销售策略：购买20kg以下(包括20kg)部分，每千克价10元；购买量小于等于200kg时，其中超过20kg的部分，每千克

7元;购买超过200kg的部分,每千克价5元,试写出购买量为$x$kg的费用函数$C(x)$.

解 当$0 \leqslant x \leqslant 20$时, $C(x) = 10x$.

当$20 < x \leqslant 200$时,购买量x分为两份:一份为20kg,价10元;另一份为$(x-20)$kg,价7元.于是
$$C(x) = 20 \times 10 + 7 \times (x - 20) = 7x - 120$$

当$x > 200$时,购买量x分为三份,价格各为10元,7元,5元.
$$C(x) = 20 \times 10 + 7 \times (200 - 20) + 5 \times (x - 200)$$
$$= 1\,460 + 5(x - 200) = 5x - 460.$$

综上所述
$$C(x) = \begin{cases} 10x, & 0 \leqslant x \leqslant 20 \\ 7x - 120, & 20 < x \leqslant 200 \\ 5x - 460, & x > 200 \end{cases}$$

[习题1-4 8] 如图1-4所示,第1个半圆的直径是3cm,第2个半圆的直径是2cm,以后每个半圆的直径都是前一个的$\dfrac{2}{3}$,这样无限继续下去,求整条曲线的长.

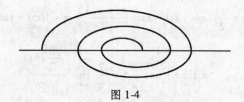

图1-4

解 设半圆直径分别为$d_1, d_2, \cdots, d_n, \cdots$
依题意,它们构成公比为$q = \dfrac{2}{3}$的无穷递缩等比数列
$$d_1 = 3\text{cm}, d_2 = 2\text{cm}, d_3 = \frac{4}{3}\text{cm}, d_4 = \frac{8}{9}\text{cm}, \cdots$$

故整条曲线的长为
$$L = 3 + 2 + \frac{4}{3} + \cdots = \frac{3}{1 - \dfrac{2}{3}} = 9(\text{cm}).$$

[习题1-7 4] 计算$\lim\limits_{x \to 4} \dfrac{\sqrt{2x+1} - 3}{\sqrt{x} - 2}$.

解 原式$= \lim\limits_{x \to 4} \dfrac{(\sqrt{2x+1} - 3)(\sqrt{2x+1} + 3)(\sqrt{x} + 2)}{(\sqrt{x} - 2)(\sqrt{x} + 2)(\sqrt{2x+1} + 3)}$

$= \lim\limits_{x \to 4} \dfrac{(2x - 8)(\sqrt{x} + 2)}{(x - 4)(\sqrt{2x+1} + 3)} = \lim\limits_{x \to 4} \dfrac{2(\sqrt{x} + 2)}{(\sqrt{2x+1} + 3)} = \dfrac{8}{6} = \dfrac{4}{3}$.

[习题1-7 10] 计算$\lim\limits_{x \to 1} \dfrac{x^m - 1}{x^n - 1}$($m, n$为正整数).

解 原式 $= \lim\limits_{x \to 1} \dfrac{(x-1)(x^{m-1} + x^{m-2} + \cdots + x + 1)}{(x-1)(x^{n-1} + x^{n-2} + \cdots + x + 1)}$

$= \lim\limits_{x \to 1} \dfrac{x^{m-1} + x^{m-2} + \cdots + x + 1}{x^{n-1} + x^{n-2} + \cdots + x + 1} = \dfrac{m}{n}.$

[习题 1-7 13] 计算 $\lim\limits_{x \to 0} \dfrac{1 - \cos 2x}{x \sin x}$.

解法 1 当 $x \to 0$ 时,$1 - \cos 2x \sim \dfrac{1}{2}(2x)^2$,$\sin x \sim x$,故

$$\lim_{x \to 0} \dfrac{1 - \cos 2x}{x \sin x} = \lim_{x \to 0} \dfrac{\dfrac{1}{2}(2x)^2}{x \cdot x} = 2.$$

解法 2 $\lim\limits_{x \to 0} \dfrac{1 - \cos 2x}{x \sin x} = \lim\limits_{x \to 0} \dfrac{2 \sin^2 x}{x \sin x} = \lim\limits_{x \to 0} \dfrac{2 \sin x}{x} = 2.$

[习题 1-7 15] $\lim\limits_{x \to 1}(1 - x) \tan \dfrac{\pi x}{2}$.

解 令 $x - 1 = t$,当 $x \to 1$ 时,$t \to 0$. 故

$\lim\limits_{x \to 1}(1 - x) \tan \dfrac{\pi x}{2} = -\lim\limits_{t \to 0} t \cdot \tan \dfrac{\pi(t+1)}{2} = -\lim\limits_{t \to 0} t \cdot \tan\left(\dfrac{\pi}{2} + \dfrac{\pi}{2} t\right)$

$= \lim\limits_{t \to 0} t \cdot \cot \dfrac{\pi}{2} t = \dfrac{2}{\pi} \lim\limits_{t \to 0} \dfrac{\dfrac{\pi}{2} t}{\tan \dfrac{\pi}{2} t}$

$= \dfrac{2}{\pi} \lim\limits_{t \to 0} \dfrac{\dfrac{\pi}{2} t}{\sin \dfrac{\pi}{2} t} \cos \dfrac{\pi}{2} t = \dfrac{2}{\pi}.$

[习题 1-7 18] $\lim\limits_{x \to \infty}\left(\dfrac{3 - 2x}{2 - 2x}\right)^x$.

解法 1 $\dfrac{3 - 2x}{2 - 2x} = \dfrac{1 + 2 - 2x}{2 - 2x} = 1 + \dfrac{1}{2 - 2x}$,故

$\left(\dfrac{3 - 2x}{2 - 2x}\right)^x = \left(1 + \dfrac{1}{2 - 2x}\right)^x = \left[\left(1 + \dfrac{1}{2 - 2x}\right)^{2x}\right]^{\frac{1}{2}}$

$= \left[\left(1 + \dfrac{1}{2 - 2x}\right)^{2x-2} \cdot \left(1 + \dfrac{1}{2 - 2x}\right)^2\right]^{\frac{1}{2}}$

$= \left[\left(1 + \dfrac{1}{2 - 2x}\right)^{2x-2}\right]^{\frac{1}{2}} \left(1 + \dfrac{1}{2 - 2x}\right)$

$= \left[\left(1 + \dfrac{1}{2 - 2x}\right)^{2-2x}\right]^{-\frac{1}{2}} \left(1 + \dfrac{1}{2 - 2x}\right)$

当 $x \to \infty$ 时,$2 - 2x \to \infty$,故

$$\lim_{x\to\infty}\left(\frac{3-2x}{2-2x}\right)^x = \lim_{x\to\infty}\left[\left(1+\frac{1}{2-2x}\right)^{2-2x}\right]^{-\frac{1}{2}}\left(1+\frac{1}{2-2x}\right)$$

$$= \lim_{x\to\infty}\left[\left(1+\frac{1}{2-2x}\right)^{2-2x}\right]^{-\frac{1}{2}} = e^{-\frac{1}{2}} = \frac{1}{\sqrt{e}}$$

解法 2 令 $\frac{3-2x}{2-2x} = 1+\frac{1}{t}$,得 $x = \frac{2-t}{2}$,即 $t = 2(1-x)$.

当 $x\to\infty$ 时,$t\to\infty$,故

$$\lim_{x\to\infty}\left(\frac{3-2x}{2-2x}\right)^x = \lim_{t\to\infty}\left(1+\frac{1}{t}\right)^{\frac{2-t}{2}} = \lim_{t\to\infty}\left(1+\frac{1}{t}\right)^{1-\frac{t}{2}}$$

$$= \lim_{t\to\infty}\left(1+\frac{1}{t}\right)\lim_{t\to\infty}\left[\left(1+\frac{1}{t}\right)^t\right]^{-\frac{1}{2}} = e^{-\frac{1}{2}} = \frac{1}{\sqrt{e}}.$$

[习题 1-8　5]　证明方程 $x = a\sin x + b(a>0, b>0)$ 至少有一个不超过 $a+b$ 的正根.

证明　因为函数 $f(x) = a\sin x - x + b$ 在区间 $[0, a+b]$ 上连续.
$$f(0) = b > 0$$
$$f(a+b) = a\sin(a+b) - a - b + b = a[\sin(a+b) - 1] \leq 0.$$

(1) 当 $f(a+b) = 0$ 时:
$x = a+b$ 是方程 $f(x) = 0$ 的一个不超过 $a+b$ 的正根;

(2) 当 $f(a+b) < 0$ 时,又因为 $f(0) > 0$,故
$$f(0)f(a+b) < 0$$
即方程 $f(x) = 0$ 在 $(0, a+b)$ 上至少有一个正根 $\xi, 0 < \xi < a+b$.

综上所述,方程 $f(x) = 0$ 在 $[0, a+b]$ 上至少有一个正根. 即 $a\sin x - x + b = 0$ 至少有一个不超过 $a+b$ 的正根. 就是方程 $x = a\sin x + b$ 至少有一个不超过 $a+b$ 的正根.

§1.5　综合练习

一、填空题

1. 在 $y < x, y = 0, y > 2$ 中,是函数的是_____.

2. 函数 $f(x) = 2^{\ln\sin x}$ 是由_____、_____、_____复合而成的.

3. 考虑奇偶性,函数 $f(x) = a^x - a^{-x}(a > 0)$ 是_____函数.

4. 函数 $f(x) = x^2(x < 0)$ 的反函数是_____.

5. $f(x) = \begin{cases} x^2 + 1, x \geq 0 \\ x^2 - 1, x < 0 \end{cases}$,则 $f(-\sqrt{2}) = $_____.

6. 函数 $y = \dfrac{x^2}{1+x}$ 的连续区间是_____.

7. 无穷小量是以_____为极限的函数.

8. 函数 $f(x) = \dfrac{x^2 - 1}{x^2 - 3x + 2}$ 的间断点是_____.

9. 当 x 取值为负且 $|x|$ 无限增大时,对应的 $y = a^x (a > 1)$ 值与_____无限接近.

10. 当 x 取值为正且 $|x|$ 无限增大时,对应的 $y = \arctan x$ 值与_____无限接近.

11. $\lim\limits_{x \to \infty} f(x) = 4, \lim\limits_{x \to \infty} g(x) = 2$,则 $\lim\limits_{x \to \infty} \dfrac{1}{f(x) - g(x)} =$ _____.

12. 若 $\lim\limits_{x \to x_0} f(x) = 0, \lim\limits_{x \to x_0} g(x) = 4$,则 $\lim\limits_{x \to x_0} \dfrac{f(x)}{g(x)} =$ _____.

13. $\lim\limits_{x \to \infty} \dfrac{\sin x}{x} =$ _____,$\lim\limits_{x \to 0} \dfrac{1}{x} \sin x =$ _____,$\lim\limits_{x \to \infty} x \sin \dfrac{1}{x} =$ _____.

14. 为使函数 $f(x) = \dfrac{\arctan x}{x}$ 成为连续函数,应补充定义 $f(0) =$ _____.

15. 若 $\lim\limits_{x \to \infty} \varphi(x) = a$($a$ 为常数),则 $\lim\limits_{x \to \infty} e^{\varphi(x)} =$ _____.

16. $\lim\limits_{x \to 2} \dfrac{1}{x - 2} =$ _____;$\lim\limits_{x \to 0^+} \lg x =$ _____.

17. $\lim\limits_{x \to \infty} \dfrac{2x^3 + 3x^2 - 1}{x^3 - 2x^2 + x + 1} =$ _____.

18. 设 $f(x) = \dfrac{1-x}{1+x}$,则 $f\left(\dfrac{1}{x}\right) =$ _____.

二、选择题

1. $y = 2^{x-1}$ 的反函数为 $x = (\quad)$.
   A. $\log_2 y + 1$ B. $\log_2 (y + 1)$ C. $\log_2 (y - 1)$ D. $2\log_2 y$

2. $y = 10^{\frac{1}{x}}$ 的定义域为 $D = (\quad)$.
   A. $(-\infty, 0)$ B. $(0, +\infty)$
   C. $(-\infty, 0) \cup (0, +\infty)$ D. $(-\infty, +\infty)$

3. $y = \dfrac{1}{x}$ 在 $(\quad)$ 内有界.
   A. $(-\infty, 0)$ B. $(0, 2)$ C. $(2, +\infty)$ D. $(0, +\infty)$

4. 下列函数中,$(\quad)$ 为初等函数.
   A. $y = \lg(-x)$ B. $y = \lg(-x)^2$ C. $y = \begin{cases} \dfrac{x}{x}, x \neq 0 \\ 0, x = 0 \end{cases}$ D. $y = \begin{cases} -1, x < 1 \\ 1, x \geq 1 \end{cases}$

5. $\lim\limits_{n \to \infty} \dfrac{1 + 2 + 3 + \cdots + n}{n^2} = (\quad)$.
   A. 0 B. $\dfrac{1}{2}$ C. 不存在   D. -1

6. 若 $f(x)$ 在有限闭区间 $[a, b]$ 上连续,下列说法正确的是$(\quad)$.

A. $f(x)$ 在该区间内一定有最大值和最小值

B. $f(x)$ 在该区间内不一定有最大值和最小值

C. $f(x)$ 在该区间内一定有最大值但不一定有最小值

D. $f(x)$ 在该区间内一定有最小值但不一定有最大值

7. 若 $\lim\limits_{x\to a}f(x)=\infty$, $\lim\limits_{x\to a}g(x)=\infty$, 则必有( ).

   A. $\lim\limits_{x\to a}[f(x)+g(x)]=\infty$ B. $\lim\limits_{x\to a}[f(x)-g(x)]=0$

   C. $\lim\limits_{x\to a}\dfrac{1}{f(x)+g(x)}=0$ D. $\lim\limits_{x\to a}kf(x)=\infty$($k$ 为非零常数)

8. 设 $f(x)=\begin{cases} x+1, & x<1 \\ -1, & x=1 \\ 1, & x>1 \end{cases}$,则 $\lim\limits_{x\to 1}f(x)=$( ).

   A. 2　　　　　　B. 1　　　　　　C. -1　　　　　　D. 不存在

9. 下列函数中为基本初等函数的是( ).

   A. $y=x\sin x$　　B. $y=\ln x$　　C. $y=\sin 2x$　　D. $y=x+\sin x$

10. $\lim\limits_{x\to 1}\dfrac{\sin(x^2-1)}{x-1}=$( ).

    A. 1　　　　　　B. 0　　　　　　C. 2　　　　　　D. $\dfrac{1}{2}$

11. 下列说法中正确的是( ).

    A. 若 $f(x)$ 在 $[a,b]$ 上有定义,则 $f(x)$ 在该区间上连续

    B. 若 $f(x)$ 在 x_0 有定义,且 $\lim\limits_{x\to x_0}f(x)$ 存在,则 $f(x)$ 在 x_0 连续

    C. 若 $\lim\limits_{x\to x_0}f(x)=f(x_0)$,则 $f(x)$ 在 x_0 连续

    D. 若 $f(x)$ 在 (a,b) 内每一点连续,则 $f(x)$ 在 $[a,b]$ 上连续

12. 下列极限中,极限( )存在.

    A. $\lim\limits_{n\to\infty}n^2$ B. $\lim\limits_{n\to\infty}\left(\dfrac{4}{3}\right)^n$

    C. $\lim\limits_{x\to\infty}(-1)^{n-1}\dfrac{n}{n+1}$ D. $\lim\limits_{n\to\infty}(-1)^{n-1}\dfrac{1}{2^n}$

13. 当( )时,变量 $\dfrac{x^2-1}{x(x-1)}$ 是无穷大量.

    A. $x\to -1$　　B. $x\to 0$　　C. $x\to 1$　　D. $x\to\infty$

14. 当 $x\to 0$ 时,无穷小量 $u=-x+\sin x^2$ 与无穷小量 $v=x$ 的关系是( ).

    A. u 是比 v 较高阶无穷小量　　B. u 是比 v 较低阶无穷小量

    C. u 与 v 是同阶但非等价无穷小量　　D. u 与 v 是等价无穷小量

15. 极限 $\lim\limits_{x\to 0^+}\dfrac{\sqrt{1+x}-1}{\sqrt{x}}=$( ).

A. 0   B. $\frac{1}{2}$ C. 2   D. $+\infty$

16. 极限 $\lim\limits_{x\to\infty}\left(1+\frac{2}{x}\right)^{x-2}=(\quad)$.

     A. e^{-2} B. e^2 C. e^{-4} D. e^4

17. 当 $x\to 0$ 时,与 x 是等价无穷小的量是( ).

     A. $\frac{\sin x}{\sqrt{x}}$ B. $2\ln(1+x)$

     C. $\sqrt{1+x}-\sqrt{1-x}$ D. $x^2(x+1)$

18. $f(x)$ 在点 $x=x_0$ 处有定义,是 $f(x)$ 在 $x=x_0$ 处连续的( ).

     A. 必要条件   B. 充分必要条件   C. 充分条件   D. 无关的条件

19. 数列 $\{a_n\}$ 与 $\{b_n\}$ 的极限分别是 a 与 b,且 $a\neq b$,则数列 $a_1,b_1,a_2,b_2,\cdots$ 的极限为( ).

     A. a B. b C. $a+b$ D. 不存在

20. 若 $\lim\limits_{x\to x_0}f(x)=\lim\limits_{x\to x_0}g(x)$,则( ).

     A. $f(x)=g(x)$ B. $f(x)\leq g(x)$

     C. $f(x)>g(x)$ D. 不一定有 $f(x)=g(x)$

三、求极限

1. $\lim\limits_{x\to 4}\frac{x^2-6x+8}{x^2-5x+4}$;

2. $\lim\limits_{x\to\infty}\left(1+\frac{2}{x}\right)\left(1-\frac{1}{x^2}\right)$;

3. $\lim\limits_{x\to 0}\frac{x}{\sqrt{1+x^2}-1}$;

4. $\lim\limits_{x\to 0}\frac{x^2}{\sin^2\frac{x}{3}}$;

5. $\lim\limits_{x\to 0}x\cot x$;

6. $\lim\limits_{n\to\infty}\frac{1+\frac{1}{2}+\frac{1}{4}+\cdots+\frac{1}{2^n}}{1+\frac{1}{3}+\frac{1}{9}+\cdots+\frac{1}{3^n}}$;

7. $\lim\limits_{x\to 0}\frac{\sin 2x}{\sin 3x}$;

8. $\lim\limits_{x\to 0}\frac{\arcsin x}{x}$;

9. $\lim\limits_{x\to\infty}x\ln\left(\frac{1+x}{x}\right)$;

10. $\lim\limits_{x\to 0}\frac{\arctan x}{x}$;

11. $\lim\limits_{x\to 0}\left(x^3-\frac{x}{2}+1\right)$;

12. $\lim\limits_{x\to\infty}\left(1-\frac{3}{x}\right)^{2x}$;

13. $\lim\limits_{x\to 0}\frac{\ln(1+2x)}{\sin 3x}$;

14. $\lim\limits_{x\to 0}\frac{\tan x-\sin x}{x^3}$;

15. $\lim\limits_{x\to 0}\frac{\tan 2x}{3^x}$;

16. $\lim\limits_{x\to +\infty}(\sqrt{x^2+x}-x)$.

四、解答题

1. 函数 $f(x)=\begin{cases} 3x, & -1<x<1 \\ 2, & x=1 \\ 3x^2, & 1<x<2 \end{cases}$，求 $\lim\limits_{x\to 0}f(x)$ 和 $\lim\limits_{x\to 1}f(x)$，并讨论在 $x=0$ 和 $x=1$ 处函数是否连续.

2. 求 $f(x)=\begin{cases} e^{\frac{1}{x-1}}, & x>0 \\ \ln(1+x), & -1<x\leqslant 0 \end{cases}$ 的间断点，并指明间断点的类型.

综合练习答案

一、填空题

1. $y=0$； 2. $y=2^u$、$u=\ln v$、$v=\sin x$； 3. 奇； 4. $y=-\sqrt{x}(x>0)$； 5. 1；
6. $(-\infty,-1),(-1,+\infty)$； 7. 0； 8. $x=1$ 和 $x=2$； 9. 0； 10. $\dfrac{\pi}{2}$； 11. $\dfrac{1}{2}$；
12. 0； 13. 0、1、1； 14. 1； 15. e^a； 16. ∞、$-\infty$； 17. 2； 18. $\dfrac{x-1}{x+1}$.

二、选择题

1. A； 2. C； 3. C； 4. A； 5. B； 6. A； 7. D； 8. D； 9. B； 10. C；
11. C； 12. D； 13. B； 14. C； 15. A； 16. B； 17. C； 18. A； 19. D； 20. D

三、求极限

1. $\dfrac{2}{3}$； 2. 1； 3. ∞； 4. 9； 5. 1； 6. $\dfrac{4}{3}$； 7. $\dfrac{2}{3}$； 8. 1； 9. 1； 10. 1；
11. ∞； 12. e^{-6}； 13. $\dfrac{2}{3}$； 14. $\dfrac{1}{2}$； 15. 0； 16. $\dfrac{1}{2}$

四、解答题

1. $\lim\limits_{x\to 0}f(x)=0$，$\lim\limits_{x\to 1}f(x)=3$；函数在 $x=0$ 处连续，在 $x=1$ 处不连续.

2. 两个间断点：$x=0$ 和 $x=1$；$x=0$ 是第一类间断点，$x=1$ 是第二类间断点.

第 2 章　导数与微分

§2.1　内容提要

2.1.1　判别函数在一点可导的主要方法

1. 可导的必要条件

$y=f(x)$ 在点 x_0 处连续. 不连续一定不可导.

2. 导数的定义

极限 $\lim\limits_{\Delta x\to 0}\dfrac{\Delta y}{\Delta x}=\lim\limits_{\Delta x\to 0}\dfrac{f(x_0+\Delta x)-f(x_0)}{\Delta x}$ 存在.

3. 可导的充要条件

$y=f(x)$ 在点 x_0 处可导的充要条件是左导数、右导数存在且相等,即

$$\lim_{\Delta x\to 0^-}\frac{f(x_0+\Delta x)-f(x_0)}{\Delta x} \text{ 与 } \lim_{\Delta x\to 0^+}\frac{f(x_0+\Delta x)-f(x_0)}{\Delta x}$$

存在且相等.

2.1.2　导数、微分、连续三者间的关系

导数：$\lim\limits_{\Delta x\to 0}\dfrac{\Delta y}{\Delta x}=f'(x)$ 或 $\dfrac{\mathrm{d}y}{\mathrm{d}x}=f'(x)$.

连续：$\lim\limits_{\Delta x\to 0}\Delta y=0$.

微分：$\mathrm{d}y=f'(x)\mathrm{d}x$.

2.1.3　求导的基本公式和法则

1. 基本初等函数导数公式

$(C)'=0,\qquad (x^\mu)'=\mu x^{\mu-1},$

$(a^x)'=a^x\ln a,\qquad (\mathrm{e}^x)'=\mathrm{e}^x,$

$(\log_a x)'=\dfrac{1}{x\ln a},\qquad (\ln x)'=\dfrac{1}{x},$

$(\sin x)' = \cos x,$ $(\cos x)' = -\sin x,$
$(\tan x)' = \sec^2 x,$ $(\cot x)' = -\csc^2 x,$
$(\sec x)' = \sec x \tan x,$ $(\csc x)' = -\csc x \cot x,$
$(\arcsin x)' = \dfrac{1}{\sqrt{1-x^2}},$ $(\arccos x)' = -\dfrac{1}{\sqrt{1-x^2}},$
$(\arctan x)' = \dfrac{1}{1+x^2},$ $(\operatorname{arccot} x)' = -\dfrac{1}{1+x^2}.$

2. 导数的四则运算法则

$$(u \pm v)' = u' \pm v', \quad (uv)' = u'v + uv'$$

$$\left(\dfrac{u}{v}\right)' = \dfrac{u'v - uv'}{v^2}(v \neq 0).$$

3. 反函数的导数

若 $f(x)$ 与 $\varphi(y)$ 互为反函数，则 $f'(x) = \dfrac{1}{\varphi'(y)}(\varphi'(y) \neq 0).$

4. 复合函数的导数

若 $y = f(u), u = \varphi(x)$ 均可导，则 $y = f[\varphi(x)]$ 也可导，且

$$y'_x = y'_u \cdot u'_x.$$

5. 隐函数的导数

6. 对数微分法

7. 参数方程的导数

2.1.4 求微分的方法

1. 利用微分定义求微分

由 $\Delta y = A \cdot \Delta x + o(\Delta x)$，取 $dy = A \cdot \Delta x.$

2. 利用导数求微分

$$dy = f'(x)dx.$$

3. 利用微分法则求微分

$$d(u \pm v) = du \pm dv,$$

$$d(uv) = vdu + udv,$$

$$d\left(\dfrac{u}{v}\right) = \dfrac{vdu - udv}{v^2}(v \neq 0).$$

2.1.5 导数的简单应用

1. 求曲线的切线方程与法线方程

切线方程 $y - y_0 = f'(x_0)(x - x_0),$

法线方程　$y - y_0 = -\dfrac{1}{f'(x_0)}(x - x_0) \quad (f'(x_0) \neq 0)$.

2. 求物体的速度与加速度
$$v = s'(t), \quad a = v'(t) = s''(t).$$

2.1.6　微分的几何意义及其应用

1. 函数增量的近似值
$$\Delta y \approx \mathrm{d}y.$$

2. 函数值的近似值
$$f(x_0 + \Delta x) \approx f(x_0) + f'(x_0)\Delta x$$

当 $x_0 = 0, \Delta x = x$ 时,
$$f(x) \approx f(0) + f'(0)x.$$

2.1.7　高阶导数

1. 高阶导数定义
2. 显函数的高阶导数
3. 隐函数的二阶导数
4. 由参数方程所确定的函数的二阶导数

§2.2　疑难解析

2.2.1　导数的概念

1. 导数的概念与其他数学概念一样,是从对实际问题非均匀变化过程的研究中抽象出来的

(1) 变速直线运动的瞬时速度.

设物体作变速直线运动的运动方程为 $s = s(t)$,则物体在时刻 t_0 的瞬时速度为
$$v(t_0) = \lim_{\Delta t \to 0} \frac{\Delta s}{\Delta t} = \lim_{\Delta t \to 0} \frac{s(t_0 + \Delta t) - s(t_0)}{\Delta t}.$$

(2) 曲线 $y = f(x)$ 在点 $P_0(x_0, y_0)$ 处切线的斜率.

设曲线方程为 $y = f(x)$,则曲线在点 $P_0(x_0, y_0)$ 处的切线斜率为
$$k = \lim_{\Delta x \to 0} \frac{\Delta y}{\Delta x} = \lim_{\Delta x \to 0} \frac{f(x_0 + \Delta x) - f(x_0)}{\Delta x}.$$

2. 导数的概念建立在极限概念的基础之上

变速直线运动的瞬时速度 $v(t_0)$ 和曲线切线的斜率的共同点是:求函数 $y = f(x)$ 的增量与自变量的增量之比,当自变量的增量趋于零时的极限,即

$$\lim_{\Delta x \to 0} \frac{\Delta y}{\Delta x} = \lim_{\Delta x \to 0} \frac{f(x_0 + \Delta x) - f(x_0)}{\Delta x}.$$

这是一个特殊形式的极限. 而在自然科学和工程技术中,还有许多实际问题,如物质的比热、棒的线密度、化学反应的速度等,也应归结为上述形式的极限,从而将其定义为函数 $y = f(x)$ 在点 x_0 处的导数,并记为 $f'(x_0)$ 即

$$f'(x_0) = \lim_{\Delta x \to 0} \frac{\Delta y}{\Delta x} = \lim_{\Delta x \to 0} \frac{f(x_0 + \Delta x) - f(x_0)}{\Delta x}.$$

3. 导数概念的本质是函数对自变量的变化率

$\frac{\Delta y}{\Delta x}$ 表示函数 $f(x)$ 在以 x_0 和 $x_0 + \Delta x$ 为端点的区间上对自变量 x 的平均变化率,而 $f'(x_0) = \lim\limits_{\Delta x \to 0} \frac{\Delta y}{\Delta x}$ 反映的是函数 $f(x)$ 在 x_0 处对自变量 x 的瞬时变化率,简称变化率. 当函数表示不同的实际意义时,这个变化率就有各种各样的实际意义.

2.2.2 可导与可微、连续的关系

1. 可导与可微等价

由 $dy = f'(x)dx$ 和 $\frac{dy}{dx} = f'(x)$ 可以看出,函数可导必定可微,反之亦然.

2. 可导必定连续

设 $y = f(x)$ 在点 x_0 处可导,则有 $\lim\limits_{\Delta x \to 0} \frac{\Delta y}{\Delta x} = f'(x_0)$,而

$$\lim_{\Delta x \to 0} \Delta y = \lim_{\Delta x \to 0} \frac{\Delta y}{\Delta x} \Delta x = \lim_{\Delta x \to 0} \frac{\Delta y}{\Delta x} \lim_{\Delta x \to 0} \Delta x = f'(x_0) \cdot 0 = 0$$

所以 $y = f(x)$ 在点 x_0 处连续.

3. 连续不一定可导

例如函数 $y = \sqrt{x^2} = \begin{cases} x, & x \geq 0 \\ -x, & x < 0 \end{cases}$,显然在点 $x = 0$ 处连续,但由

$\Delta y = \sqrt{0 + (\Delta x)^2} - \sqrt{0^2} = |\Delta x|$, 右导数

$$\lim_{\Delta x \to 0^+} \frac{\Delta y}{\Delta x} = \lim_{\Delta x \to 0^+} \frac{|\Delta x|}{\Delta x} = \lim_{\Delta x \to 0^+} \frac{\Delta x}{\Delta x} = 1$$

左导数

$$\lim_{\Delta x \to 0^-} \frac{\Delta y}{\Delta x} = \lim_{\Delta x \to 0^-} \frac{|\Delta x|}{\Delta x} = \lim_{\Delta x \to 0^-} \frac{-\Delta y}{\Delta x} = -1$$

于是 $f'_+(0) \neq f'_-(0)$,即函数 $y = \sqrt{x^2}$ 在点 $x = 0$ 处不可导,曲线 $y = \sqrt{x^2}$ 在原点没有切线. 如图 2-1 所示.

因此,函数连续是函数可导的必要条件,但不是充分条件.

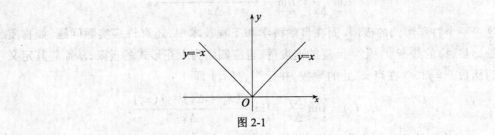

图 2-1

2.2.3 复合函数的求导法则

复合函数的求导法则比较难掌握,初学时要正确对复合函数进行分解,搞清楚所论函数是由哪些中间变量复合而成后,才可以使用求导法则求导,避免复合层次混乱,求导遗漏或重复. 例如:$y = \cos^2\sqrt{e^{\ln x}}$ 由 $y = u^2, u = \cos v, v = \sqrt{w}, w = e^t, t = \ln x$ 复合而成,所以运用求导法则

$$y'_x \xrightarrow{\text{用法则}} y'_u \cdot u'_v \cdot v'_w \cdot w'_t \cdot t'_x$$

$$= (u^2)'(\cos v)'(\sqrt{w})'(e^t)'(\ln x)'$$

$$\xrightarrow{\text{用公式}} 2u(-\sin v) \cdot \frac{1}{2\sqrt{w}} \cdot e^t \cdot \frac{1}{x}$$

$$\xrightarrow{\text{回代}} 2\cos\sqrt{e^{\ln x}} \cdot (-\sin\sqrt{e^{\ln x}}) \frac{1}{2\sqrt{e^{\ln x}}} \cdot e^{\ln x} \cdot \frac{1}{x}$$

$$= -\frac{e^{\ln x}}{2x\sqrt{e^{\ln x}}} \cdot \sin 2\sqrt{e^{\ln x}} = -\frac{1}{2x} \cdot \sqrt{e^{\ln x}} \cdot \sin 2\sqrt{e^{\ln x}}.$$

当熟练掌握求导法则以后,可以按照"由外往里,逐层求导"的原则对函数求导. 例如上例中:

第一层:把 $\cos\sqrt{e^{\ln x}}$ 看做一个变量,是幂函数,运用复合函数求导法则得

$$y' = 2\cos\sqrt{e^{\ln x}} (\cos\sqrt{e^{\ln x}})'.$$

第二层:把 $\sqrt{e^{\ln x}}$ 看做一个变量,是余弦函数,求导得

$$y' = 2\cos\sqrt{e^{\ln x}} (-\sin\sqrt{e^{\ln x}})(\sqrt{e^{\ln x}})'.$$

第三层:把 $e^{\ln x}$ 看做一个变量,是幂函数,求导得

$$y' = 2\cos\sqrt{e^{\ln x}} (-\sin\sqrt{e^{\ln x}}) \cdot \frac{1}{2\sqrt{e^{\ln x}}} \cdot (e^{\ln x})'.$$

第四层:把 $\ln x$ 看做一个变量,是指数函数,求导得

$$y' = 2\cos\sqrt{e^{\ln x}} (-\sin\sqrt{e^{\ln x}}) \cdot \frac{1}{2\sqrt{e^{\ln x}}} \cdot e^{\ln x} (\ln x)'.$$

第五层:是对数函数,求导得

$$y' = -\frac{1}{2x}\sqrt{e^{\ln x}} \cdot \sin 2\sqrt{e^{\ln x}}.$$

2.2.4 经济分析中的平均和边际概念

在经济分析中,通常用"平均"和"边际"来描述一个函数关于自变量 x 的变化情况.

"平均"表示自变量 x 值在一定范围内,函数 y 的变化情况,是区间内 y 的平均变化率. 显然,平均值随 x 的范围不同而不同.

"边际"表示自变量 x 在某一数值"边缘"处 y 的变化情况,即在给定值 x_0 处自变量 x 发生微小变化时,函数 y 的增量与自变量 x 的增量之比的变化率.

因此可以说,"平均"是比值在一定范围内的相对变化率,"边际"是 y 的瞬时变化率,是导数概念在经济分析中的代名词.

§2.3 范例讲评

2.3.1 导数定义的应用

例 1 设 $f'(x_0) = a$,求下列极限

(1) $\lim\limits_{h \to 0} \dfrac{f(x_0 + 2h) - f(x_0)}{h}$;

(2) $\lim\limits_{h \to 0} \dfrac{f(x_0 - 2h) - f(x_0 - h)}{h}$;

(3) $\lim\limits_{\Delta x \to 0} \dfrac{f(x_0) - f(x_0 + \Delta x)}{\Delta x}$;

(4) $\lim\limits_{\Delta x \to 0} \dfrac{f(x_0) - f(x_0 - \Delta x)}{\Delta x}$.

解 按导数的定义整理各式,分别得

(1) $\lim\limits_{h \to 0} \dfrac{f(x_0 + 2h) - f(x_0)}{h} = \lim\limits_{2h \to 0} \dfrac{f(x_0 + 2h) - f(x_0)}{2h} \cdot 2 = 2f'(x_0) = 2a.$

(2) $\lim\limits_{h \to 0} \dfrac{f(x_0 - 2h) - f(x_0 - h)}{h}$

$= \lim\limits_{h \to 0} \dfrac{f(x_0 - 2h) - f(x_0) + f(x_0) - f(x_0 - h)}{h}$

$= \lim\limits_{-2h \to 0} \dfrac{f[x_0 + (-2h)] - f(x_0)}{-2h} \cdot (-2) - \lim\limits_{-h \to 0} \dfrac{f[x_0 + (-h)] - f(x_0)}{-h} \cdot (-1)$

$= -2f'(x_0) + f'(x_0) = -f'(x_0) = -a.$

(3) $\lim\limits_{\Delta x \to 0} \dfrac{f(x_0) - f(x_0 + \Delta x)}{\Delta x} = -\lim\limits_{\Delta x \to 0} \dfrac{f(x_0 + \Delta x) - f(x_0)}{\Delta x}$

$$= f'(x_0) = -a.$$

(4) $\lim\limits_{\Delta x \to 0} \dfrac{f(x_0) - f(x_0 - \Delta x)}{\Delta x} = -\lim\limits_{\Delta x \to 0} \dfrac{f(x_0 - \Delta x) - f(x_0)}{\Delta x}$

$= -\lim\limits_{-\Delta x \to 0} \dfrac{f[x_0 + (-\Delta x)] - f(x_0)}{-\Delta x}(-1) = f'(x_0) = a.$

例2 用导数的定义证明:若$f(x)$是区间$(-l,l)$内可导的奇函数,则$f'(x)$是区间$(-l,l)$内的偶函数.

证 因为$f(x)$是区间$(-l,l)$内的奇函数,有

$$f(-x) = -f(x), x \in (-l, l),$$

故对任意$-x \in (-l, l)$,有

$$f'(-x) = \lim_{\Delta x \to 0} \dfrac{f(-x + \Delta x) - f(-x)}{\Delta x} = \lim_{\Delta x \to 0} \dfrac{-f(x - \Delta x) + f(x)}{\Delta x}$$

$$= \lim_{-\Delta x \to 0} \dfrac{f(x - \Delta x) - f(x)}{-\Delta x} = f'(x),$$

即$f'(-x) = f'(x)$,所以$f'(x)$是区间$(-l,l)$内的偶函数.

2.3.2 求分段函数的导数

例3 设$f(x) = \begin{cases} \ln x, & x \geq 1 \\ x - 1, & x < 1 \end{cases}$,在$x = 1$处函数是否可导? 若可导,求出其导数.

解 若$f(x)$在$x = 1$处可导等价于

$$\lim_{\Delta x \to 0} \dfrac{f(1 + \Delta x) - f(1)}{\Delta x}$$

存在,因为$x = 1$是分段函数的分段点,故分别考查左导数、右导数

$$f'_+(1) = \lim_{\Delta x \to 0^+} \dfrac{f(1 + \Delta x) - f(1)}{\Delta x} = \lim_{\Delta x \to 0^+} \dfrac{\ln(1 + \Delta x) - 0}{\Delta x}$$

$$= \lim_{\Delta x \to 0^+} \ln(1 + \Delta x)^{\frac{1}{\Delta x}} = \ln e = 1$$

$$f'_-(1) = \lim_{\Delta x \to 0^-} \dfrac{f(1 + \Delta x) - f(1)}{\Delta x} = \lim_{\Delta x \to 0^-} \dfrac{[(1 + \Delta x) - 1] - 0}{\Delta x}$$

$$= \lim_{\Delta x \to 0^-} \dfrac{\Delta x}{\Delta x} = 1$$

即$f'_+(1) = f'_-(1)$,所以函数在$x = 1$处可导,且

$$f'(1) = \lim_{\Delta x \to 0} \dfrac{f(1 + \Delta x) - f(1)}{\Delta x} = 1.$$

例4 设$f(x) = \begin{cases} (x+1)^3, & x \geq 0 \\ 3x + 1, & x < 0 \end{cases}$,试求$f'(x)$.

解 当$x > 0$时,有$f(x) = (x+1)^3$,因此$f'(x) = 3(x+1)^2$.

当$x < 0$时,有$f(x) = 3x + 1$,因此$f'(x) = 3$.

当 $x = 0$ 时,考查左导数、右导数

$$f'_+(0) = \lim_{x \to 0^+} \frac{f(x) - f(0)}{x - 0} = \lim_{x \to 0^+} \frac{(x+1)^3 - 1}{x}$$

$$= \lim_{x \to 0^+} \frac{(x + 1 - 1)[(x+1)^2 + x + 1 + 1]}{x}$$

$$= \lim_{x \to 0^+} (x^2 + 3x + 3) = 3,$$

$$f'_-(0) = \lim_{x \to 0^-} \frac{f(x) - f(0)}{x - 0} = \lim_{x \to 0^-} \frac{3x + 1 - 1}{x} = \lim_{x \to 0^-} 3 = 3,$$

即有 $f'_+(0) = f'_-(0)$,所以 $f(x)$ 在点 $x = 0$ 处可导,且导数为 $f'(0) = 3$. 综合可得

$$f(x) = \begin{cases} 3(x+1)^2, & x > 0 \\ 3, & x \leqslant 0 \end{cases}.$$

2.3.3 求显函数的导数

例 5 指出下列解法中的错误,并给出正确的解法.

(1) 已知 $f(x) = xe^x$,求 $f'(1)$,其解法是:

因 $f(1) = e$,故 $f'(1) = [f(1)]' = [e]' = 0$.

(2) 已知 $y = \sqrt{x + \sqrt{x + \sqrt{x}}}$,求 y',其解法是

$$y' = \frac{1}{2\sqrt{x + \sqrt{x + \sqrt{x}}}} (x + \sqrt{x + \sqrt{x}})' = \frac{1}{2\sqrt{x + \sqrt{x + \sqrt{x}}}} \left(1 + \frac{1}{2\sqrt{x + \sqrt{x}}}\right)(x + \sqrt{x})'$$

$$= \frac{1}{2\sqrt{x + \sqrt{x + \sqrt{x}}}} \left(1 + \frac{1}{2\sqrt{x + \sqrt{x}}}\right) \left(1 + \frac{1}{2\sqrt{x}}\right).$$

解 (1) 错误在于不理解 $f'(1)$ 是 $f'(x)$ 当 $x = 1$ 时的函数值,即

$$f'(1) = f'(x)|_{x=1}.$$

正确的解法为:因

$$f'(x) = e^x + xe^x = (1 + x)e^x$$

故 $\qquad f'(1) = (1 + 1)e^1 = 2e.$

(2) 错误在于第二个等式:对 $x + \sqrt{x + \sqrt{x}}$ 求导运用加法法则时,第二项 $\sqrt{x + \sqrt{x}}$ 的导数应等于 $(\sqrt{x + \sqrt{x}})'_{x+\sqrt{x}} (x + \sqrt{x})'_x$,而与第一项 x 的导数 1 没有关系. 正确的解法是

$$y' = \frac{1}{2\sqrt{x + \sqrt{x + \sqrt{x}}}} (x + \sqrt{x + \sqrt{x}})' = \frac{1}{2\sqrt{x + \sqrt{x + \sqrt{x}}}} \left[1 + \frac{1}{2\sqrt{x + \sqrt{x}}} (x + \sqrt{x})'\right]$$

$$= \frac{1}{2\sqrt{x + \sqrt{x + \sqrt{x}}}} \left[1 + \frac{1}{2\sqrt{x + \sqrt{x}}} \left(1 + \frac{1}{2\sqrt{x}}\right)\right] = \frac{1 + 2\sqrt{x} + 4\sqrt{x^2 + x\sqrt{x}}}{8\sqrt{x + \sqrt{x + \sqrt{x}}} \cdot \sqrt{x^2 + x\sqrt{x}}}.$$

例 6 已知 $y = \dfrac{x^2 - 2x + \sqrt{x} - 1}{x\sqrt{x}}$,求 y'.

解 直接用商的求导法则较繁琐,可以先化简再求导.

因
$$y = x^{\frac{1}{2}} - 2x^{-\frac{1}{2}} + x^{-1} - x^{-\frac{3}{2}}$$

故
$$y' = \frac{1}{2}x^{-\frac{1}{2}} + x^{-\frac{3}{2}} - x^{-2} + \frac{3}{2}x^{-\frac{5}{2}}.$$

例7 已知 $y = 2^{\sin(x^2+1)}$,求 y'.

解 此函数是由 $y = 2^u$、$u = \sin v$、$v = x^2 + 1$ 复合而成,运用复合函数求导法则,有
$$y' = (2^u)'(\sin v)'(x^2 + 1)' = 2^u \cdot \ln 2 \cdot \cos v \cdot 2x$$

代回原变量,整理得
$$y' = 2x \ln 2 \cdot \cos(x^2 + 1) \cdot 2^{\sin(x^2+1)}.$$

也可以不设中间变量,只是记住中间变量所代表的函数,由外往里,逐层求导
$$y' = 2^{\sin(x^2+1)} \ln 2 \cdot [\sin(x^2 + 1)]'$$
$$\text{(把 } \sin(x^2 + 1) \text{ 看成 } u\text{)}$$
$$= 2^{\sin(x^2+1)} \cdot \ln 2 \cos(x^2 + 1)(x^2 + 1)'$$
$$\text{(把 } x^2 + 1 \text{ 看成 } u\text{)}$$
$$= 2x \ln 2 \cos(x^2 + 1) \cdot 2^{\sin(x^2+1)}.$$

例8 已知 $f(x) = \ln F(x^3)$,求 $f'(x)$.

解
$$f'(x) = [\ln F(x^3)]' = \frac{1}{F(x^3)} \cdot [F(x^3)]'$$
$$= \frac{1}{F(x^3)} \cdot F'(x^3)(x^3)'$$
$$= \frac{1}{F(x^3)} \cdot F'(x^3)(3x^2) = 3x^2 \frac{F'(x^3)}{F(x^3)}.$$

2.3.4 求隐函数的导数

例9 设函数 $y = y(x)$. 由方程 $\arctan \frac{y}{x} = \ln \sqrt{x^2 + y^2}$ 确定,求 y'_x.

解 运用隐函数求导法和复合函数求导法,并注意到 y 是 x 的函数.

方法1 方程两端对自变量 x 求导,得
$$\frac{1}{1 + \left(\frac{y}{x}\right)^2} \cdot \left(\frac{y}{x}\right)' = \frac{1}{\sqrt{x^2 + y^2}} (\sqrt{x^2 + y^2})'$$

$$\frac{x^2}{x^2 + y^2} \cdot \frac{y'x - y}{x^2} = \frac{1}{\sqrt{x^2 + y^2}} \cdot \frac{1}{2\sqrt{x^2 + y^2}} (x^2 + y^2)'$$

$$\frac{y'x - y}{x^2 + y^2} = \frac{1}{2(x^2 + y^2)} \cdot (2x + 2y \cdot y')$$

$$\frac{y'x - y}{x^2 + y^2} = \frac{x + y \cdot y'}{x^2 + y^2}$$

整理后解出 y' 有

$$y' = \frac{x+y}{x-y}.$$

方法 2 对方程两端微分,得

$$d\left(\arctan\frac{y}{x}\right) = d(\ln\sqrt{x^2+y^2})$$

$$\frac{1}{1+\left(\frac{y}{x}\right)^2} \cdot d\left(\frac{y}{x}\right) = \frac{1}{\sqrt{x^2+y^2}} d(\sqrt{x^2+y^2})$$

$$\frac{x^2}{x^2+y^2} \cdot \frac{xdy-ydx}{x^2} = \frac{1}{\sqrt{x^2+y^2}} \cdot \frac{1}{2\sqrt{x^2+y^2}} d(x^2+y^2)$$

$$\frac{1}{x^2+y^2}(xdy-ydx) = \frac{1}{x^2+y^2}(xdx+ydy)$$

$$xdy - ydx = xdx + ydy,$$

整理得

$$\frac{dy}{dx} = \frac{x+y}{x-y}.$$

例 10 已知 $y=(\ln x)^x$,求 y'.

解 此为幂指函数,先对等式两边取对数,有

$$\ln y = x\ln(\ln x).$$

运用隐函数求导法,两边对 x 求导,得

$$\frac{1}{y} \cdot y' = \ln(\ln x) + x \cdot \frac{1}{\ln x} \cdot \frac{1}{x} = \ln(\ln x) + \frac{1}{\ln x}.$$

解出 y' 得

$$y' = y\left[\ln(\ln x) + \frac{1}{\ln x}\right] = (\ln x)^x\left[\ln(\ln x) + \frac{1}{\ln x}\right].$$

注意:不能将函数化为 $y=x\ln x$ 求导.

例 11 已知 $y=(1+x^2)^{\sin x}$,求 y'.

解 两边取对数,有

$$\ln y = \sin x \cdot \ln(1+x^2)$$

两边对 x 求导,得

$$\frac{1}{y} \cdot y' = \cos x \cdot \ln(1+x^2) + \sin x \cdot \frac{2x}{1+x^2}$$

解出 y' 得

$$y' = y \cdot \left[\cos x \cdot \ln(1+x^2) + \sin x \cdot \frac{2x}{1+x^2}\right]$$

$$= (1+x^2)^{\sin x}\left[\cos x\ln(1+x^2) + \sin x \cdot \frac{2x}{1+x^2}\right].$$

此题还可以化为初等函数求导,运用对数恒等式,有

$$y = (1+x^2)^{\sin x} = e^{\sin x \ln(1+x^2)}$$

故有
$$y' = e^{\sin x \ln(1+x^2)}[\sin x \ln(1+x^2)]'$$
$$= e^{\sin x \ln(1+x^2)}\left[\cos x \ln(1+x^2) + \sin x \cdot \frac{2x}{1+x^2}\right]$$
$$= (1+x^2)^{\sin x}\left[\cos x \ln(1+x^2) + \sin x \cdot \frac{2x}{1+x^2}\right].$$

例 12 已知 $y = (x^2+4)^{\frac{1}{2}} \cdot \sin^2 x \cdot 2^x$,求 y'.

解 此题运用初等函数求导法则求导较繁琐,而运用对数求导法有
$$\ln y = \frac{1}{2}\ln(x^2+4) + 2\ln(\sin x) + x\ln 2$$

两边对 x 求导,得
$$\frac{1}{y} \cdot y' = \frac{x}{x^2+4} + \frac{2\cos x}{\sin x} + \ln 2$$
$$y' = y\left(\frac{x}{x^2+4} + 2\cot x + \ln 2\right)$$
$$= (x^2+4)^{\frac{1}{2}}\sin^2 x \cdot 2^x\left(\frac{x}{x^2+4} + 2\cot x + \ln 2\right).$$

2.3.5 求函数的高阶导数

例 13 已知 $f(x) = |x|^3$,求 $f'(x)$,$f''(x)$.

解 因为
$$f(x) = |x|^3 = \begin{cases} x^3, & x \geq 0 \\ -x^3, & x < 0 \end{cases}$$

所以,当 $x > 0$ 时,$f'(x) = 3x^2$,

当 $x < 0$ 时,$f'(x) = -3x^2$,

当 $x = 0$ 时,有 $f'_+(0) = f'_-(0) = 0$,

故
$$f'(0) = 0,$$
即
$$f'(x) = \begin{cases} 3x^2, & x > 0 \\ 0, & x = 0 \\ -3x^2, & x < 0 \end{cases}$$

在此基础上,当 $x > 0$ 时,$f''(x) = 6x$,

当 $x < 0$ 时,$f''(x) = -6x$,

当 $x = 0$ 时,有 $f''_+(0) = f''_-(0) = 0$ 故 $f''(0) = 0$.

即
$$f''(x) = \begin{cases} 6x, & x \geq 0 \\ -6x, & x < 0 \end{cases} = 6|x|.$$

例 14 求函数 $y = \dfrac{x^3}{1+x}$ 的 n 阶导数.

解 由于 $y = \dfrac{x^3}{1+x} = \dfrac{1+x^3-1}{1+x} = (1-x+x^2) - (1+x)^{-1}$

所以
$$y' = -1 + 2x + (1+x)^{-2}$$
$$y'' = 2 - 2(1+x)^{-3} = 2 + (-1) \cdot 2! \, (1+x)^{-3}$$
$$y''' = (-1)(-3)2! \, (1+x)^{-4} = (-1)^2 \cdot 3! \, (1+x)^{-4}$$
$$\vdots$$

故 $y^{(n)} = (-1)^{n-1} \cdot n! \, (1+x)^{-(n+1)} \quad n = 3, 4, 5, \cdots$.

2.3.6 导数与微分的简单应用

1. 在几何学中，利用导数的几何意义，求曲线在某点处的切线方程和法线方程

例 15 证明双曲线 $\dfrac{x^2}{a^2} - \dfrac{y^2}{b^2} = 1$ 上点 (x_0, y_0) 处的切线方程是

$$\frac{xx_0}{a^2} - \frac{yy_0}{b^2} = 1.$$

证 将方程两边对 x 求导，有

$$\frac{2x}{a^2} - \frac{2yy'}{b^2} = 0,$$

解得
$$y' = \frac{b^2 x}{a^2 y}.$$

由导数的几何意义，曲线在点 (x_0, y_0) 处切线的斜率为

$$k = y' \bigg|_{\substack{x=x_0 \\ y=y_0}} = \frac{b^2 x_0}{a^2 y_0},$$

再由直线的点斜式方程，得切线方程为

$$y - y_0 = \frac{b^2 x_0}{a^2 y_0}(x - x_0),$$

即
$$\frac{xx_0}{a^2} - \frac{yy_0}{b^2} = \frac{x_0^2}{a^2} - \frac{y_0^2}{b^2}.$$

因为点 (x_0, y_0) 在双曲线上，所以 $\dfrac{x_0^2}{a^2} - \dfrac{y_0^2}{b^2} = 1$.

故所求的切线方程为
$$\frac{xx_0}{a^2} - \frac{yy_0}{b^2} = 1.$$

2. 在物理学中，利用导数求函数在某一点的瞬时变化率

例 16 一个物体以初速度 v_0 并与水平方向成 α 角被射出，若不计空气阻力，则其运动方程为

$$\begin{cases} x = v_0 t \cos\alpha \\ y = v_0 t \sin\alpha - \dfrac{1}{2} g t^2 \end{cases}$$

试求该物体在时刻 t 的运动速度的大小和方向；又问物体何时达到最高点？

解 由题设可以求出水平分速度为

$$v_x = \frac{dx}{dt} = v_0\cos\alpha$$

垂直分速度为

$$v_y = \frac{dy}{dt} = v_0\sin\alpha - gt$$

所以在时刻 t 该物体运动速度的大小为

$$|v| = \sqrt{v_x^2 + v_y^2} = \sqrt{(v_0\cos\alpha)^2 + (v_0\sin\alpha - gt)^2}$$
$$= \sqrt{v_0^2 - 2v_0gt\cdot\sin\alpha + g^2t^2}.$$

设时刻 t 时物体运动方向的倾角为 φ,则

$$\tan\varphi = \frac{v_y}{v_x} = \frac{v_0\sin\alpha - gt}{v_0\cos\alpha}$$

当运动方向水平时($v_y = 0$),物体运动达到最高点,这时 $\varphi = 0, \tan\varphi = 0$ 有 $v_0\sin\alpha - gt = 0$. 解得

$$t = \frac{v_0\sin\alpha}{g}.$$

2.3.7 微分在近似计算中的应用

利用公式 $f(x_0 + \Delta x) \approx f(x_0) + f'(x)\Delta x$,可以将求数的近似值问题转化为求函数值的问题.

例 17 求 $\sqrt{8.9}$ 的近似值.

解 由于 $\sqrt{8.9} = \sqrt{9 + (-0.1)}$,

所以选取 $f(x) = \sqrt{x}, x_0 = 9, \Delta x = -0.1$.

由近似公式得

$$\sqrt{8.9} = \sqrt{9 + (-0.1)} \approx \sqrt{9} + (\sqrt{x})'\Big|_{x=9} \times (-0.1)$$
$$= 3 + \frac{1}{2\sqrt{x}}\Big|_{x=9} \times (-0.1) = 3 + \frac{1}{6} \times (-0.1) \approx 3 - 0.0167 = 2.9833.$$

2.3.8 导数在经济分析中的应用

例 18 生产某种产品 q 单位时成本函数为

$$C(q) = 200 + 0.05q^2$$

试求:(1) 生产 90 个单位该产品时的平均成本.
(2) 生产 90 个到 100 个单位该产品时,成本的平均变化率.
(3) 生产 90 个单位与生产 100 个单位该产品时的边际成本.

解 (1) 因 $\dfrac{C(q)}{q} = \dfrac{200}{q} + 0.05q$

第2章 导数与微分

故生产90个单位该产品的平均成本为

$$\frac{C(90)}{90} = \frac{200}{90} + 0.05 \times 90 \approx 6.72.$$

（2）因生产90个到100个单位产品时，总成本的改变量为

$$\Delta C(q) = C(100) - C(90)$$
$$= 200 + 0.05 \times 100^2 - (200 + 0.05 \times 90^2)$$
$$= 95$$
$$\Delta q = 100 - 90 = 10$$

故总成本的平均变化率为

$$\frac{\Delta C(q)}{\Delta q} = \frac{95}{10} = 9.5.$$

（3）边际成本为 $C'(q) = 0.1q$

当 $q = 90$ 时，$C'(90) = 0.1 \times 90 = 9$

当 $q = 100$ 时，$C'(100) = 0.1 \times 100 = 10$

即生产90个单位产品与生产100个单位产品时的边际成本分别为9和10。

§2.4 习 题 选 解

[**习题 2-1　4**] 下列各题中均假设 $f'(x_0)$ 存在，根据导数的定义观察下列极限，指出 A 表示什么？

（1） $\lim\limits_{\Delta x \to 0} \dfrac{f(x_0 - \Delta x) - f(x_0)}{\Delta x} = A$；

（2） $\lim\limits_{x \to 0} \dfrac{f(x)}{x} = A$，其中 $f(0) = 0$ 且 $f'(0)$ 存在；

（3） $\lim\limits_{h \to 0} \dfrac{f(x_0 + h) - f(x_0 - h)}{h} = A.$

解　（1）因为

$$\lim_{\Delta x \to 0} \frac{f(x_0 - \Delta x) - f(x_0)}{\Delta x} = \lim_{\Delta x \to 0} \frac{f(x_0 - \Delta x) - f(x_0)}{-\Delta x}(-1)$$
$$= -\lim_{-\Delta x \to 0} \frac{f(x_0 - \Delta x) - f(x_0)}{-\Delta x} = -f'(x_0)$$

所以 $A = -f'(x_0)$。

（2）因为

$$\lim_{\Delta x \to 0} \frac{f(x)}{x} = \lim_{x \to 0} \frac{f(x) - f(0)}{x - 0} = f'(0)$$

所以 $A = f'(0)$。

（3）因为

$$\lim_{h\to 0}\frac{f(x_0+h)-f(x_0-h)}{h}=\lim_{h\to 0}\frac{f(x_0+h)-f(x_0)+f(x_0)-f(x_0-h)}{h}$$

$$=\lim_{h\to 0}\frac{f(x_0+h)-f(x_0)}{h}-\lim_{h\to 0}\frac{f(x_0-h)-f(x_0)}{h}$$

$$=\lim_{h\to 0}\frac{f(x_0+h)-f(x_0)}{h}+\lim_{(-h)\to 0}\frac{f(x_0-h)-f(x_0)}{-h}$$

$$=f'(x_0)+f'(x_0)=2f'(x_0)$$

所以 $A=2f'(x_0)$.

[习题 2-1 7] 已知 $f(x)=\begin{cases}\sin x, & x<0 \\ 0, & x\geq 0\end{cases}$,试求 $f'(x)$.

解 当 $x<0$ 时,$f'(x)=\cos x$,

当 $x>0$ 时,$f'(x)=0$,

当 $x=0$ 时

$$f_-'(0)=\lim_{x\to 0^-}\frac{f(x)-f(0)}{x-0}=\lim_{x\to 0^-}\frac{\sin x-\sin 0}{x}=\lim_{x\to 0^-}\frac{\sin x}{x}=1$$

$$f_+'(0)=\lim_{x\to 0^+}\frac{f(x)-f(0)}{x-0}=\lim_{x\to 0^+}\frac{0-0}{x}=0$$

$f_-'(0)\neq f_+'(0)$ 所以 $f(x)$ 在 $x=0$ 处不可导,故

$$f'(x)=\begin{cases}\cos x, & x<0 \\ 0, & x>0\end{cases}.$$

[习题 2-2 3] 求下列函数的导数

$(2) y=\dfrac{1}{\sqrt{x+1}-\sqrt{x-1}}$; $(3) y=\ln[\ln(\ln x)]$.

解 (2) 因为 $y=\dfrac{1}{\sqrt{x+1}-\sqrt{x-1}}=\dfrac{\sqrt{x+1}+\sqrt{x-1}}{2}$,所以

$$y'=\left(\frac{\sqrt{x+1}+\sqrt{x-1}}{2}\right)'=\frac{1}{2}\left(\frac{1}{2\sqrt{x+1}}+\frac{1}{2\sqrt{x-1}}\right)=\frac{\sqrt{x-1}+\sqrt{x+1}}{4\sqrt{x^2-1}}.$$

$(3) y'=\dfrac{1}{\ln(\ln x)}[\ln(\ln x)]'=\dfrac{1}{\ln(\ln x)}\cdot\dfrac{1}{\ln x}(\ln x)'=\dfrac{1}{x\ln x\ln(\ln x)}$.

[习题 2-2 5] 设函数 $f(x)$ 可导,求下列函数的导数.

$(1) y=f(x^2)$; $(2) y=f(\sin^2 x)+f(\cos^2 x)$.

解 $(1) y'=f'(x^2)(x^2)'=2xf'(x^2)$.

$(2) y'=f'(\sin^2 x)(\sin^2 x)'+f'(\cos^2 x)(\cos^2 x)'$

$=f'(\sin^2 x)\cdot 2\sin x(\sin x)'+f'(\cos^2 x)\cdot 2\cos x(\cos x)'$

$=2\sin x\cos x f'(\sin^2 x)-2\sin x\cdot\cos x f'(\cos^2 x)$

$=\sin 2x[f'(\sin^2 x)-f'(\cos^2 x)]$.

[习题 2-4 3] 求下列函数的导数

(1) $y = \left(\dfrac{x-1}{x+1}\right)^{\sin x}$;　(4) $y = \sqrt{x\sin x\sqrt{1-e^x}}$.

解　(1) 两边取对数,得
$$\ln y = \sin x[\ln(x-1) - \ln(x+1)]$$

两边对 x 求导
$$\dfrac{1}{y} \cdot y' = \cos x[\ln(x-1) - \ln(x+1)] + \sin x\left(\dfrac{1}{x-1} - \dfrac{1}{x+1}\right)$$
$$= \dfrac{2\sin x}{x^2-1} + \cos x\ln\dfrac{x-1}{x+1}$$

于是 $y' = y\left(\dfrac{2\sin x}{x^2-1} + \cos x\ln\dfrac{x-1}{x+1}\right) = \left(\dfrac{x-1}{x+1}\right)^{\sin x}\left(\dfrac{2\sin x}{x^2-1} + \cos x\ln\dfrac{x-1}{x+1}\right)$.

(4) 两边取对数,得
$$\ln y = \dfrac{1}{2}\left[\ln x + \ln(\sin x) + \dfrac{1}{2}\ln(1-e^x)\right]$$

两边对 x 求导,得
$$\dfrac{1}{y} \cdot y' = \dfrac{1}{2}\left[\dfrac{1}{x} + \dfrac{1}{\sin x}(\sin x)' + \dfrac{1}{2} \cdot \dfrac{1}{1-e^x}(1-e^x)'\right]$$
$$= \dfrac{1}{2}\left[\dfrac{1}{x} + \dfrac{\cos x}{\sin x} + \dfrac{1}{2(1-e^x)} \cdot (-e^x)\right]$$
$$= \dfrac{1}{2}\left[\dfrac{1}{x} + \cot x - \dfrac{e^x}{2(1-e^x)}\right]$$

所以 $y' = \dfrac{y}{2}\left[\dfrac{1}{x} + \cot x - \dfrac{e^x}{2(1-e^x)}\right]$
$$= \dfrac{1}{2}\sqrt{x\sin x\sqrt{1-e^x}}\left[\dfrac{1}{x} + \cot x - \dfrac{e^x}{2(1-e^x)}\right].$$

[**习题 2-4　5**]　写出下列曲线在所给参数的相应点处的切线方程和法线方程.

(2) $\begin{cases} x = \dfrac{t^2}{2} \\ y = 1 + t \end{cases}$ 在 $t = 2$ 处.

解　因为 $x'(t) = t$,　　$y'(t) = 1$

所以 $y'(x) = \dfrac{1}{t}$,　则 $y'|_{t=2} = \dfrac{1}{2}$

而在 $t = 2$ 处对应曲线上的点的坐标为 $(2,3)$,所以该曲线在 $t = 2$ 处的切线方程为
$$y - 3 = \dfrac{1}{2}(x - 2) \quad 即 \quad x - 2y + 4 = 0$$

法线方程为 $y - 3 = -2(x - 2)$　即　$2x + y - 7 = 0$.

[**习题 2-5　2**]　求下列函数的 n 阶导数

(2) $y = \dfrac{2x}{x^2 - 1}$.

解 因为 $y = \dfrac{2x}{x^2 - 1} = \dfrac{1}{x-1} + \dfrac{1}{x+1}$,而

$$\left(\dfrac{1}{x-1}\right)' = [(x-1)^{-1}]' = -(x-1)^{-2} = -1 \cdot (x-1)^{-2}.$$

$$\left(\dfrac{1}{x-1}\right)'' = (-1)(-2)(x-1)^{-3} = (-1)^2 2! \, (x-1)^{-3}.$$

$$\left(\dfrac{1}{x-1}\right)''' = (-1)(-2)(-3)(x-1)^{-4} = (-1)^3 3! \, (x-1)^{-4}.$$

$$\vdots$$

$$\left(\dfrac{1}{x-1}\right)^{(n)} = (-1)(-2)(-3)\cdots(-n)(x-1)^{-(n+1)} = (-1)^n \cdot n! \, (x-1)^{-(n+1)}$$

$$= (-1)^n \cdot \dfrac{n!}{(x-1)^{n+1}}.$$

$$\left(\dfrac{1}{x+1}\right)' = [(x+1)^{-1}]' = -(x+1)^{-2} = -1 \cdot (x+1)^{-2},$$

$$\left(\dfrac{1}{x+1}\right)'' = (-1)(-2)(x+1)^{-3} = (-1)^2 2! \, (x+1)^{-3},$$

$$\left(\dfrac{1}{x+1}\right)''' = (-1)(-2)(-3)(x+1)^{-4} = (-1)^3 3! \, (x+1)^{-4},$$

$$\vdots$$

$$\left(\dfrac{1}{x+1}\right)^{(n)} = (-1)(-2)(-3)\cdots(-n)(x+1)^{-(n+1)}$$

$$= (-1)^n \cdot n! \, (x+1)^{-(n+1)} = (-1)^n \dfrac{n!}{(x+1)^{n+1}}.$$

所以

$$y^{(n)} = \dfrac{(-1)^n n!}{(x-1)^{n+1}} + \dfrac{(-1)^n n!}{(x+1)^{n+1}}$$

$$= (-1)^n \cdot n! \left[\dfrac{1}{(x-1)^{n+1}} + \dfrac{1}{(x+1)^{n+1}}\right].$$

[**例题**] 某商品的需求量 Q 关于价格 P 的函数为 $Q = 75 - P^2$,求:

(1) $P = 4$ 时的边际需求,并说明其经济意义;

(2) $P = 4$ 时的需求价格弹性,并说明其经济意义;

(3) 当 $P = 4$ 时,若价格 P 提高 1%,总收益将变化百分之几? 是增加还是减少?

解 (1) 由边际定义得边际需求函数

$$Q' = -2P$$

所以当 $P = 4$ 时边际需求为

$$Q'\big|_{P=4} = -2 \times 4 = -8$$

其经济意义是:当 $P = 4$ 时,价格每增加 1 个单位,需求量减少 8 个单位.

(2) 由弹性定义得需求对价格的弹性函数

$$\varepsilon_{QP} = -Q' \frac{P}{Q} = -(-2P) \frac{P}{75 - P^2} = \frac{2P^2}{75 - P^2}$$

所以当 $P = 4$ 时,需求对价格的弹性为

$$\varepsilon_{QP}|_{P=4} = \frac{2 \times 4^2}{75 - 4^2} \approx 0.542$$

其经济意义是:当 $P = 4$ 时,价格每上升 1%,需求量下降约 0.542%.

(3) 总收益函数为

$$R = QP = 75P - P^3$$

由弹性定义得总收益对价格的弹性函数

$$\varepsilon_{RP} = R' \cdot \frac{P}{R} = (75 - 3P^2) \frac{P}{75P - P^3}$$

所以当 $P = 4$ 时,总收益对价格的弹性为

$$\varepsilon_{RP}|_{P=4} = (75 - 3 \times 4^2) \frac{4}{75 \times 4 - 4^3} \approx 0.458$$

因为 $\varepsilon_{QP}|_{P=4} \approx 0.542 < 1$ 且 $\varepsilon_{RP}|_{P=4} \approx 0.458$,所以当 $P = 4$ 时,价格 P 提高 1%,总收益增加约 0.458%.

§2.5 综合练习

一、填空题

1. 在导数的定义中,$\lim\limits_{\Delta x \to 0} \frac{\Delta y}{\Delta x}$ 中的 Δx 是正的还是负的?还是可正可负:_____;$\lim\limits_{\Delta x \to 0^+} \frac{\Delta y}{\Delta x}$ 中的 Δx 呢?_____;$\lim\limits_{\Delta x \to 0^-} \frac{\Delta y}{\Delta x}$ 中的 Δx 呢?_____.

2. 函数 $y = f(x)$ 在点 x 处的导数 $f'(x_0)$ 在几何上表示为_____.

3. $f'(x)$ 和 $f'(x_0)$ _____相同的;$f'(x_0)$ 与 $[f(x_0)]'$ _____相同的.

4. 可导函数_____连续,连续函数_____可导.

5. $f(x)$ 在点 x_0 可导是 $f(x)$ 在点 x_0 可微的_____条件.

6. 设 $f(x) = x$,则 $f(0) = $_____,$f'(0) = $_____;设 $g(x) = x^2$,则 $g(0) = $_____,$g'(0) = $_____;设 $\varphi(x) = x^{\frac{1}{3}}$,则 $\varphi(0) = $_____,而在 $x = 0$ 处_____.

7. 设 $y = \ln(\ln x) - \frac{1}{\ln x}$,则 $y' = $_____.

8. 由方程 $y^2 - 2xy + b^2 = 0$ 所确定的隐函数的导数 $y' = $_____.

9. 函数 $f(x) = e^{mx}$,则 $f^{(n)}(x) = $_____.

10. 设 $y = x^x$,则 $y' = $ _____.

11. 设 $f(x) = (x-1)x(x+1)$,则 $f'(2) = $ _____.

12. $d(\quad) = a dx$;　　　　$d(\quad) = \dfrac{1}{u\ln u} du$;

　　$d(\quad) = \cos wt dt$;　　$d(\quad) = \sin^2 x \cos x dx$

13. 若 $f(u)$ 可导,且 $y = f(e^x)$,则 $dy = $ _____.

14. 曲线 $\begin{cases} x = \sin t \\ y = \cos 2t \end{cases}$,在 $t = \dfrac{\pi}{4}$ 处的法线方程为 _____.

15. 已知 $f(x) = \begin{cases} x^2, & x \leq 1, \\ 2x - 1, & x > 1, \end{cases}$ 则 $f'(x) = $ _____.

16. 当 $|\Delta x|$ _____ 时, $\Delta y = f(x_0 + \Delta x) - f(x_0) \approx f'(x_0) dx$,推得近似公式 $f(x_0 + \Delta x) \approx$ _____.

17. $\sqrt[3]{1.02}$ 的近似值为 _____.

18. 设函数 $f(x)$ 在点 $x = x_0$ 处可导,则
$$\lim_{h \to 0} \dfrac{f(x_0 + h) - f(x_0)}{h} = \underline{\qquad}.$$

二、选择题

1. 设函数 $f(x)$ 可导,则 $\lim\limits_{h \to 0} \dfrac{f(x + 2h) - f(x)}{h} = (\quad)$.

　　A. $\dfrac{1}{2} f'(x)$　　　　B. $2f'(x)$　　　　C. $3f'(x)$　　　　D. $-f'(x)$

2. 下列正确的有( ).

　　A. $(u \pm v)' = u' \pm v'$　　　　　　B. $(uv)' = u'v'$

　　C. $\left(\dfrac{u}{v}\right)' = \dfrac{u'}{v'} (v \neq 0)$　　　　D. $\left(\dfrac{1}{v}\right)' = \dfrac{1}{v'} (v \neq 0)$

3. 若函数 $y = e^{-x^2}$,则 $dy = (\quad)$.

　　A. $-e^{-x^2} dx$　　B. $e^{-x^2} dx$　　C. $-2xe^{-x^2} dx$　　D. $2xe^{-x^2} dx$

4. 函数 $f(x) = 2e^{\sqrt{x}}$,则 $\lim\limits_{\Delta x \to 0} \dfrac{f(1 + \Delta x) - f(1)}{\Delta x} = (\quad)$.

　　A. $\dfrac{e}{4}$　　　　B. $\dfrac{e}{2}$　　　　C. e　　　　D. $2e$

5. 函数 $y = 2x^3 \cos x$,则 $y' = (\quad)$.

　　A. $6x^2 \cos x$　　B. $-2x^3 \sin x$　　C. $-6x^2 \sin x$　　D. $6x^2 \cos x - 2x^3 \sin x$

6. 下面正确的是( ).

　　A. 已知 $f'(x) = \Phi'(x)$,则 $f(x) = \Phi(x)$

B. 已知 $f(x) = \Phi(x)$，则 $f'(x) = \Phi'(x)$

C. 已知 $f'(x_0) = 0$，则 $f(x_0) = 0$

D. 已知 $f(x_0) = 0$，则 $f'(x_0) = 0$

7. 函数 $f = e^{f(x)}$，则 $y'' = ($　$)$.

　　A. $e^{f(x)} f''(x)$　　　　　　　　B. $e^{f(x)}$

　　C. $e^{f(x)} [f'(x)]^2$　　　　　　D. $e^{f(x)} \{[f'(x)]^2 + f''(x)\}$

8. 函数 $f(x) = x^3 |x|$，则 $f'(0) = ($　$)$.

　　A. 0　　　　　B. -1　　　　　C. 1　　　　　D. 不存在

9. 函数 $y = a^x (a > 0, a \neq 1)$，则 $y^{(n)} = ($　$)$.

　　A. a^x　　　　B. $a^x \ln a$　　　C. $(a^x \ln a)^n$　　　D. $a^x \ln^n a$

10. $y + \sin y - \cos x = 0$，则 $\dfrac{dy}{dx}\Big|_{x=\frac{\pi}{2}}$ 为（　）.

　　A. -1　　　　B. 1　　　　　C. $-\dfrac{1}{2}$　　　　D. $\dfrac{1}{2}$

11. 若函数 $f(x) = \begin{cases} x^2, & x \leq 1 \\ ax + b, & x > 1 \end{cases}$，在点 $x = 1$ 处连续而且可导，则 a, b 的值应为（　）.

　　A. $a = 0, b = -2$　　　　　　B. $a = 2, b = -1$

　　C. $a = -2, b = 1$　　　　　　D. $a = -2, b = -2$

12. 已知 $\begin{cases} x = \dfrac{t^2}{2}, \\ y = 1 - t, \end{cases}$ 则 $\dfrac{d^2 y}{dx^2}$ 为（　）.

　　A. $\dfrac{1}{t^3}$　　　　　B. t^3　　　　　C. $\dfrac{1}{t^2}$　　　　　D. 1

三、解答题

1. 求曲线 $y = x^3 - 2x + 1$ 在点 $(1, 0)$ 处的切线方程与法线方程.

2. 已知 $f(x) = e^{-\frac{x}{a}} \cos \dfrac{x}{a}$，求 $f(0) + a f'(0)$.

3. 已知 $y = \dfrac{e^x - e^{-x}}{e^x + e^{-x}}$，求 $\dfrac{dy}{dx}$.

4. 已知 $y = \sqrt{\dfrac{(1-x)(2-x)}{3-x}}$，求 $\dfrac{dy}{dx}$.

5. 已知 $xy = \dfrac{a^2}{2}$，求 $\dfrac{dy}{dx}$.

6. 已知 $f(x) = \dfrac{x}{\sqrt{x^2+9}}$，求 $f(0.03)$ 的近似值.

7. 利用近似值公式 $f(x) \approx f(x_0) + f'(x_0)(x-x_0)$，求 $\sin 29°$ 的近似值.

8. 求垂直于直线 $2x+4y-3=0$ 并与双曲线 $\dfrac{x^2}{2} - \dfrac{y^2}{7} = 1$ 相切的直线方程.

综合练习答案

一、填空题

1. 可正可负、正的、负的； 2. 曲线 $y=f(x)$ 在点 x_0 处的切线斜率； 3. 是不、是不； 4. 一定、不一定； 5. 充分必要； 6. 0、1、0、0、0、不可导； 7. $\dfrac{\ln x + 1}{x \ln^2 x}$；

8. $\dfrac{y}{y-x}$； 9. $m^n e^{mx}$； 10. $x^x(\ln x + 1)$； 11. 11； 12. ax、$\ln \ln u$、$\dfrac{1}{w}\sin wt$、$\dfrac{1}{3}\sin^3 x$；

13. $e^x f(e^x) dx$； 14. $\sqrt{2}x - 4y - 1 = 0$； 15. $2x, x \leq 1$、$2, x > 1$； 16. 很小、$f'(x_0)\Delta x + f(x_0)$； 17. 1.007； 18. $f'(x_0)$.

二、选择题

1. B； 2. A； 3. C； 4. C； 5. D； 6. B； 7. D； 8. A； 9. D； 10. C； 11. B； 12. A.

三、解答题

1. 切线：$x - y - 1 = 0$； 法线：$x + y - 1 = 0$.

2. 0.

3. $\dfrac{4}{(e^x + e^{-x})^2}$.

4. $\dfrac{1}{2}\sqrt{\dfrac{(1-x)(2-x)}{3-x}}\left(\dfrac{1}{3-x} - \dfrac{1}{1-x} - \dfrac{1}{2-x}\right)$.

5. $-\dfrac{a^2}{2x^2}$.

6. 0.01.

7. 0.484.

8. $2x - y + 1 = 0$.

第3章 导数的应用

§3.1 内容提要

本章重点是微分中值定理、洛必达法则,导数在研究函数单调性、极值、凸性、拐点、在经济管理中求最大(小)值及边际、弹性等问题的应用.

3.1.1 中值定理

罗尔中值定理,拉格朗日中值定理,柯西中值定理.

3.1.2 洛必达法则

如果函数 $f(x)$ 和 $g(x)$ 满足下列条件:
(1) 在 x_0 的某一去心邻域内可导,且 $g'(x) \neq 0$;
(2) $\lim\limits_{x \to x_0} f(x) = \lim\limits_{x \to x_0} g(x) = 0$(或 ∞);
(3) $\lim\limits_{x \to x_0} \dfrac{f'(x)}{g'(x)} = A$.

则有
$$\lim_{x \to x_0} \frac{f(x)}{g(x)} = \lim_{x \to x_0} \frac{f'(x)}{g'(x)} = A.$$

对 $x \to \infty$ 也成立.

洛必达法则不是万能的,有时也失效,此时要用其他办法研究 $\dfrac{f(x)}{g(x)}$ 的极限是否存在.

3.1.3 单调性

单调性判别定理:设函数 $f(x)$ 在区间 (a,b) 内可导,那么:
(1) 如果在 (a,b) 内,$f'(x) > 0$,则函数 $f(x)$ 在 (a,b) 内单调增加;
(2) 如果在 (a,b) 内,$f'(x) < 0$,则函数 $f(x)$ 在 (a,b) 内单调减少.

研究函数增减区间时,一定要找出所有 $f'(x) = 0$ 的点、$f'(x)$ 不存在的点以及 $f(x)$ 的间断点,这些特殊点将函数 $f(x)$ 的定义域分成若干区间,并确定一阶导数 $f'(x)$ 在这些区间上的符号,进而用上述定理判断函数 $f(x)$ 在各区间上的单调性,另外在区间 (a,b) 内的个别点处有 $f'(x) \geq 0$(或 $f'(x) \leq 0$),这并不影响函数 $f(x)$ 在区间(a,b)内是单调增加(或减少)的.

3.1.4 函数的极大(小)值和最大(小)值

极值概念:设函数$y=f(x)$在点x_0的某个δ邻域$N(x_0,\delta)$内有定义,且若对x_0的去心δ邻域中任何点x恒有$f(x)<f(x_0)$(或$f(x)>f(x_0)$),则称$f(x_0)$为函数的一个极大(小)值,而称x_0为函数$f(x)$的极大(小)值点.

极值是局部性概念,极大值和极小值统称为极值,极大值点和极小值点统称为极值点,满足$f'(x)=0$的点x称为$f(x)$的驻点.

极值存在的必要条件:函数$f(x)$的可导极值点一定是$f(x)$的驻点,反之则不然.

极值存在的一阶充分条件(判别法Ⅰ):设$f(x)$在x_0处连续,在x_0的某个去心δ邻域($N(x_0,\delta)-\{x_0\}$)内可导,那么:

(1)如果在$(x_0-\delta,x_0)$内$f'(x)<0$,在$(x_0,x_0+\delta)$内$f'(x)>0$,则$f(x)$在x_0处取得极小值.

(2)如果在$(x_0-\delta,x_0)$内$f'(x)>0$,在$(x_0,x_0+\delta)$内$f'(x)<0$,则$f(x)$在x_0处取得极大值.

(3)如果在$(N(x_0,\delta)-\{x_0\})$内$f'(x)$不变号,则$f(x)$在x_0处不取极值.

由极值存在的必要条件和判别法Ⅰ,首先求出$f(x)$的所有驻点和一阶不可导点,这些点将$f(x)$的定义域分成若干个区间,然后考察在每个部分区间上$f'(x)$的符号,进而找出极值点,求得函数的极值.

极值存在的二阶充分条件(判别法Ⅱ):设$f(x)$在x_0具有二阶导数,且$f'(x_0)=0$,那么:

(1)当$f''(x_0)>0$时,$f(x)$在x_0处取得极小值.

(2)当$f''(x_0)<0$时,$f(x)$在x_0处取得极大值.

对于$f''(x_0)=0$时的情况,需用判别法Ⅰ加以判断,判别法Ⅰ适用面比判别法Ⅱ更广,而判别法Ⅱ运用起来比判别法Ⅰ更简单易行.

最大(小)值的概念:若$x_0\in[a,b]$,对$\forall x\in[a,b]$有$f(x_0)\geq f(x)$(或$f(x_0)\leq f(x)$),则称$f(x_0)$是函数$f(x)$在$[a,b]$上的最大值(或最小值).

函数的最大(小)值是全局性概念,函数$f(x)$在$[a,b]$上的最大值、最小值可能在导数点、驻点、等于零的点、导数不存在的点或区间的端点处达到,因此只要把这些点全部找出来,并比较这些点处的函数值,其极大值就是最大值,其极小值就是最小值.

在经济学中存在许多最大(小)值问题,解决这些问题的关键在于正确建立函数关系式,然后求出一阶导数$f'(x)=0$的点和一阶导数不存在的点,并判断其是否为最大(小)值.对于许多具体的实际问题,由于$f(x)$一般是连续函数,所以如果函数$f(x)$在(a,b)内只有唯一的极小值,而没有极大值,则该极小值就是最小值,如果函数在(a,b)内只有唯一的极大值,而没有极小值,则该极大值就是最大值.

3.1.5 边际分析与弹性分析简介

1. 边际的概念

设函数 $y=f(x)$ 在 x 处可导,则称导数 $f'(x)$ 为 $f(x)$ 的边际函数,$f'(x)$ 在 x_0 处的值 $f'(x_0)$ 为边际函数值. 即当 $x=x_0$ 时,改变一个单位,y 改变 $f'(x_0)$ 个单位.

2. 弹性的概念

设函数 $y=f(x)$ 在点 x 处可导,则称极限

$$\eta = \lim_{\Delta x \to 0} \frac{\frac{\Delta y}{y}}{\frac{\Delta x}{x}} = \frac{x}{y}f'(x)$$

为函数 $y=f(x)$ 在点 x 处的相对变化率,或 y 对 x 的弹性,简称弹性.

函数 $y=f(x)$ 在点 x 处的弹性 η 反映了当自变量 x 变化 1% 时,函数 $f(x)$ 变化的百分数为 $|\eta|\%$.

3.1.6 凸性、拐点、渐近线和函数图形的描绘

凸性的概念:设函数 $f(x)$ 在 (a,b) 内连续,如果 $\forall x_1, x_2 \in (a,b)$ 及 $\forall \lambda \in (0,1)$ 都有

$$f[\lambda x_1 + (1-\lambda)x_2] < (>) \lambda f(x_1) + (1-\lambda)f(x_2)$$

则称 $f(x)$ 在 (a,b) 内为下(上)凸的.

在几何上,下凸弧上过任一点的切线都在曲线弧之下,而上凸弧上过任一点的切线都在曲线弧之上.

凸性的二阶判别准则:设函数 $f(x)$ 在 (a,b) 内具有二阶导数:

(1) 如果在 (a,b) 内 $f''(x)>0$,则 $y=f(x)$ 在 (a,b) 内为下凸;

(2) 如果在 (a,b) 内 $f''(x)<0$,则 $y=f(x)$ 在 (a,b) 内为上凸.

根据以上准则,要判断函数是上凸还是下凸,只要判断其二阶导数的符号是小于零还是大于零即可.

拐点就是曲线上的上凸与下凸的分界点.

寻找拐点应先找出二阶导数 $f''(x)=0$ 和二阶导数 $f''(x)$ 不存在的点 x_0,若 $f(x)$ 在 x_0 处连续且 $f''(x)$ 在 x_0 点左、右变号,则 $(x_0, f(x_0))$ 为曲线 $y=f(x)$ 的拐点,若 $f''(x)$ 在 x_0 点左、右不变号,则 $(x_0, f(x_0))$ 就不是曲线 $y=f(x)$ 的拐点.

渐近线的概念:当曲线 $y=f(x)$ 上的一点 P 沿着曲线趋于无穷远时,如果点 P 到某定直线 L 的距离趋于零,那么定直线 L 就称为曲线 $y=f(x)$ 的一条渐近线.

渐近线分为水平渐近线、铅垂渐近线和斜渐近线三种.

函数图形的描绘,将函数的单调性、极值、凸性与拐点等几何特性讨论清楚后,利用渐近线,就可以描绘出比较准确的函数图形.

§3.2 疑难解析

3.2.1 关于中值定理

罗尔中值定理、拉格朗日中值定理、柯西中值定理一个比一个深刻,前者是后者的特例,后者是前者的推广.在运用中值定理的过程中,一定要检验定理的条件是否满足.拉格朗日中值定理是中值定理的中心,要善于从拉格朗日中值定理的几何意义中搞清楚该定理证明中辅助函数的成因.柯西中值定理是通向洛必达法则的桥梁.

3.2.2 关于洛必达法则

利用导数转化求极限是洛必达法则的一大特色,在运用洛必达法则求 $\dfrac{0}{0}$ 型和 $\dfrac{\infty}{\infty}$ 型极限的过程中,一定要检验函数是否满足洛必达法则的三个条件,对于其他类型的不定式极限要善于转化成 $\dfrac{0}{0}$ 型或 $\dfrac{\infty}{\infty}$ 型的极限来处理.当洛必达法则失效时,要能够采用其他方法处理函数比的极限问题.

3.2.3 关于求极值、最值和拐点

可导的极值点一定是驻点,因此驻点为可导极值点的必要条件.要注意判别那些不可导的连续点成为极值点的情况,即上尖点或下尖点的情况.极值判别法Ⅰ适用面比判别法Ⅱ更广,而判别法Ⅱ运用起来比判别法Ⅰ更简单易行.

极值是一个局部性的概念,而最值是一个整体性的概念.函数 $f(x)$ 在 $[a,b]$ 上的最大值、最小值可能在驻点、导数不存在的点或区间的端点处达到.找出这些点并比较这些点处的函数值即可求出最大(小)值. $f(x)$ 可能不存在最大(小)值,例如 $f(x)=x$ 在 $(0,1)$ 内即不存在最大值,也不存在最小值.

要求函数 $f(x)$ 的拐点,应首先找出二阶导数 $f''(x)=0$ 和二阶导数 $f''(x)$ 不存在的点 x_0,若 $f(x)$ 在 x_0 处连续且 $f''(x)$ 在 x_0 点左、右变号,则 $(x_0,f(x_0))$ 为曲线 $y=f(x)$ 的拐点,否则,$(x_0,f(x_0))$ 就不是曲线 $y=f(x)$ 的拐点.

§3.3 范例讲评

3.3.1 中值定理的应用

例1 对于函数 $f(x)=x^3-4x^2+2x-3$,在区间 $[0,2]$ 上验证拉格朗日中值定理的正确性.

证 函数 $f(x)=x^3-4x^2+2x-3$,在区间 $[0,2]$ 上连续,在区间 $(0,2)$ 内可导,所以

该函数满足拉格朗日中值定理的条件. 于是, 在 $(0,2)$ 内至少存在一点 ξ, 使得
$$f(2)-f(0)=f'(\xi)(2-0)$$
即
$$-7+3=(3\xi^2-8\xi+2)\cdot 2$$
$$3\xi^2-8\xi+4=0$$
解得
$$\xi_1=\frac{2}{3},\quad \xi_2=2$$
其中
$$\xi_1=\frac{2}{3}\in(0,2)$$
从而定理的正确性得到验证.

例2 证明方程 $x^3+x-1=0$ 有且仅有一个实根.

证 令 $f(x)=x^3+x-1$, 那么 $f(x)$ 的零点就是方程的根.

首先证明 $f(x)$ 有一个实的零点: $f(x)$ 是一个多项式, 自然是处处连续的. 而且 $f(0)=-1<0$, $f(1)=1>0$, 根据闭区间上连续函数的性质, 存在 $c\in(0,1)$, 使得 $f(c)=0$, c 即是 $f(x)$ 的一个零点.

其次证明 $f(x)$ 不可能有多于一个的实零点: 假设 $x=a, x=b(a<b)$ 是 $f(x)$ 的两个实零点 $f(a)=f(b)=0$, 由于 $f(x)$ 是多项式, 在 $[a,b]$ 上连续, 在 (a,b) 内可导, 根据罗尔定理, 存在 $c\in(a,b)$, 使得 $f'(c)=0$.

但是 $f'(x)=3x^2+1$, 对 x 的任何值有 $f'(x)>0$. 这就导致矛盾, 因此由反证法, $f(x)$ 不可能有多于一个的实零点.

3.3.2 洛必达法则

例3 求 $\lim\limits_{x\to+\infty}\dfrac{\ln\left(1+\dfrac{1}{x}\right)}{\operatorname{arccot}x}$.

解 这是 $x\to+\infty$ 时的 $\dfrac{0}{0}$ 型不定式, 由洛必达法则

$$\lim_{x\to+\infty}\frac{\ln\left(1+\dfrac{1}{x}\right)}{\operatorname{arccot} x}=\lim_{x\to+\infty}\frac{\dfrac{x}{x+1}\cdot\left(-\dfrac{1}{x^2}\right)}{\dfrac{-1}{1+x^2}}=\lim_{x\to+\infty}\frac{x^2+1}{x^2+x}=\lim_{x\to+\infty}\frac{1+\dfrac{1}{x^2}}{1+\dfrac{1}{x}}=1.$$

例4 求 $\lim\limits_{x\to 0^+}\dfrac{\ln\cot x}{\ln x}$.

解 这是 $x\to 0^+$ 时的 $\dfrac{\infty}{\infty}$ 型不定式, 由洛必达法则

$$\lim_{x\to 0^+}\frac{\ln\cot x}{\ln x}=\lim_{x\to 0^+}\frac{\dfrac{1}{\cot x}(-\csc^2 x)}{\dfrac{1}{x}}=\lim_{x\to 0^+}\left(-\frac{x}{\sin x}\right)\cdot\lim_{x\to 0^+}\frac{1}{\cos x}=-1.$$

例5 求 $\lim\limits_{x\to 0}\left(\dfrac{\sin^2 x}{x^4}-\dfrac{1}{x^2}\right)$.

解 这是 $x\to 0$ 时的 $\infty-\infty$ 型不定式,先化成 $\frac{0}{0}$ 型的不定式,然后运用洛必达法则

$$\lim_{x\to 0}\left(\frac{\sin^2 x}{x^4}-\frac{1}{x^2}\right)=\lim_{x\to 0}\frac{\sin^2 x-x^2}{x^4}$$

$$=\lim_{x\to 0}\frac{2\sin x\cos x-2x}{4x^3}=2\lim_{x\to 0}\frac{\sin 2x-2x}{(2x)^3}$$

$$\xlongequal{(t=2x)}2\lim_{t\to 0}\frac{\sin t-t}{t^3}=2\lim_{t\to 0}\frac{\cos t-1}{3t^2}$$

$$=2\lim_{t\to 0}\frac{-\sin t}{6t}=-\frac{1}{3}.$$

例6 求 $\lim\limits_{x\to+\infty}(e^x+x)^{\frac{1}{x}}$.

解 这是 $x\to+\infty$ 时的 ∞^0 型不定式,令

$$y=(e^x+x)^{\frac{1}{x}},$$

则

$$\ln y=\frac{1}{x}\ln(e^x+x)=\frac{\ln(e^x+x)}{x}$$

$$\lim_{x\to+\infty}\ln y=\lim_{x\to+\infty}\frac{\ln(e^x+x)}{x}=\lim_{x\to+\infty}\frac{\frac{1}{e^x+x}\cdot(e^x+1)}{1}=\lim_{x\to+\infty}\frac{e^x+1}{e^x+x}=\lim_{x\to+\infty}\frac{e^x}{e^x+1}=1$$

所以

$$\lim_{x\to+\infty}(e^x+x)^{\frac{1}{x}}=\lim_{x\to+\infty}y=e^{\lim\limits_{x\to+\infty}\ln y}=e^1=e.$$

3.3.3 函数的单调性与极值

例7 讨论函数 $f(x)=x^2-\ln x^2$ 的单调性.

解 函数 $f(x)$ 的定义域为 $(-\infty,0)\cup(0,+\infty)$,

$$f'(x)=2x-\frac{2}{x}=\frac{2(x^2-1)}{x}=\frac{2(x+1)(x-1)}{x}.$$

令 $f'(x)=0$,得点 $x=-1,1$.这两点把定义域分成四部分.列表讨论 $f'(x)$ 的符号,如表 3-1 所示.

表 3-1

x	$(-\infty,-1)$	$(-1,0)$	$(0,1)$	$(1,+\infty)$
$f'(x)$	−	+	−	+
$f(x)$	↘	↗	↘	↗

由此可知,函数 $f(x)$ 在区间 $[-1,0)\cup[1,+\infty)$ 内单调增加,在区间 $(-\infty,-1)\cup(0,1)$ 内单调减少.

例8 求函数 $f(x)=(x-1)\sqrt[3]{x^2}$ 的极值.

解 $f'(x) = \sqrt[3]{x^2} + (x-1) \cdot \dfrac{2}{3}x^{-\frac{1}{3}} = \dfrac{5x-2}{3\sqrt[3]{x}}$

令 $f'(x) = 0$，得 $x = \dfrac{2}{5}$，当 $x = 0$ 时，$f'(x)$ 不存在，但 $f(x)$ 在 $x = 0$ 处连续，$x = 0$ 及 $x = \dfrac{2}{5}$ 两点将 $f(x)$ 的定义域 $(-\infty, +\infty)$ 分成三个部分区间，列表 3-2 讨论如下：

表 3-2

x	$(-\infty, 0)$	0	$\left(0, \dfrac{2}{5}\right)$	$\dfrac{2}{5}$	$\left(\dfrac{2}{5}, +\infty\right)$
$f'(x)$	$+$	不存在	$-$	0	$+$
$f(x)$	↗	（极大值）0	↘	（极小值）$-\dfrac{3}{5} \cdot \sqrt[3]{\dfrac{4}{25}}$	↗

由表 3-2 可得：函数 $f(x)$ 的极大值为 $f(0) = 0$，极小值为

$$f\left(\dfrac{2}{5}\right) = -\dfrac{3}{5} \times \sqrt[3]{\dfrac{4}{25}}.$$

例 9 求函数 $f(x) = x^2 e^{-x}$ 的极值.

解 $\quad f'(x) = 2xe^{-x} - x^2 e^{-x} = xe^{-x}(2-x)$
$\quad\quad f''(x) = e^{-x}(x^2 - 4x + 2).$

令 $f'(x) = 0$，得 $x = 0$ 及 $x = 2$. 因为 $f''(0) = 2 > 0$，$f''(2) = -2e^{-2} < 0$，所以 $f(0) = 0$ 是 $f(x)$ 的极小值，$f(2) = \dfrac{4}{e^2}$ 是 $f(x)$ 的极大值.

例 10 如图 3-1 所示，一物体为直圆柱形，其上端为半球形，若该物体的体积等于 V，试问该物体的尺寸如何才有最小表面积？

解 设圆柱的半径为 R，高为 h，则体积为

$$V = \pi R^2 h + \dfrac{2}{3}\pi R^3$$

解得 $\quad h = \dfrac{V}{\pi R^2} - \dfrac{2}{3}R \quad (R > 0).$

从而物体的表面积为

$$S = 3\pi R^2 + 2\pi Rh = 3\pi R^2 + 2\pi R\left(\dfrac{V}{\pi R^2} - \dfrac{2}{3}R\right) = \dfrac{2V}{R} + \dfrac{5}{3}\pi R^2$$

$$S'(R) = \dfrac{10}{3}\pi R - \dfrac{2V}{R^2} = \dfrac{2}{3R^2}(5\pi R^3 - 3V)$$

令 $S'(R) = 0$，得驻点 $R = \sqrt[3]{\dfrac{3V}{5\pi}}.$

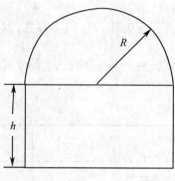

图 3-1

由实际问题分析可知,该物体在体积为定值 V 时的最小表面积一定存在,且在 $R>0$ 时有唯一驻点 $R=\sqrt[3]{\dfrac{3V}{5\pi}}$,故当 $R=\sqrt[3]{\dfrac{3V}{5\pi}}$ 时,S 取最小值,这时

$$h = \frac{5}{3}\sqrt[3]{\frac{3V}{5\pi}} - \frac{2}{3}\sqrt[3]{\frac{3V}{5\pi}} = \sqrt[3]{\frac{3V}{5\pi}} = R$$

即当 $h = R = \sqrt[3]{\dfrac{3V}{5\pi}}$ 时,物体表面积最小.

例 11 设某产品的成本函数和价格函数分别为

$$C(x) = 3\,800 + 5x - \frac{x^2}{1\,000}, \quad P(x) = 50 - \frac{x}{100}$$

试决定产品的生产量 x,以使利润达到最大.

解 收入函数为

$$R(x) = xP(x) = 50x - \frac{x^2}{100}$$

利润函数为

$$L(x) = R(x) - C(x) = 50x - \frac{x^2}{100} - \left(3\,800 + 5x - \frac{x^2}{1\,000}\right) = -\frac{9x^2}{1\,000} + 45x - 3\,800$$

所以

$$L'(x) = -\frac{9x}{500} + 45$$

令 $L'(x) = 0$,得 $x = 2\,500$.

又因为

$$L''(x) = -\frac{9}{500} < 0$$

所以 $x = 2\,500$ 是利润函数 $L(x)$ 的唯一的一个极大值点,即当生产量为 $2\,500$ 单位时,利润达到最大.

3.3.4 综合题

例 12 试求曲线 $f(x)=\left(\dfrac{1+x}{1-x}\right)^4$ 的凸性区间、极值点、拐点及渐近线.

解 函数 $f(x)$ 的定义域为:$(-\infty,1)\cup(1,+\infty)$.

$$f'(x)=\frac{8(1+x)^3}{(1-x)^5}$$

令 $f'(x)=0$,得驻点:$x_1=-1$.

$$f''(x)=\frac{16(1+x)^2\cdot(x+4)}{(1-x)^6}$$

令 $f''(x)=0$,得 $x_1=-1, x_2=-4$.

$x_1=-1, x_2=-4$. 将 $f(x)$ 的定义域分成四个部分区间,列表 3-3 讨论如下:

表 3-3

x	$(-\infty,-4)$	-4	$(-4,-1)$	-1	$(-1,1)$	$(1,+\infty)$
$(1+x)^3$	−	−	−	0	+	+
$(1-x)^5$	+	+	+	+	+	−
$(1+x)^2$	+	+	+	0	+	+
$x+4$	−	0	+	+	+	+
$(1-x)^6$	+	+	+	+	+	+
$f'(x)$	−	−	−	0	+	+
$f''(x)$	−	0	+	0	+	+
$f(x)$	∩ ↘	拐点 $\left(-4,\dfrac{81}{625}\right)$	∪ ↘	极小值 0	∪ ↗	∩ ↗

$f(x)$ 的上凸区间为:$(-\infty,-4)$,下凸区间为:$(-4,1)\cup(1,+\infty)$.

$f(x)$ 的极小值为:$f(-1)=0$.

$f(x)$ 的拐点为:$\left(-4,\dfrac{81}{625}\right)$.

因为
$$\lim_{x\to1}f(x)=\lim_{x\to1}\left(\frac{1+x}{1-x}\right)^4=+\infty$$

所以 $x=1$ 是曲线 $f(x)$ 的铅垂渐近线.

又因为
$$\lim_{x\to\infty}f(x)=\lim_{x\to\infty}\left(\frac{1+x}{1-x}\right)^4=\lim_{x\to\infty}\left[\frac{\dfrac{1}{x}+1}{\dfrac{1}{x}-1}\right]^4=1$$

/所以 $y=1$ 是曲线 $f(x)$ 的水平渐近线.

§3.4 习题选解

[习题 3-1 1] 证明当 $x>0$ 时,$e^x>1+x$.

证 令 $f(x)=e^x$,显然 $f(x)$ 在 $[0,x]$ 上满足拉格朗日中值定理的条件.由拉格朗日中值定理公式便有

$$f(x)-f(0)=f'(\xi)(x-0) \qquad 0<\xi<x$$

即

$$f'(\xi)=\frac{e^x-1}{x}=e^\xi$$

因

$$0<\xi<x$$

故

$$e^\xi>e^0=1$$

即有

$$\frac{e^x-1}{x}>1$$

故

$$e^x-1>x\Rightarrow e^x>1+x.$$

注: 也可以用函数的单调性来证明此题.

[习题 3-1 2] 证明恒等式 $\arctan x+\arctan\dfrac{1}{x}=\dfrac{\pi}{2}$,$x>0$.

证 设 $f(x)=\arctan x+\arctan\dfrac{1}{x}$

因

$$f'(x)=\frac{1}{1+x^2}+\frac{1}{1+\left(\dfrac{1}{x}\right)^2}\cdot\left(-\frac{1}{x^2}\right)=\frac{1}{1+x^2}-\frac{1}{1+x^2}\equiv 0 \qquad (x>0)$$

由拉格朗日中值定理的推论知 $f(x)=c$(c 为常数),即 $\arctan x+\arctan\dfrac{1}{x}=c$.不妨令 $x=1$,将 $x=1$ 代入上式便有

$$\arctan x+\arctan\frac{1}{x}=\frac{\pi}{4}+\frac{\pi}{4}=\frac{\pi}{2}.$$

[习题 3-1 4] 求下列各式的极限

(1) $\lim\limits_{x\to 0}\dfrac{x^3}{x-\sin x}$;   (3) $\lim\limits_{x\to 0}\dfrac{x(e^x+1)-2(e^x-1)}{x^3}$;

(4) $\lim\limits_{x\to 0}\dfrac{x(e^x-1)}{\cos x-1}$;   (5) $\lim\limits_{x\to 0}\left(\dfrac{1}{x}-\dfrac{1}{e^x-1}\right)$.

解 (1) 原式 $=\lim\limits_{x\to 0}\dfrac{3x^2}{1-\cos x}=\lim\limits_{x\to 0}\dfrac{6x}{\sin x}=6\times 1=6.$

(3) 原式 $=\lim\limits_{x\to 0}\dfrac{e^x+1+xe^x-2e^x}{3x^2}=\lim\limits_{x\to 0}\dfrac{xe^x-e^x+1}{3x^2}$

$$= \lim_{x \to 0} \frac{e^x + xe^x - e^x}{6x} = \lim_{x \to 0} \frac{e^x}{6} = \frac{1}{6}.$$

(4) 原式 $= \lim\limits_{x \to 0} \dfrac{e^x - 1 + xe^x}{-\sin x} = \lim\limits_{x \to 0} \dfrac{2e^x + xe^x}{-\cos x} = -2.$

(5) 原式 $= \lim\limits_{x \to 0} \dfrac{e^x - 1 - x}{x(e^x - 1)} = \lim\limits_{x \to 0} \dfrac{e^x - 1}{e^x - 1 + x \cdot e^x} = \lim\limits_{x \to 0} \dfrac{e^x}{2e^x + xe^x} = \dfrac{1}{2}.$

[习题3-2 2] 讨论函数 $y = \dfrac{x}{\ln x}$ 的增减性.

解 函数的定义域为 $(0,1) \cup (1, +\infty)$

因为 $y' = \dfrac{\ln x - 1}{\ln^2 x}$，令 $y' = 0$ 得 $x = e$. 列表 3-4 讨论如下：

表 3-4

x	$(0,1)$	1	$(1,e)$	e	$(e, +\infty)$
y'	−		−	0	+
y	↘	无定义	↘		↗

所以函数的增区间为 $(e, +\infty)$，减区间为 $(0,1) \cup (1,e)$.

[习题3-2 3] 证明不等式 $\ln(1+x) < x, (x>0)$.

证 设 $f(x) = \ln(1+x) - x$，则当 $x > 0$ 时

$$f'(x) = \frac{1}{1+x} - 1 = -\frac{x}{1+x} < 0$$

所以函数 $f(x)$ 在 $x>0$ 时单调减少，即当 $x>0$ 时

$$f(x) < f(0) = 0$$

即 $\ln(1+x) - x < 0 \Rightarrow \ln(1+x) < x \quad (x>0).$

[习题3-2 4] 当 $x>0$ 时，证明不等式 $x - \dfrac{x^2}{2} < \ln(1+x)$.

证 设 $f(x) = x - \dfrac{x^2}{2} - \ln(1+x)$，于是，当 $x>0$ 时

$$f'(x) = 1 - x - \frac{1}{1+x} = \frac{-x^2}{1+x} < 0$$

亦即 $f(x)$ 当 $x>0$ 时为单调减少的，由相关定理有

$$f(x) < f(0) = 0$$

即

$$x - \frac{x^2}{2} - \ln(1+x) < 0 \Rightarrow x - \frac{x^2}{2} < \ln(1+x).$$

综合以上两题的结论，有如下不等式成立

$$x - \frac{x^2}{2} < \ln(1+x) < x \quad (x>0).$$

[习题 3-2 5] 求函数 $y=2x^3-3x^2-12x+14$ 的极值点和极值.

解 函数的定义域为 $(-\infty,+\infty)$
$$y'=6x^2-6x-12=6(x+1)(x-2)$$
令 $y'=0$,得驻点 $x_1=-1,x_2=2$.

列表 3-5 讨论如下:

表 3-5

x	$(-\infty,-1)$	-1	$(-1,2)$	2	$(2,+\infty)$
y'	$+$	0	$-$	0	$+$
y	↗	极大值	↘	极小值	↗

由表 3-5 可知 极大点为 $x=-1$. 极小点为 $x=2$. 极大值为 $f(-1)=21$ 极小值为 $f(2)=-6$.

[习题 3-3 3] 将一根长为 36cm 的铁丝截成两段,一段加工成圆,另一段加工成正方形,问怎样截法,才能使圆和正方形面积之和最小?

解 设圆的半径为 $x(\text{cm})$,圆和正方形面积之和为 y,则
$$y=\pi x^2+\left(\frac{36-2\pi x}{4}\right)^2$$
$$y=\pi x^2+\frac{1}{4}(18-\pi x)^2 \quad x\in\left(0,\frac{18}{\pi}\right)$$
$$y'=2\pi x+\frac{1}{2}(18-\pi x)\cdot(-\pi)=2\pi x-\frac{\pi}{2}(18-\pi x)$$

令 $y'=0$ 得唯一驻点 $x=\frac{18}{4+\pi}$

而
$$y''=2\pi+\frac{\pi^2}{2}>0$$

所以 $x=\frac{18}{4+\pi}$ 为极小值点,亦即为最小值点. 故以 $\frac{36\pi}{4+\pi}$cm 长加工成圆,余下部分加工成正方形,才使圆和正方形面积之和最小.

[习题 3-3 6] 某工厂的总收益函数与总成本函数分别为 $R(Q)=18Q$ 与 $C(Q)=Q^3-9Q^2+33Q+10$(Q 是产量),其最大生产能力为 10,即 $Q\leq 10$,试求:(1) Q 为多少时利润最大?并写出最大利润;(2)利润最大时的产品单价是多少?

解 (1)总利润为
$$L(Q)=R(Q)-C(Q)=-Q^3+9Q^2-15Q-10 \quad 0\leq Q\leq 10$$
$$L'(Q)=-3Q^2+18Q-15=-3(Q-1)(Q-5)$$

令 $L'(Q)=0$ 解得 $Q_1=1,Q_2=5$.

比较 $L(0)=-10,L(1)=-17,L(5)=15,L(10)=-260$ 得,当 $Q=5$ 时,利润最大,最

大利润为 15.

(2) 当利润最大时的单价为 $\dfrac{R(5)}{5}=\dfrac{18\times 5}{5}=18$.

[**习题 3-3　8**]　设生产某种产品 x 个单位时的成本函数为 $C(x)=100+6x+\dfrac{x^2}{4}$（万元/单位），求当产量 x 是多少时，平均成本最小？

解　由 $\overline{C}=\dfrac{C(x)}{x}=\dfrac{100}{x}+6+\dfrac{x}{4}$

令 $\overline{C}'=-\dfrac{100}{x^2}+\dfrac{1}{4}=0$，解得 $x=\pm 20$ 显然有 $x=20$（$x=-20$ 舍去）即当产量为 20 时，平均成本最小．

[**习题 3-5　2**]　确定曲线 $y=x\ln(1+x)$ 的凹凸区间及拐点．

解　函数的定义域为 $(-1,+\infty)$．

$$y'=\ln(1+x)+\dfrac{x}{1+x}$$

$$y''=\dfrac{1}{1+x}+\dfrac{1}{(1+x)^2}=\dfrac{2+x}{(1+x)^2}>0 \quad x\in(-1,+\infty)$$

此时曲线是凹的，故该曲线无拐点．

[**习题 3-5　4**]　求曲线 $y=e^{\frac{1}{x}}-1$ 的水平渐近线.

解　因为当 $x\to +\infty$ 时 $\lim\limits_{x\to +\infty}\left(e^{\frac{1}{x}}-1\right)=0$

所以曲线的水平渐近线为 $y=0$.

§3.5　综合练习

一、填空题

1．在拉格朗日中值定理中，条件是_____，结论是_____．

2．$f(x)$ 的定义区间为 $[a,b]$，$f(x)$ 在端点 $x=a$ 处_____取得最大值，_____取得极大值．

3．在函数 $f(x)$ 的拐点 x_0 处必有 $f''(x_0)=$_____．

4．设 $f(x)$ 在 (a,b) 内有二阶导数，且 $f''(x)>0$，则 $f(x)$ 在 (a,b) 内的曲线形状是_____．

5．据图 3-2 填空：极大值点是_____，极小值点是_____．递增区间是_____，递减区间是_____．凹区间是_____，凸区间是_____，拐点是_____．

6．$\lim\limits_{x\to +\infty}\dfrac{x}{e^x}$ 是_____型未定式，值为_____．

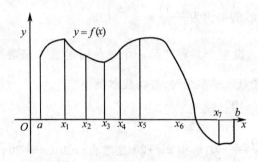

图 3-2

7. 函数 $y=1-x^5$ 是单调_____.

8. 设 $f(x)$ 在 $[a,b]$ 上是连续的减函数, 则它在 $[a,b]$ 上的最小值为_____; 设 $f(x)$ 在 $[a,b]$ 内是连续的增函数, 则 $f(x)$ 在 $[a,b]$ 内的最小值为_____.

9. 函数 $y=\ln x$ 在 $[1,2]$ 上满足拉格朗日中值定理, $\zeta=$_____.

10. 函数 $f(x)=\dfrac{x}{x^2+1}$ 在区间 $[0,+\infty)$ 上的最大值为_____, 最小值为_____.

11. 函数 $y=x+\sqrt{1-x}$ 在 $x=$_____时有极_____值, 为_____.

12. 点 $(1,3)$ 为曲线 $y=ax^3+bx^2$ 的拐点, 则 $a=$_____, $b=$_____.

13. 曲线 $y=\ln x$ 的竖直渐近线是_____.

14. 某商品的单价 P 与需求量 Q 的关系为 $P=10-\dfrac{Q}{5}$, 则需求量为 15 时的边际收入为_____.

15. $\lim\limits_{x\to+\infty}\sqrt{\dfrac{1+x^2}{x}}=$_____.

$\lim\limits_{x\to a}\dfrac{\sin x-\sin a}{x-a}=$_____.

二、选择题

1. 下面函数在给定的区间上满足拉格朗日中值定理的是( ).

　　A. $y=\tan x,[0,\pi]$　　B. $y=\ln x,[0,1]$　　C. $y=e^x,\left[\dfrac{1}{e},e\right]$　　D. $y=\dfrac{1}{x},[-1,1]$

2. 若已知函数的定义域, 就知道它的图像的( ).

　　A. 对称性　　B. 单调性　　C. 左、右范围　　D. 上、下范围

3. 设 x_0 为 $f(x)$ 的极大值点, 则( ).

　　A. 必有 $f'(x_0)=0$　　　　　　　　B. 必有 $f''(x_0)<0$

C. $f'(x_0) = 0$ 或不存在 D. $f(x_0)$ 为 $f(x)$ 在定义域内的最大值

4. 若函数 $f(x)$ 在 (a,b) 内二阶可导，且 $f'(x)<0$，$f''(x)>0$，则在 (a,b) 内的函数是（ ）.

    A. 单减，凸函数　　B. 单减，凹函数　　C. 单增，凸函数　　D. 单增，凹函数

5. 函数 $f(x)$ 的连续但不可导的点（ ）.

    A. 一定是极值点　　B. 一定是拐点　　C. 一定不是极值点　　D. 一定不是拐点

6. 设 $f(x)$ 在 $[a,b]$ 上的最大值点为 x_0，则（ ）.

    A. $f'(x_0) = 0$ 或不存在　　　　　　B. 必有 $f''(x_0)<0$

    C. x_0 为 $f(x)$ 的极值点　　　　　　D. $x_0 = a, b$ 或为 $f(x)$ 的极大值点

7. 函数 $f(x)$ 在 x_0 和某邻域内有定义，$f'(x_0)=0$，$f''(x_0)=0$，则在 $x=x_0$ 处函数（ ）.

    A. 必有极值，可能有拐点　　　　　　B. 可能有极值，也可能有拐点

    C. 可能有极值，必有拐点　　　　　　D. 既有极值，又有拐点

8. $\lim\limits_{x \to 0} \dfrac{2^x - 1}{x} = (\ \ )$.

    A. 0　　　　　　B. 1　　　　　　C. ln2　　　　　　D. ∞

9. $\lim\limits_{x \to 1} \dfrac{1-x}{\ln x} = (\ \ )$.

    A. -1　　　　　B. 1　　　　　　C. 0　　　　　　D. ∞

10. 函数 $y = x^4 + x^2 + 5$ 在 $(-\infty, +\infty)$ 内具有（ ）性质.

    A. 单调递增　　B. 单调递减　　C. 图像是凸的　　D. 图像是凹的

11. 曲线 $y = \dfrac{2x-1}{(x-1)^2}$，则（ ）.

    A. 仅有水平渐近线　　　　　　　　　B. 仅有垂直渐近线

    C. 无渐近线　　　　　　　　　　　　D. 既有水平渐近线又有垂直渐近线

12. 下列极限中能用洛必达法则的是（ ）.

    A. $\lim\limits_{x \to \infty} \dfrac{\sin x}{x}$　　B. $\lim\limits_{x \to 0} \dfrac{\sin x}{x}$　　C. $\lim\limits_{x \to \frac{\pi}{2}} \dfrac{\lg x}{\sin x}$　　D. $\lim\limits_{x \to 0} \dfrac{x^2 \sin \frac{1}{x}}{\sin x}$

三、计算与解答题

1. 设某窗的形状如图 3-3 所示，该窗框的周长为 L，试确定半径 r 和矩形的高 h 的值，使窗口的光线最充足.

2. 求曲线 $y = \ln x$ 上曲率最大的点.

3. 求下列极限.

  （1）$\lim\limits_{x \to 0} \left[\dfrac{1}{\ln(1+x)} - \dfrac{1}{x}\right]$；　　　　（2）$\lim\limits_{x \to \infty} x\left(e^{\frac{1}{x}} - 1\right)$；

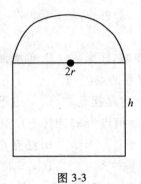

图 3-3

(3) $\lim\limits_{x\to+\infty}\dfrac{x}{e^x}$；   (4) $\lim\limits_{x\to+0}x^x$.

4. 作函数 $f(x)=\dfrac{x^2+3x}{x-1}$ 的图像.

5. 讨论函数 $f(x)=\dfrac{\ln x}{x}$ 的单调区间和极值.

6. 讨论函数 $y=2x\ln x-x^2$ 的凹凸性与拐点.

综合练习答案

一、填空题

1. 函数 $f(x)$ 在闭区间 $[a,b]$ 上连续，在开区间 (a,b) 内可导、在 (a,b) 内至少存在一点 ξ，使得 $f'(\xi)=\dfrac{f(b)-f(a)}{b-a}$； 2. 可能、不可能； 3. 0 或不存在； 4. 凹的；

5. x_1,x_5,x_3,x_7、(a,x_1),(x_3,x_5),(x_7,b)、(x_1,x_3),(x_5,x_7)、(x_2,x_4),(x_6,b)、(a,x_2),(x_4,x_6)、$(x_2,f(x_2))$,$(x_4,f(x_4))$,$(x_6,f(x_6))$； 6. $\dfrac{\infty}{\infty}$、0； 7. 递减的；

8. $f(b)$、不存在； 9. $\dfrac{1}{\ln 2}$； 10. $\dfrac{1}{2}$、0； 11. $\dfrac{3}{4}$、大、$\dfrac{5}{4}$； 12. $-\dfrac{3}{2}$、$\dfrac{9}{2}$； 13. $x=0$；

14. 4； 15. 1、$\cos a$.

二、选择题

1. C； 2. C； 3. C； 4. B； 5. D； 6. D； 7. B； 8. C； 9. A； 10. D； 11. D； 12. B.

三、计算与解答题

1. $r=\dfrac{L}{\pi+4}, h=\dfrac{L}{\pi+4}$ 时光线最充足.

2. $\left(\dfrac{1}{\sqrt{2}}, -\ln\sqrt{2}\right)$.

3. $\dfrac{1}{2}, 1, 0, 1$.

4. 略.

5. 单调递增区间 $(0,e)$,单调递减区间 $(e,+\infty)$,极大值 $f(e)=\dfrac{1}{e}$.

6. 在 $(0,1)$ 内是凹的,在 $(1,+\infty)$ 内是凸的,拐点 $(1,-1)$.

第4章 不定积分

§4.1 内容提要

4.1.1 内容提要

1. 原函数

如果在区间 I 内,可导函数 $F(x)$ 的导数为 $f(x)$,即对任一 $x \in I$ 都有 $F'(x) = f(x)$ 或 $dF(x) = f(x)dx$,那么函数 $F(x)$ 就称为 $f(x)$(或 $f(x)dx$)在区间 I 内的原函数.

连续函数一定有原函数.

2. 不定积分

在区间 I 内,函数 $f(x)$ 的原函数的全体称为 $f(x)$ 在 I 上的不定积分,记为

$$\int f(x)dx.$$

如果 $F(x)$ 是 $f(x)$ 在区间 I 内的一个原函数,则

$$\int f(x)dx = F(x) + C$$

其中 C 为任意常数.

3. 不定积分的性质

(1) $\left(\int f(x)dx\right)' = f(x)$ 或 $d\left(\int f(x)dx\right) = f(x)dx$;

(2) $\int F'(x)dx = F(x) + C$ 或 $\int dF(x) = F(x) + C$;

(3) $\int [f(x) \pm g(x)]dx = \int f(x)dx \pm \int g(x)dx$;

(4) $\int kf(x)dx = k\int f(x)dx$ (k 是常数, $k \neq 0$).

4. 基本积分公式

(1) $\int k dx = kx + C$; (2) $\int x^u dx = \dfrac{x^{u+1}}{u+1} + C (u \neq -1)$;

(3) $\int \dfrac{1}{x}dx = \ln|x| + C$; (4) $\int \dfrac{dx}{1+x^2} = \arctan x + C$;

(5) $\int \dfrac{1}{\sqrt{1-x^2}} dx = \arcsin x + C;$ (6) $\int \cos x dx = \sin x + C;$

(7) $\int \sin x dx = -\cos x + C;$ (8) $\int \sec^2 x dx = \int \dfrac{1}{\cos^2 x} dx = \tan x + C;$

(9) $\int \csc^2 x dx = \int \dfrac{dx}{\sin^2 x} = -\cot x + C;$ (10) $\int \sec x \tan x dx = \sec x + C;$

(11) $\int \csc x \cot x dx = -\csc x + C;$ (12) $\int e^x dx = e^x + C;$

(13) $\int a^x dx = \dfrac{a^x}{\ln a} + C;$ (14) $\int \tan x dx = -\ln|\cos x| + C;$

(15) $\int \cot x dx = \ln|\sin x| + C;$ (16) $\int \sec x dx = \ln|\sec x + \tan x| + C;$

(17) $\int \csc x dx = \ln|\csc x - \cot x| + C.$

4.1.2 基本积分方法

1. 凑微分法

设 $f(u)$ 具有原函数，$u = \varphi(x)$ 可导，则有

$$\int f[\varphi(x)] \varphi'(x) dx = \left[\int f(u) du\right]_{u=\varphi(x)}$$

2. 三角换元法

设 $x = \varphi(t)$ 是单调的、可导的函数，并且 $\varphi'(t) \neq 0$，又设 $f[\varphi(t)]\varphi'(t)$ 具有原函数，则有

$$\int f(x) dx = \left[\int f[\varphi(t)] \varphi'(t) dt\right]_{t=\varphi^{-1}(x)}$$

3. 分部积分法

设 $u = u(x), v = v(x)$ 具有连续导数，则有如下分部积分公式

$$\int uv' dx = uv - \int u'v dx \quad \text{或} \quad \int u dv = uv - \int v du$$

4. 查表求不定积分，利用 Mathematica 软件求不定积分

§4.2 疑 难 解 析

4.2.1 不定积分的定义

例1 "若 $F' = f(x)$，则称 $F(x)$ 是 $f(x)$ 的原函数，$F(x) + C$（C 为任意常数）是 $f(x)$ 的不定积分."这种说法是否准确？

答：该说法不准确，问题在于没有指出自变量 x 的取值范围，对有些函数而言，在自变量的不同范围内，有不同的原函数，因而在不同的区间上就有不同的不定积

分. 如

$$\int \frac{1}{x} dx = \begin{cases} \ln x + C, & x > 0 \\ \ln(-x) + C, & x < 0 \end{cases}$$

例 2 同一个函数的原函数是否可以具有不同的形式?

答:可以,由于同一个函数的原函数可以相差一个常数,又加上恒等变形的影响,可能会使同一个函数的原函数具有不同的形式,但这些不同的形式的原函数的导数是相等的. 如

$$\left(\frac{\sin^2 x}{2}\right)' = \left(-\frac{\cos^2 x}{2}\right)' = \left(-\frac{\cos 2x}{4}\right)'.$$

例 3 设 $f(x)$ 在区间 I 内有原函数,试问 $f(x)$ 在 I 内一定连续吗?

答:不一定. 如 $F(x) = \begin{cases} 2x\sin\frac{1}{x}, & x \neq 0 \\ 0, & x = 0 \end{cases}$ 在 $(-\infty, +\infty)$ 内有

$$F'(x) = f(x) = \begin{cases} 2x\sin\frac{1}{x} - \cos\frac{1}{x}, & x \neq 0 \\ 0, & x = 0 \end{cases}$$

即 $f(x)$ 在 $(-\infty, +\infty)$ 内有原函数 $F(x)$,但 $f(x)$ 在 $x = 0$ 处不连续.

例 4 一个函数的原函数是否一定存在?

答:不一定. 由原函数存在定理知,在某区间内连续的函数在该区间内一定有原函数. 由于初等函数在其定义域内是连续的,故初等函数在其定义域内一定存在原函数.

4.2.2 不定积分与导数的关系

由不定积分的定义或不定积分的性质1、性质2都能说明导数与不定积分互为逆运算.

4.2.3 直接积分法

例 5 $\int \frac{1}{\sin^2 x \cos^2 x} dx$.

解 $\int \frac{1}{\sin^2 x \cos^2 x} dx = \int \frac{\sin^2 x + \cos^2 x}{\sin^2 x \cos^2 x} dx = \int \left(\frac{1}{\cos^2 x} + \frac{1}{\sin^2 x}\right) dx$

$= \tan x - \cot x + C.$

直接积分法关键在于运用恒等变形,将被积函数表示为基本积分公式中所具有的情形.

4.2.4 第一类换元积分法(凑微分法)

例 6 $\int \frac{e^{x^2+3x+7}}{2x+3} dx.$

解 $\int \dfrac{e^{x^2+3x+7}}{2x+3}dx = \int e^{x^2+3x+7} \cdot (x^2+3x+7)'dx$

$\underline{\text{令 } u=x^2+3x+7} \int e^u du = e^u + C$

$\underline{\text{代入 } u=x^2+3x+7} e^{x^2+3x+7} + C.$

用第一类换元积分法求不定积分时,关键是将被积函数 $g(x)$ 表达(拼凑)成 $f[\varphi(x)]\varphi'(x)$ 的形式.

4.2.5 第二类换元积分法

例7 $\int \sqrt{a^2-x^2}dx, a>0$

解 设 $x=a\sin t, t\in\left(-\dfrac{\pi}{2},\dfrac{\pi}{2}\right)$,则 $dx=a\cos t dt (a>0)$

$\int \sqrt{a^2-x^2}dx = \int a\cos t \cdot a\cos t dt$

$= a^2 \int \cos^2 t dt = a^2 \int \dfrac{1+\cos 2t}{2}dt = \dfrac{a^2}{2}\left(t+\dfrac{1}{2}\sin 2t\right) + C.$

因为 $x=a\sin t, -\dfrac{\pi}{2}<t<\dfrac{\pi}{2}$,所以 $t=\arcsin\dfrac{x}{a}, \sin t=\dfrac{x}{a}, \cos t=\dfrac{1}{a}\sqrt{a^2-x^2}$ 有

$$\int \sqrt{a^2-x^2}dx = \dfrac{a^2}{2}\arcsin\dfrac{x}{a} + \dfrac{x}{2}\sqrt{a^2-x^2} + C.$$

若被积函数诸如无理式 $\sqrt{a^2-x^2}(a>0), \sqrt{x^2-a^2}(a>0), \sqrt{a^2+x^2}(a>0), \dfrac{1}{\sqrt{a^2-x^2}}(a>0), \dfrac{1}{\sqrt{x^2-a^2}}(a>0)$ 等,关键是用三角恒等式中的平方公式化无理式为有理式.

若被积函数含无理式 $\sqrt[n]{ax+b}$ 和 $\sqrt[n]{\dfrac{ax+b}{cx+d}}$,换元时直接令 $\sqrt[n]{ax+b}=t$ (或 $\sqrt[n]{\dfrac{ax+b}{cx+d}}=t$),便可以化无理式为有理式,再求不定积分.

4.2.6 分部积分法

分部积分法的关键是在被积函数中恰当选择 u 和 v',尤其是被积函数仅为一个函数,采用其他积分方法无法运算时,要充分借助 $(x)'=1$ 如 $\int \arctan x dx, \int \ln x dx$ 等.

§4.3 范例讲评

4.3.1 直接积分法

直接积分法的特点是直接利用不定积分的基本性质和基本积分公式,辅以代数

或三角恒等变形.

例1 计算下列不定积分

(1) $\int (\sqrt{x\sqrt{x}} + 1)\left(x^2 - \dfrac{1}{\sqrt{x}}\right) dx$;   (2) $\int \dfrac{dx}{x^2(1+x^2)}$;

(3) $\int \dfrac{dx}{\sin^2 x \cos^2 x}$;   (4) $\int \dfrac{\tan^3 x + \tan^2 x - \tan x - 1}{\tan x + 1} dx$.

解 (1) 原式 $= \int \left(x^{\frac{3}{4}} + 1\right)\left(x^2 - x^{-\frac{1}{2}}\right) dx$

$= \int \left(x^{\frac{11}{4}} - x^{\frac{1}{4}} + x^2 - x^{\frac{1}{2}}\right) dx = \dfrac{4}{15} x^{\frac{15}{4}} - \dfrac{4}{5} x^{\frac{5}{4}} + \dfrac{1}{3} x^3 - 2x^{\frac{1}{2}} + C$.

(2) 原式 $= \int \dfrac{(1+x^2) - x^2}{x^2(1+x^2)} dx = \int \left[\dfrac{1}{x^2} - \dfrac{1}{1+x^2}\right] dx = -\dfrac{1}{x} - \arctan x + C$.

(3) 原式 $= \int \dfrac{\sin^2 x + \cos^2 x}{\sin^2 x \cos^2 x} dx = \int \left[\dfrac{1}{\cos^2 x} + \dfrac{1}{\sin^2 x}\right] dx = \tan x - \cot x + C$.

(4) 原式 $= \int \dfrac{(\tan x + 1)(\tan^2 x - 1)}{\tan x + 1} dx = \int (\sec^2 x - 2) dx = \tan x - 2x + C$.

4.3.2 换元积分法

例2 求下列不定积分

(1) $\int \dfrac{\cos\sqrt{x}}{\sqrt{x}} dx$;   (2) $\int \dfrac{\cos 2x}{1 + \sin x \cos x} dx$;

(3) $\int \dfrac{dx}{x \ln^2 x}$;   (4) $\int \dfrac{x^3}{\sqrt{1+x^2}} dx$.

解 (1) 因 $\dfrac{1}{\sqrt{x}} dx = d(2\sqrt{x})$,故

$$原式 = \int \cos\sqrt{x}\, d(2\sqrt{x}) = 2\sin\sqrt{x} + C.$$

(2) 因 $\cos 2x\, dx = \dfrac{1}{2} d(\sin 2x)$,故

$$原式 = \int \dfrac{1}{1 + \dfrac{1}{2}\sin 2x} d\left(\dfrac{1}{2}\sin 2x\right) = \ln\left(1 + \dfrac{1}{2}\sin 2x\right) + C.$$

(3) 因 $\dfrac{1}{x} dx = d(\ln x)$ $(x>0)$,故

$$原式 = \int \dfrac{1}{\ln^2 x} d(\ln x) = -\dfrac{1}{\ln x} + C.$$

(4) 因 $x\, dx = \dfrac{1}{2} d(x^2 + 1)$,故

$$原式 = \dfrac{1}{2} \int \dfrac{x^2}{\sqrt{1+x^2}} d(1+x^2)$$

$$= \frac{1}{2}\int \left(\sqrt{1+x^2} - \frac{1}{\sqrt{1+x^2}}\right) d(1+x^2) = \frac{1}{3}(1+x^2)^{\frac{3}{2}} - (1+x^2)^{\frac{1}{2}} + C.$$

例 3 求 $\int \dfrac{\mathrm{d}x}{(x^2+a^2)^{\frac{3}{2}}}$ $(a>0)$.

解 这是比较典型的可采用三角代换的情形,设 $x = a\tan t, t \in \left(-\dfrac{\pi}{2}, \dfrac{\pi}{2}\right)$,则

$$原式 = \int \frac{a\sec^2 t}{(a^2\tan^2 t + a^2)^{\frac{3}{2}}} \mathrm{d}x = \frac{1}{a^2}\int \cos t \mathrm{d}t = \frac{1}{a^2}\sin t + C = \frac{1}{a^2} \cdot \frac{x}{\sqrt{a^2+x^2}} + C.$$

三角代换是一种常用的方法,主要是利用三角函数的特性,将被积函数中的根号去掉.

例 4 求 $\int \dfrac{\mathrm{d}x}{x^4(x^2+1)}$.

解 令 $x = \dfrac{1}{t}$,则

$$原式 = \int \frac{1}{\frac{1}{t^4}\left(\frac{1}{t^2}+1\right)} \cdot \left(-\frac{1}{t^2}\right) \mathrm{d}t = \int \frac{t^4}{1+t^2} \mathrm{d}t = -\int \left(t^2 - 1 + \frac{1}{t^2+1}\right) \mathrm{d}t$$

$$= -\frac{t^3}{3} + t - \arctan t + C = -\frac{1}{3x^3} + \frac{1}{x} - \arctan \frac{1}{x} + C.$$

倒数代换的主要作用就是降低分母的次数,使运算较为简便。当然本例也可以有其他解法,只需将被积函数分解为 $\dfrac{1}{x^2+1} - \dfrac{x^2-1}{x^4}$ 即可. 以下几例所采用的变量代换方法较灵活.

例 5 求 $\int \dfrac{\mathrm{e}^x(1+\mathrm{e}^x)}{\sqrt{1-\mathrm{e}^{2x}}} \mathrm{d}x$.

解 注意到分母为 $\sqrt{1-(\mathrm{e}^x)^2}$,故令 $\mathrm{e}^x = \sin t, t \in \left(0, \dfrac{\pi}{2}\right)$,则 $x = \ln(\sin t)$.

$$原式 = \int \frac{\sin t(1+\sin t)}{\cos t} \cdot \frac{\cos t}{\sin t} \mathrm{d}t = \int (1+\sin t) \mathrm{d}t$$

$$= t + \cos t + C = \arcsin(\mathrm{e}^x) - \sqrt{1-\mathrm{e}^{2x}} + C.$$

例 6 求 $\int \dfrac{\sqrt{1+\ln x}}{x\ln x} \mathrm{d}x$.

解 令 $\sqrt{1+\ln x} = t$,则 $\ln x = t^2 - 1, \dfrac{1}{x}\mathrm{d}x = 2t\mathrm{d}t$

$$原式 = \int \frac{t}{t^2-1} \cdot 2t \mathrm{d}t = 2\int \left(1 + \frac{1}{t^2-1}\right) \mathrm{d}t = 2\left(t + \frac{1}{2}\ln\left|\frac{t-1}{t+1}\right|\right) + C$$

$$= 2\sqrt{1+\ln x} + \ln\left|\frac{\sqrt{1+\ln x}-1}{\sqrt{1+\ln x}+1}\right| + C.$$

例7 求 $\int \dfrac{\mathrm{d}x}{\sqrt{e^x+1}}$.

解 令 $\sqrt{e^x+1}=t$，则 $x=\ln(t^2-1)$

$$\text{原式}=\int \frac{1}{t}\cdot\frac{2t}{t^2-1}\mathrm{d}t=\ln\left|\frac{t-1}{t+1}\right|+C=\ln\frac{\sqrt{e^x+1}-1}{\sqrt{e^x+1}+1}+C.$$

4.3.3 分部积分法

例8 计算下列不定积分

(1) $\int \dfrac{\ln x}{(1-x)^2}\mathrm{d}x$; 　　(2) $\int \sin x \ln\tan x\,\mathrm{d}x$;

(3) $\int x\ln\dfrac{1+x}{1-x}\mathrm{d}x$; 　　(4) $\int \dfrac{\arctan e^x}{e^x}\mathrm{d}x$;

(5) $\int \dfrac{xe^{-x}}{(1-x)^2}\mathrm{d}x$; 　　(6) $\int \dfrac{x\tan x}{\cos^4 x}\mathrm{d}x$.

解 (1) 原式 $=\int \ln x\,\mathrm{d}\left(\dfrac{1}{1-x}\right)=\dfrac{\ln x}{1-x}-\int\dfrac{1}{1-x}\cdot\dfrac{1}{x}\mathrm{d}x$

$$=\frac{\ln x}{1-x}-\int\left(\frac{1}{x}+\frac{1}{1-x}\right)\mathrm{d}x=\frac{\ln x}{1-x}+\ln\frac{|1-x|}{x}+C.$$

(2) 原式 $=-\int \ln\tan x\,\mathrm{d}(\cos x)$

$$=-\cos x\ln\tan x+\int\cos x\cdot\frac{1}{\tan x}\cdot\sec^2 x\,\mathrm{d}x$$

$$=-\cos x\ln\tan x+\int\frac{1}{\sin x}\mathrm{d}x$$

$$=-\cos x\ln\tan x+\ln|\csc x-\cot x|+C.$$

(3) 原式 $=\dfrac{1}{2}\int\ln\dfrac{1+x}{1-x}\mathrm{d}x^2=\dfrac{1}{2}x^2\ln\dfrac{1+x}{1-x}-\dfrac{1}{2}\int x^2\left(\dfrac{1}{1+x}+\dfrac{1}{1-x}\right)\mathrm{d}x$

$$=\frac{1}{2}x^2\ln\frac{1+x}{1-x}+\int\frac{x^2}{x^2-1}\mathrm{d}x=\frac{1}{2}x^2\ln\frac{1+x}{1-x}+x+\frac{1}{2}\ln\frac{1+x}{1-x}+C$$

$$=x+\frac{1}{2}(x^2-1)\ln\frac{1+x}{1-x}+C.$$

(4) 原式 $=-\int\arctan e^x\,\mathrm{d}(e^{-x})=-e^{-x}\arctan e^x+\int e^{-x}\cdot\dfrac{e^x}{1+e^{2x}}\mathrm{d}x$

$$=-e^{-x}\arctan e^x+\int\left(1-\frac{e^{2x}}{1+e^{2x}}\right)\mathrm{d}x$$

$$=-e^{-x}\arctan e^x+x-\frac{1}{2}\ln(1+e^{2x})+C.$$

(5) 原式 $=\int xe^{-x}\,\mathrm{d}\left(\dfrac{1}{1-x}\right)=\dfrac{xe^{-x}}{1-x}-\int\dfrac{1}{1-x}\cdot(e^{-x}-xe^{-x})\mathrm{d}x$

$$= \frac{xe^{-x}}{1-x} - \int e^{-x} dx = \frac{xe^x}{1-x} + e^{-x} + C.$$

(6) 原式 $= \int x\tan x \cdot \sec^4 x \, dx = \int x\sec^3 x \, d(\sec x) = \frac{1}{4}\int x \, d(\sec^4 x)$

$$= \frac{1}{4}x\sec^4 x - \frac{1}{4}\int \sec^4 x \, dx = \frac{1}{4}x\sec^4 x - \frac{1}{4}\int \sec^2 x \, d(\tan x)$$

$$= \frac{1}{4}x\sec^4 x - \frac{1}{4}\int(\tan^2 x + 1)d(\tan x) = \frac{1}{4}x\sec^4 x - \frac{1}{12}\tan^3 x - \frac{1}{4}\tan x + C.$$

4.3.4 其他积分方法

例 9 设 $I_n = \int \frac{1}{\sin^n x} dx$ ($n > 2$ 为自然数)，试建立递推公式.

解 $I_n = \int \frac{1 - \sin^2 x + \sin^2 x}{\sin^n x} dx$

$$= \int \frac{1 - \sin^2 x}{\sin^n x} dx + I_{n-2} = \int \frac{\cos x}{\sin^n x} d(\sin x) + I_{n-2}$$

$$= -\frac{1}{n-1}\int \cos x \, d(\sin^{1-n} x) + I_{n-2} = \frac{n-2}{n-1}I_{n-2} - \frac{1}{n-1} \cdot \frac{\cos x}{\sin^{n-1} x}.$$

建立递推公式是分部积分法应用的一个特色.

例 10 计算 $I = \int [\ln f(x) + \ln f'(x)][f'^2(x) + f(x)f''(x)] dx$.

解 注意到 $[f(x) \cdot f'(x)]' = [f'(x)]^2 + f(x) \cdot f''(x)$，则

$$I = \int \ln[f(x) \cdot f'(x)] d[f(x) \cdot f'(x)]$$

$$= f(x) \cdot f'(x)\ln[f(x) \cdot f'(x)] - \int f(x) \cdot f'(x) d\{\ln[f(x) \cdot f'(x)]\}$$

$$= f(x) \cdot f'(x)\ln[f(x) \cdot f'(x)] - f(x) \cdot f'(x) + C.$$

例 11 已知 $f(x) = \frac{1}{x}e^x$，求 $\int xf''(x) dx$.

解 由 $f(x) = \frac{1}{x}e^x$ 得 $f'(x) = -\frac{1}{x^2}e^x + \frac{1}{x}e^x$，则

$$\int xf''(x) dx = \int x \, df'(x) = xf'(x) - \int f'(x) dx$$

$$= xf'(x) - f(x) + C = \left(1 - \frac{1}{x}\right)e^x - \frac{1}{x}e^x + C = \left(1 - \frac{2}{x}\right)e^x + C.$$

§4.4 习 题 选 解

[习题 4-2 7] 求下列不定积分

$$\int \frac{(\ln x)^2}{x} dx.$$

解 因 $(\ln x)' = \dfrac{1}{x}$，令 $u = \ln x$，则 $du = \dfrac{1}{x}dx$，得

$$\int \dfrac{(\ln x)^2}{x}dx = \int u^2 du = \dfrac{1}{3}u^3 + C$$

故 $$\int \dfrac{(\ln x)^2}{x}dx = \dfrac{1}{3}(\ln x)^3 + C.$$

[**习题 4-2**] 求不定积分 $\int \dfrac{1-x}{\sqrt{9-4x^2}}dx$.

解 因
$$\int \dfrac{1-x}{\sqrt{9-4x^2}}dx = \int \dfrac{1}{\sqrt{9-4x^2}}dx - \int \dfrac{x}{\sqrt{9-4x^2}}dx$$

$$= \dfrac{1}{3}\int \dfrac{1}{\sqrt{1-\left(\dfrac{2}{3}x\right)^2}}dx - \int \dfrac{x}{\sqrt{9-4x^2}}dx$$

$$= \dfrac{1}{3} \times \dfrac{3}{2}\int \dfrac{1}{\sqrt{1-\left(\dfrac{2}{3}x\right)^2}} \cdot \left(\dfrac{2}{3}x\right)'dx + \dfrac{1}{8}\int \dfrac{1}{\sqrt{9-4x^2}}(9-4x^2)'dx$$

$$= \dfrac{1}{2}\int \dfrac{1}{\sqrt{1-\left(\dfrac{2}{3}x\right)^2}}d\left(\dfrac{2}{3}x\right) + \dfrac{1}{8}\int (9-4x^2)^{-\frac{1}{2}}d(9-4x^2)$$

$$= \dfrac{1}{2}\arcsin \dfrac{2}{3}x + \dfrac{1}{8} \times 2(9-4x^2)^{\frac{1}{2}} + C$$

$$= \dfrac{1}{2}\arcsin \dfrac{2}{3}x + \dfrac{1}{4}\sqrt{9-4x^2} + C.$$

[**习题 4-2 16**] 求不定积分 $\int x\sqrt{x+1}\,dx$.

解 令 $\sqrt{x+1} = t, x = t^2 - 1, dx = 2t dt$，得

$$\int x\sqrt{x+1}\,dx = \int (t^2-1)t \cdot 2t dt = \int (2t^4 - 2t^2)dt$$

$$= \dfrac{2}{5}t^5 - \dfrac{2}{3}t^3 + C = \dfrac{2}{5}(x+1)^{\frac{5}{2}} - \dfrac{2}{3}(x+1)^{\frac{3}{2}} + C.$$

[**习题 4-3 4**] 求不定积分 $\int \arcsin x\,dx$.

解 $\int \arcsin x\,dx = x \cdot \arcsin x - \int x d(\arcsin x)$

$$= x \cdot \arcsin x - \int \dfrac{x}{\sqrt{1-x^2}}dx = x \cdot \arcsin x + \dfrac{1}{2}\int \dfrac{1}{\sqrt{1-x^2}}(1-x^2)'dx$$

$$= x\arcsin x + \dfrac{1}{2} \cdot 2(1-x^2)^{\frac{1}{2}} + C = x\arcsin x + \sqrt{1-x^2} + C.$$

[**习题 4-3 5**] 求不定积分 $\int x^2 \ln x\,dx$.

解 $\int x^2 \ln x \, dx = \frac{1}{3} \int \ln x \, dx^3 = \frac{1}{3} x^3 \ln x - \frac{1}{3} \int \frac{1}{x} \cdot x^3 \, dx$

$\qquad\qquad = \frac{1}{3} x^3 \ln x - \frac{1}{3} \int x^2 \, dx = \frac{1}{3} x^3 \ln x - \frac{1}{9} x^3 + C.$

[习题 4-3 9] 求不定积分 $\int e^x \sin^2 x \, dx$.

解 $\int e^x \sin^2 x \, dx = \int \frac{1-\cos 2x}{2} de^x = \frac{1-\cos 2x}{2} e^x - \int \sin 2x \, de^x$

而 $\int \sin 2x \, de^x = e^x \sin 2x - 2 \int \cos 2x \, de^x = e^x \sin 2x - 2 e^x \cos 2x - 4 \int \sin 2x \, de^x$

$\qquad\qquad \int \sin 2x \, de^x = \frac{1}{5} e^x \sin 2x - \frac{2}{5} e^x \cos 2x + C$

故 $\qquad \int e^x \sin^2 x \, dx = \frac{1}{2} e^x - \frac{1}{10} e^x \cdot \cos 2x - \frac{1}{5} e^x \sin 2x + C.$

§4.5 综合练习

一、填空题

1. 若 $f(x)$ 的一个原函数是 $F(x)$，则 $\int f(x) \, dx =$ _____，被积函数是_____，被积表达式是_____．

2. 函数 $\cos 3x$ 为函数_____的一个原函数，

   函数 (x^2+1) 为函数_____的一个原函数，

   函数 $\sin^2 x$ 为函数_____的一个原函数．

3. 已知 $F_1(x)$ 和 $F_2(x)$ 都是 $f(x)$ 的原函数，且 $F_1(x) = e^{\sin x} \cdot \ln(\cos x)$，则 $F_1(x) - F_2(x) =$ _____，$F_1(x) + F_2(x) =$ _____．

4. 已知 $d(c) = 0$，则 $\int 0 \, dx =$ _____．

5. 写出结果：$\int d\left(\frac{1}{\arcsin \sqrt{1-x^2}} \right) =$ _____．

$\qquad\qquad d\left(\int \frac{\cos^2 x}{1+\sin^2 x} dx \right) =$ _____．

$\qquad\qquad \int \left(\frac{\sin t}{1+\cos t} \right)' dt =$ _____．

$\qquad\qquad \left[\int xe^2 (\sin x + \cos x) \, dx \right]' =$ _____．

6. 若 $\int f(x) \, dx = 2x^2 + C$，则 $\int xf(1-x^2) \, dx =$ _____．

7. $\int \frac{2x \, dx}{1+x^2} =$ _____，$\int \frac{2x \, dx}{1+x^4} =$ _____．

8. 某产品边际成本 $C'(x) = 2 - x$,固定成本为 100,则成本函数 $C(x) =$ _____.

二、选择题

1. 在 (a,b) 区间内,若 $f'(x) = g'(x)$,则下式( )不一定成立.

   A. $f(x) = g(x)$ B. $\int f'(x)dx = \int g'(x)dx$

   C. $\int df(x) = \int dg(x)$ D. $f(x) - g(x) = C$

2. 在 (a,b) 区间内,若 $\int f'(x)dx = \int g'(x)dx$,则下式( )不一定成立.

   A. $f(x) = g(x)$ B. $df(x) = dg(x)$

   C. $f'(x) = g'(x)$ D. $d\int f'(x)dx = d\int g'(x)dx$

3. 下列函数中,是同一函数的原函数的是( ).

   A. $\sin^2 x$ 与 $\frac{1}{2}\cos 2x$ B. $\sin^2 x$ 与 $-\frac{1}{2}\cos 2x$

   C. $\ln\ln x$ 与 $2\ln x$ D. $\tan^2 \frac{x}{2}$ 与 $\csc^2 \frac{x}{2}$

4. 下面( )不是 $\int \sin 2x dx$ 的答案.

   A. $\frac{1}{2}\sin 2x + C$ B. $\sin^2 x + C$ C. $-\frac{1}{2}\cos 2x + C$ D. $-\cos^2 x + C$

5. $\int \frac{dx}{x}$ 的值为( ).

   A. $|\ln x| + C$ B. $\ln|x| + C$ C. $|\ln x + C|$ D. $\frac{1}{2}\ln x^2 + C$

6. 下式中正确的是( ).

   A. $\int \cos x dx = -\sin x + C$ B. $\int x^3 dx = 3x^2 + C$

   C. $\int 2^x dx = 2^x + C$ D. $\int 3x^{-4} dx = -x^{-3} + C$

7. 若 $F(x)$ 是 $f(x)$ 的原函数,则( )也是 $f(x)$ 的原函数.

   A. $3F(x)$ B. $F(3x)$ C. $F(x) + 3$ D. $F(x+3)$

8. 若 $f(x) = 1 + x$,则 $\int f(\sqrt{x})dx = ($).

   A. $\frac{2}{3}\sqrt{x^3} + x + C$ B. $\frac{2}{3}\sqrt{(x+1)^3} + C$

   C. $\frac{1}{2\sqrt{x}} + C$ D. $\frac{1}{2\sqrt{x+1}} + C$

第4章 不定积分

9. $\int \frac{1}{x}\mathrm{d}\left(\frac{1}{x}\right) = ($ $)$.

   A. $\frac{1}{-x^2}+C$ B. $\frac{1}{2x^2}+C$ C. $\frac{1}{x}+C$ D. $\ln|x|+C$

10. $\int \frac{2+\ln x}{x}\mathrm{d}x = ($ $)$.

    A. $2x+\frac{1}{2}\ln^2 x+C$ B. $\frac{1}{2}(x+\ln x)^2+C$

    C. $(2+\ln x)^2+C$ D. $2\ln x+\frac{1}{2}\ln^2 x+C$

三、计算与解答题

1. 求下列不定积分

   (1) $\int x(3x^2-4)\mathrm{d}x$；   (2) $\int \frac{2x^2+1}{1+x^2}\mathrm{d}x$；

   (3) $\int \frac{2t}{2-5t^2}\mathrm{d}t$；   (4) $\int x\mathrm{e}^{-x}\mathrm{d}x$；

   (5) $\int \ln 9x\mathrm{d}x$；   (6) $\int \sin^3 x\mathrm{d}x$；

   (7) $\int (x^2+1)\sin x\mathrm{d}x$；   (8) $\int \frac{\sin\sqrt{t}}{\sqrt{t}}\mathrm{d}t$；

   (9) $\int \frac{1}{x^2-a^2}\mathrm{d}x$；   (10) $\int \frac{\mathrm{e}^x}{1+\mathrm{e}^x}\mathrm{d}x$.

2. 已知一曲线在任一点处的切线斜率为切点横坐标的 5 倍，且经过点 $(1,4)$，试求该曲线的方程.

3. 已知某产品的边际成本函数 $MC = C'(x) = \frac{1}{4}x^{-\frac{1}{2}}$，试求其总成本函数（$C(x)|_{x=100} = 125$）.

综合练习答案

一、填空题

1. $F(x)+C$、$f(x)$、$f(x)\mathrm{d}x$；   2. $-3\sin 3x$、$2x$、$\sin 2x$；   3. C、$2\mathrm{e}^{\sin x}\ln(\cos x)+C$；

4. C；   5. $\frac{1}{\arcsin\sqrt{1-x^2}}+C$、$\frac{\cos^2 x}{1+\sin^2 x}\mathrm{d}x$、$\frac{\sin t}{1+\cos t}+C$、$x\mathrm{e}^x(\sin x+\cos x)$；   6. $-(1-x^2)^2+C$；

7. $\ln(x^2+1)+C$、$\arctan(x^2)+C$；   8. $100+2x-\frac{1}{2}x^2$.

二、选择题

1. A; 2. A; 3. B; 4. A; 5. D; 6. D; 7. C; 8. A; 9. B; 10. D.

三、计算与解答题

1. (1) $\dfrac{3}{4}x^4 - 2x^2 + C$; (2) $2x - \arctan x + C$;

   (3) $-\dfrac{1}{5}\ln|2-5t^2| + C$; (4) $-e^{-x}(x+1) + C$;

   (5) $x(\ln 9x - 1) + C$; (6) $-\cos x + \dfrac{1}{3}\cos^3 x + C$;

   (7) $(1-x^2)\cos x + 2x\sin x + C$; (8) $-2\cos\sqrt{t} + C$;

   (9) $\dfrac{1}{2a}\ln\dfrac{x-a}{x+a} + C$; (10) $\ln(e^x + 1) + C$.

2. $y = \dfrac{5}{2}x^2 + \dfrac{3}{2}$.

3. $C(x) = \dfrac{1}{2}\sqrt{x} + 120$.

第5章 定积分及其模型

§5.1 内容提要

5.1.1 定积分的概念

1. 定积分的定义

设函数 $y=f(x)$ 在闭区间 $[a,b]$ 上有界,在 $[a,b]$ 中任意插进 $n-1$ 个分点,即
$$a = x_0 < x_1 < x_2 < \cdots < x_{n-1} < x_n = b$$
将 $[a,b]$ 分成 n 个小区间 $[x_{i-1},x_i]$,每个小区间的长度为 $\Delta x_i = x_i - x_{i-1}(i=1,2,\cdots,n)$,任取 $\xi_i \in [x_{i-1},x_i]$,作乘积 $f(\xi_i)\Delta x_i(i=1,2,\cdots,n)$,并求和 $\sum_{i=1}^{n} f(\xi_i)\Delta x_i$,记 $\lambda = \max\{\Delta x_1, \Delta x_2, \cdots, \Delta x_n\}$. 当 $n \to +\infty$ 时,$\lambda \to 0$,若极限 $\lim_{\lambda \to 0}\sum_{i=1}^{n} f(\xi_i)\Delta x_i$ 存在且与对区间 $[a,b]$ 的分割无关,与 ξ_i 的取法无关,则称该极限值为函数 $y=f(x)$ 在区间 $[a,b]$ 上的定积分,记为 $\int_a^b f(x)\,dx$,即

$$\int_a^b f(x)\,dx = \lim_{\lambda \to 0}\sum_{i=1}^{n} f(\xi_i)\Delta x_i.$$

2. 定积分的几何意义

定积分 $\int_a^b f(x)\,dx$ 的几何意义是由曲线 $y=f(x)$,直线 $x=a, x=b$ 及 Ox 轴所围成的曲边梯形面积的代数和. 其图形在 Ox 轴上方的取正号,在 Ox 轴下方的取负号.

5.1.2 定积分的性质($a<b$)

(1) $\int_a^b [f(x) \pm g(x)]\,dx = \int_a^b f(x)\,dx \pm \int_a^b g(x)\,dx$.

(2) $\int_a^b kf(x)\,dx = k\int_a^b f(x)\,dx$.

(3) 若 $a<c<b$,则 $\int_a^b f(x)\,dx = \int_a^c f(x)\,dx + \int_c^b f(x)\,dx$.

实际上,不论 a,b,c 的大小如何,性质(3)均成立.

(4) 设 $f(x) \leqslant g(x)$，有 $\int_a^b f(x)\,\mathrm{d}x \leqslant \int_a^b g(x)\,\mathrm{d}x$.

(5) 若在 $[a,b]$ 上，$f(x) \equiv C$，则 $\int_a^b f(x)\,\mathrm{d}x = \int_a^b C\,\mathrm{d}x = C(b-a)$. 特别地，$C=1$ 时，$\int_a^b 1\,\mathrm{d}x = \int_a^b \mathrm{d}x = b - a$.

(6) 设 $y = f(x)$ 在 $[a,b]$ 上的最小值为 m，最大值为 M，有 $m(b-a) \leqslant \int_a^b f(x)\,\mathrm{d}x \leqslant M(b-a)$.

(7) 设 $y = f(x)$ 在 $[a,b]$ 上连续，至少存在一点 $\xi \in [a,b]$，使得 $\int_a^b f(x)\,\mathrm{d}x = f(\xi)(b-a)$.

5.1.3 定积分的计算

1. 牛顿 - 莱布尼兹公式

设 $F(x)$ 是 $f(x)$ 在 $[a,b]$ 上的一个原函数，则
$$\int_a^b f(x)\,\mathrm{d}x = \left[F(x)\right]_a^b = F(b) - F(a).$$

2. 定积分的换元积分法

定积分的换元积分法与不定积分的换元积分法类似，与之不同的是，定积分在换元的同时将其上限、下限一起换.

3. 定积分的分部积分法

定积分的分部积分法与不定积分的分部积分法类似，与之不同的是，在使用不定积分的分部积分法的同时，等式两边取定积分.

5.1.4 反常积分（广义积分）

前面所讨论的定积分必须同时满足两个条件：其一是积分区间为闭区间，其二是被积函数为闭区间上的连续函数. 这种定积分称为正常积分. 不满足上述两个条件之一的积分称为反常积分.

1. 无穷区间上的反常积分

设 $y = f(x)$ 在 $x \in (-\infty, +\infty)$ 上有界，有
$$\int_{-\infty}^{+\infty} f(x)\,\mathrm{d}x = \lim_{a \to -\infty} \int_a^c f(x)\,\mathrm{d}x + \lim_{b \to +\infty} \int_c^b f(x)\,\mathrm{d}x \quad (-\infty < c < +\infty)$$

当上式右边两个极限同时存在时，称反常积分 $\int_{-\infty}^{+\infty} f(x)\,\mathrm{d}x$ 收敛，否则称该反常积分发散.

2. 无界函数的反常积分（瑕积分）

设 $y = f(x)$ 在闭区间 $[a,b]$ 上有无穷型间断点（即瑕点）c，有
$$\int_a^b f(x)\,\mathrm{d}x = \lim_{\varepsilon \to 0^+} \int_a^{c-\varepsilon} f(x)\,\mathrm{d}x + \lim_{\varepsilon \to 0^-} \int_{c+\varepsilon}^b f(x)\,\mathrm{d}x$$

当上式右边两个极限同时存在时,称反常积分(瑕积分)$\int_a^b f(x)\mathrm{d}x$ 收敛,否则称该反常积分发散.

5.1.5 定积分的应用

用微元法可以推导出定积分在几何、物理、经济分析中的应用公式.

1. 求平面图形的面积

(1) 在直角坐标系下

设平面图形由曲线 $y=f(x), y=g(x)$ 及直线 $x=a, x=b$ 所围成,则

$$\mathrm{d}A = |f(x)-g(x)|\mathrm{d}x, \quad A = \int_a^b |f(x)-g(x)|\mathrm{d}x.$$

特别地,当 $g(x)=0$ 时

$$\mathrm{d}A = |f(x)|\mathrm{d}x, \quad A = \int_a^b |f(x)|\mathrm{d}x.$$

类似地,设平面图形由曲线 $x=x_1(y), x=x_2(y)$ 及直线 $y=c, y=d$ 所围成,则

$$\mathrm{d}A = |x_2(y)-x_1(y)|\mathrm{d}y, \quad A = \int_c^d |x_2(y)-x_1(y)|\mathrm{d}y.$$

特别地,当 $x=x_1(y)=0$ 时

$$\mathrm{d}A = |x_2(y)|\mathrm{d}y, \quad A = \int_c^d |x_2(y)|\mathrm{d}y.$$

(2) 在极坐标系下

$$\mathrm{d}A = \frac{1}{2}r^2(\theta)\mathrm{d}\theta, \quad A = \frac{1}{2}\int_\alpha^\beta r^2(\theta)\mathrm{d}\theta.$$

(3) 若曲线是由参数方程 $x=\varphi(t), y=\psi(t)$ 给出,且曲线的起点和终点分别对应于参数值 α 及 β,则

$$\mathrm{d}A = y(x)\mathrm{d}x = \psi(t)\varphi'(t)\mathrm{d}t, \quad A = \int_\alpha^\beta \psi(t)\varphi'(t)\mathrm{d}t.$$

2. 求体积

旋转体的体积

设平面图形由 $y=f(x), x=a, x=b$ 及 Ox 轴所围成,绕 Ox 轴旋转一周得到体积 V_x,则

$$\mathrm{d}V_x = \pi f^2(x)\mathrm{d}x, \quad V_x = \pi\int_a^b f^2(x)\mathrm{d}x.$$

类似地,设平面图形由 $x=g(y), y=c, y=d$ 及 Oy 轴所围成,绕 Oy 轴旋转一周得到体积为 V_y,则

$$\mathrm{d}V_y = \pi g^2(y)\mathrm{d}y, \quad V_y = \pi\int_c^d g^2(y)\mathrm{d}y.$$

§5.2 疑难解析

例1 计算 (1) $\int \cos x \, dx$; (2) $\int_0^{\frac{\pi}{2}} \cos x \, dx$; (3) $\int_0^x \cos x \, dx$.

并由此说明不定积分,定积分,变上限定积分三者之间的关系.

解 (1) $\int \cos x \, dx = \sin x + C$.

(2) $\int_0^{\frac{\pi}{2}} \cos x \, dx = \sin x \Big|_0^{\frac{\pi}{2}} = \sin \frac{\pi}{2} - \sin 0 = 1$.

(3) $\int_0^x \cos x \, dx = \sin x \Big|_0^x = \sin x - \sin 0 = \sin x$.

分析:不定积分 $\int \cos x \, dx$ 表示 $\cos x$ 的原函数的全体;定积分 $\int_0^{\frac{\pi}{2}} \cos x \, dx$ 表示一个数,它是 $\cos x$ 的任意一个原函数在 $x = \frac{\pi}{2}$ 与 $x = 0$ 两点处函数值之差;变上限定积分 $\int_0^x \cos x \, dx$ 是上限变量 x 的函数,也是 $\cos x$ 的一个原函数. 若用 $\phi(x) = \int_0^x \cos x \, dx$ 来表示,那么定积分 $\int_0^{\frac{\pi}{2}} \cos x \, dx$ 的值就是 $\phi(x)$ 在 $x = \frac{\pi}{2}$ 时的函数值 $\phi\left(\frac{\pi}{2}\right)$,即

$$\phi\left(\frac{\pi}{2}\right) = \int_0^{\frac{\pi}{2}} \cos x \, dx,$$

故三者之间既有差别又有联系.

例2 下列计算是否正确?若有错请改正.

(1) $\dfrac{d}{dx}\left(\int_0^x \dfrac{x \sin x}{1 + \cos^2 x} dx\right) = \dfrac{x \sin x}{1 + \cos^2 x}$;

(2) $\dfrac{d}{dx}\left(\int_0^{x^2} \dfrac{x \sin x}{1 + \cos^2 x} dx\right) = \dfrac{(x^2) \sin(x^2)}{1 + \cos^2(x^2)}$.

解 (1) 是正确的,因为被积函数 $f(x) = \dfrac{x \sin x}{1 + \cos^2 x}$ 在整个数轴上都是连续的,故变上限定积分 $\int_0^x \dfrac{x \cos x}{1 + \cos^2 x} dx$ 对上限变量求导数,就等于被积函数 $f(x) = \dfrac{x \sin x}{1 + \cos^2 x}$ 在上限变量 x 处的函数值,即 $\left(\int_0^x \dfrac{t \sin t}{1 + \cos^2 t} dt\right)'_x = \dfrac{x \sin x}{1 + \cos^2 x}$.

(2) 是错误的,因为上限为 x^2,因此必须利用复合函数求导公式

$$\dfrac{d}{dx}\left[\int_0^{x^2} \dfrac{t \sin t}{1 + \cos^2 t} dt\right] = \left(\int_0^{x^2} \dfrac{t'_0 \sin t}{1 + \cos^2 t} dt\right)'_{x^2} \cdot (x^2)'_x = \dfrac{x^2 \sin(x^2)}{1 + \cos^2(x^2)} \cdot 2x.$$

这个结果是正确的.

对 $\left(\int_0^{x^2} \dfrac{t\sin t}{1+\cos^2 t}\mathrm{d}t\right)'_{x^2}$ 就可以利用(1)的结果,此时将 x^2 看成中间变量 u.

又设函数 $f(x)$ 处处连续,且满足方程

$$\int_0^x f(t)\mathrm{d}t = -\dfrac{1}{2} + x^2 + x\sin 2x + \dfrac{1}{2}\cos 2x, (x\text{ 为任意}) \text{ 试计算 } f\left(\dfrac{\pi}{4}\right) \text{ 和 } f'\left(\dfrac{\pi}{4}\right).$$

为了计算 $f\left(\dfrac{\pi}{4}\right)$,利用变上限定积分的性质,在方程两边对 x 求导,则有

$$f(x) = 2x + 2x\cos 2x$$

得 $$f\left(\dfrac{\pi}{4}\right) = 2 \cdot \dfrac{\pi}{4}\left(1 + \cos\dfrac{\pi}{2}\right) = \dfrac{\pi}{2}$$

因为 $f(x) = 2x(1 + \cos 2x)$,两边求导得

$$f'(x) = 2(1 + \cos 2x) - 4x\sin 2x$$

所以 $$f'\left(\dfrac{\pi}{4}\right) = 2\left(1 + \cos\dfrac{\pi}{2}\right) - 4\dfrac{\pi}{4}\sin\dfrac{\pi}{2} = 2 - \pi$$

故 $$f\left(\dfrac{\pi}{4}\right) = \dfrac{\pi}{2}, \quad f'\left(\dfrac{\pi}{4}\right) = 2 - \pi.$$

例 3 计算 $\int_0^3 x\sqrt{1+x}\,\mathrm{d}x$ 的值.

这个例子可以用简单的方法解决,如分项积分法、分部积分法,但是为了澄清初学者对变量代换法常常会产生这样或那样的问题,特举此简单的例子来说明.

解 方法 1 令 $1 + x = t^2, x = t^2 - 1, \mathrm{d}x = 2t\mathrm{d}t$,
当 $x = 0,3$ 时,$t = \pm 1, \pm 2$.
如何取 t 值呢?其原则是凡符合变量置换条件者均可取. 取 $x = 0,3; t = 1,2$. 故

$$\int_0^3 x\sqrt{1+x}\,\mathrm{d}x = \int_1^2 (t^2 - 1)t \cdot 2t\mathrm{d}t = \int_1^2 (2t^4 - 2t^2)\mathrm{d}t$$
$$= \left[\dfrac{2}{5}t^5 - \dfrac{2}{3}t^3\right]_1^2 = \dfrac{116}{15}.$$

方法 2 取 $x = 0,3; t = -1, -2$,则

$$\int_0^3 x\sqrt{1+x}\,\mathrm{d}x = \int_{-1}^{-2} (t^2 - 1)\sqrt{t^2}\,2t\mathrm{d}t$$
$$= \int_{-1}^{-2} (t^2 - 1)(-t)2t\mathrm{d}t = \int_{-1}^{-2} (2t^2 - 2t^4)\mathrm{d}t$$
$$= \left[\dfrac{2}{3}t^3 - \dfrac{2}{5}t^5\right]_{-1}^{-2} = \dfrac{116}{15}.$$

这里 $\sqrt{t^2} = -t$ 是由于积分区间为 $[-2, -1]$,在该区间上 t 取负值,因此 $\sqrt{t^2} = -t$,若仍取 $\sqrt{t^2} = t$,计算就错了.

方法 3 取 $x = 0,3; t = 1, -2$. 或 $x = 0,3; t = -1, 2$.
同样能算得正确的结果,但积分计算较麻烦,例如

$$\int_0^3 x\sqrt{1+x}\,dx = \int_{-1}^2 (t^2-1)\sqrt{t^2}\,2t\,dt$$

现在积分上、下限为 -1、2，在该区间上变量 t 有正有负，因此 $\sqrt{t^2}$ 不能取 t 也不能取 $-t$，必须要分成两个区间来考虑.

$$\int_{-1}^2 (t^2-1)\sqrt{t^2}\,2t\,dt = \int_{-1}^0 (t^2-1)\sqrt{t^2}\,2t\,dt + \int_0^2 (t^2-1)\sqrt{t^2}\,2t\,dt$$
$$= \int_{-1}^0 (t^2-1)(-t)\,2t\,dt + \int_0^2 (t^2-1)\,t\cdot 2t\,dt$$
$$= \left[\frac{2}{3}t^3 - \frac{2}{5}t^5\right]_{-1}^0 + \left[\frac{2}{5}t^5 - \frac{2}{3}t^3\right]_0^2 = \frac{116}{15}.$$

应该指出的是，当 $t \in [-1,2]$ 时，相应的 $x \in [-1,3]$，超出了原积分区间 $[0,3]$ 的范围，但被积函数 $f(x) = x\sqrt{1+x}$ 在 $[-1,3]$ 上仍然是连续函数，所以变量置换的条件仍满足，故计算的结果是正确的. 为了计算简单，通常取第一种情形的 t 值.

例 4 计算 $\int_{-\frac{4}{\pi}}^{+\infty} \frac{1}{x^2}\sin\frac{1}{x}\,dx$.

下面的做法对吗？若有错，指出错在什么地方？并求出正确结果.

$$\int_{-\frac{4}{\pi}}^{+\infty} \frac{1}{x^2}\sin\frac{1}{x}\,dx = \int_{-\frac{4}{\pi}}^{+\infty} -\sin\frac{1}{x}\,d\frac{1}{x} = \left[\cos\frac{1}{x}\right]_{-\frac{4}{\pi}}^{+\infty}$$
$$= \cos 0 - \cos\left(-\frac{\pi}{4}\right) = 1 - \frac{\sqrt{2}}{2}.$$

解 结果是错误的，因为被积函数 $\frac{1}{x^2}\sin\frac{1}{x}$ 在 $x = 0$ 处是第二类间断点，第二个等号处产生了错误. 正确的做法为

$$\int_{-\frac{4}{\pi}}^{+\infty} \frac{1}{x^2}\sin\frac{1}{x}\,dx = \int_{-\frac{4}{\pi}}^0 \frac{1}{x^2}\sin\frac{1}{x}\,dx + \int_0^{+\infty} \frac{1}{x^2}\sin\frac{1}{x}\,dx$$
$$= \underbrace{\left[\cos\frac{1}{x}\right]_{-\frac{4}{\pi}}^0}_{\text{不存在}} + \underbrace{\left[\cos\frac{1}{x}\right]_0^{+\infty}}_{\text{不存在}}$$

所以积分是发散的.

例 5 求 $\int_0^{+\infty} x^n e^{-x}\,dx$（$n$ 为自然数）.

解
$$\int_0^{+\infty} x^n e^{-x}\,dx = -e^{-x}x^n\Big|_0^{+\infty} + n\int_0^{+\infty} x^{n-1}e^{-x}\,dx$$
$$= n\int_0^{+\infty} x^{n-1}e^{-x}\,dx \quad (\text{继续做下去})$$
$$= n(n-1)(n-2)\cdots 4\cdot 3\cdot 2\cdot 1\int_0^{+\infty} e^{-x}\,dx$$
$$= n!\left[(-e^{-x})\right]_0^{+\infty} = n!$$

例6 何谓微元法（元素法）？

答 即用定积分解决实际问题的一般方法.

设所求量 Q 与给定的区间 $[a,b]$ 有关，并对区间具有可加性．其一般方法可以分下列四步进行：

(1) 选定适当的坐标系，确定积分变量及其变化区间 $[a,b]$，用任意一组分点把区间 $[a,b]$ 分成长度为 Δx_i 的 n 个子区间，相应地把所求量 Q 也分成 n 个微元 $\Delta Q_i (i=1,2,\cdots,n)$，于是有

$$Q = \Delta Q_1 + \Delta Q_2 + \cdots + \Delta Q_i + \cdots + \Delta Q_n = \sum_{i=1}^{n} \Delta Q_i.$$

(2) 在每一个子区间内找出微元 ΔQ_i 的近似值

$$\Delta Q_i \approx f(\xi_i)\Delta x_i (x_{i-1} \leq \xi_i \leq x_i),$$

为了简便起见，省略下标并记为

$$\Delta Q \approx f(x)\mathrm{d}x, [x, x+\mathrm{d}x]$$

称 $f(x)\mathrm{d}x$ 为积分元素，记作 $\mathrm{d}Q$，即 $\mathrm{d}Q = f(x)\mathrm{d}x$. 这一步是关键，得到了 ΔQ 具有 $f(x)\mathrm{d}x$ 的近似式（$f(x)\mathrm{d}x$ 是 ΔQ 的线性主部），那么被积分式也就找到了．

(3) 写出所求量 Q 的近似值

$$Q \approx \sum_{i=1}^{n} f(\xi_i)\Delta x_i, \text{简记为 } Q \approx \sum f(x)\mathrm{d}x.$$

(4) 用定积分表示所求量 Q

$$Q = \int_a^b f(x)\mathrm{d}x.$$

关键在 (2)、(4) 两步，由 (2) 找到 $\mathrm{d}Q = f(x)\mathrm{d}x$，由 (4) 得到 $Q = \int_a^b f(x)\mathrm{d}x$，最后通过定积分计算求得 Q 值.

§5.3 范例讲评

5.3.1 定积分的概念与性质

例1 将下列和式的极限表示成定积分

(1) $\lim\limits_{n \to +\infty} \left(\dfrac{1}{n+1} + \dfrac{1}{n+2} + \cdots + \dfrac{1}{n+n} \right)$；

(2) $\lim\limits_{n \to +\infty} \left(\dfrac{1}{\sqrt{4n^2-1}} + \dfrac{1}{\sqrt{4n^2-2^2}} + \cdots + \dfrac{1}{\sqrt{4n^2-n^2}} \right)$.

解 将上述极限看成是某个函数 $f(x)$ 在区间 $[a,b]$ 上的积分和式的极限，关键是通过分析将函数 $f(x)$ 与区间 $[a,b]$ 找出来．

(1) $\dfrac{1}{n+1} + \dfrac{1}{n+2} + \cdots + \dfrac{1}{n+n}$

$$= \frac{1}{n}\left(\frac{1}{1+\frac{1}{n}}+\frac{1}{1+\frac{2}{n}}+\cdots+\frac{1}{1+\frac{i}{n}}+\cdots+\frac{1}{1+\frac{n}{n}}\right)$$

可知
$$\frac{1}{n}\left(\frac{1}{1+\frac{1}{n}}+\frac{1}{1+\frac{2}{n}}+\cdots+\frac{1}{1+\frac{i}{n}}+\cdots+\frac{1}{1+\frac{n}{n}}\right)$$

是函数 $f(x)=\frac{1}{1+x}$ 在区间 $[0,1]$ 上的一个积分和式,这个和式是通过如下的方法作出来的.

将区间 $[0,1]$ 分成 n 等份,并取各子区间的右端点为 ξ_i,所以有
$$\sum_{i=1}^{n}\frac{1}{1+\frac{i}{n}}\cdot\frac{1}{n}=\sum_{i=1}^{n}\frac{1}{n+i},$$

又因为函数 $f(x)=\frac{1}{1+x}$ 在 $[0,1]$ 上连续,所以 $\int_0^1\frac{1}{1+x}\mathrm{d}x$ 存在,其值为
$$\lim_{n\to+\infty}\sum_{i=1}^{n}\frac{1}{1+\frac{i}{n}}\frac{1}{n}.$$

故
$$\lim_{n\to+\infty}\left[\frac{1}{n+1}+\frac{1}{n+2}+\cdots+\frac{1}{n+n}\right]=\int_0^1\frac{1}{1+x}\mathrm{d}x.$$

(2) $\frac{1}{\sqrt{4n^2-1}}+\frac{1}{\sqrt{4n^2-2^2}}+\cdots+\frac{1}{\sqrt{4n^2-n^2}}$

$$=\frac{1}{n}\left[\frac{1}{\sqrt{4-\left(\frac{1}{n}\right)^2}}+\frac{1}{\sqrt{4-\left(\frac{2}{n}\right)^2}}+\cdots+\frac{1}{\sqrt{4-\left(\frac{i}{n}\right)^2}}+\cdots+\frac{1}{\sqrt{4-\left(\frac{n}{n}\right)^2}}\right]$$

$$=\frac{1}{n}\sum_{i=1}^{n}\frac{1}{\sqrt{4-\left(\frac{i}{n}\right)^2}}.$$

由此看出上式是函数 $f(x)=\frac{1}{\sqrt{4-x^2}}$ 在区间 $[0,1]$ 上的一个积分和. 该积分和是这样作出来的,把区间 $[0,1]$ 分成 n 等份,并取各子区间的右端点为 ξ_1,所以有
$$\sum_{i=1}^{n}\frac{1}{\sqrt{4-\left(\frac{i}{n}\right)^2}}\frac{1}{n}=\sum_{i=1}^{n}\frac{1}{\sqrt{4n^2-i^2}}.$$

又因为 $f(x)=\frac{1}{\sqrt{4-x^2}}$ 在区间 $[0,1]$ 上连续,所以 $\int_0^1\frac{1}{\sqrt{4-x^2}}\mathrm{d}x$ 存在,其值为
$$\lim_{n\to+\infty}\sum_{i=1}^{n}\frac{1}{\sqrt{4-\left(\frac{i}{n}\right)^2}}\frac{1}{n}$$

故
$$\lim_{n\to+\infty}\left(\frac{1}{\sqrt{4n^2-1}}+\frac{1}{\sqrt{4n^2-2^2}}+\cdots+\frac{1}{\sqrt{4n^2-n^2}}\right)$$
$$=\lim_{n\to+\infty}\sum_{i=1}^{n}\frac{1}{\sqrt{4-\left(\frac{i}{n}\right)^2}}\cdot\frac{1}{n}=\int_0^1\frac{1}{\sqrt{4-x^2}}dx.$$

例 2 利用定积分定义求极限 $\lim\limits_{n\to\infty}\ln\frac{\sqrt[n]{n!}}{n}$.

解 $\lim\limits_{n\to\infty}\ln\frac{\sqrt[n]{n!}}{n}=\lim\limits_{n\to\infty}\frac{1}{n}\left(\ln\frac{1}{n}+\ln\frac{2}{n}+\cdots+\ln\frac{n}{n}\right)=\lim\limits_{n\to\infty}\sum_{i=1}^{n}\left(\ln\frac{i}{n}\right)\frac{1}{n}$

令 $f(x)=\ln x$,将区间$[0,1]$ n 等份,取 $\xi_i=\frac{i}{n}$ 则

$$\text{原式}=\int_0^1\ln x dx=\lim_{a\to 0^+}\int_a^1\ln x dx=\lim_{a\to 0^+}\left(\left[x\ln x\right]_a^1-\int_a^1 dx\right)=-1.$$

例 3 正确而迅速地算出下列各题

(1) $\int_0^4\sqrt{16-x^2}\,dx$; (2) $\int_{-\frac{\pi}{4}}^{\frac{\pi}{4}}x\cos x dx$;

(3) $\int_{-1}^1(x+\sqrt{4-x^2})^2 dx$; (4) $\int_0^{2\pi}\sqrt{\sin^2 x}\,dx$.

解 (1) $\int_0^4\sqrt{16-x^2}\,dx=\frac{1}{4}\pi\cdot 16=4\pi$

因为 $y=\sqrt{16-x^2}$ 是半径为 4,圆心在原点的上半圆,$\int_0^4\sqrt{16-x^2}\,dx$ 的几何意义是 $\frac{1}{4}$ 圆面积.

(2) $\int_{-\frac{\pi}{4}}^{\frac{\pi}{4}}x\cos x dx=0$.

(3) $\int_{-1}^1(x+\sqrt{4-x^2})^2 dx=\int_{-1}^1[x^2+2x\sqrt{4-x^2}+(4-x^2)]dx$
$$=\int_{-1}^1(4+2x\sqrt{4-x^2})dx=\int_{-1}^1 4dx=8.$$

(4) $\int_0^{2\pi}\sqrt{\sin^2 x}\,dx=4\int_0^{\frac{\pi}{2}}\sin x dx=4.$

例 4 如果函数 $f(x)$ 以 2π 为周期,试证
$$\int_0^{2\pi}f(x)dx=\int_a^{a+2\pi}f(x)dx,$$
其中 a 为任意实数.

证 思路:因为 $f(x+2\pi)=f(x)$,用变量代换法,证法如下

右边 $=\int_a^{a+2\pi}f(x)dx=\int_a^0 f(x)dx+\int_0^{2\pi}f(x)dx+\int_{2\pi}^{a+2\pi}f(x)dx,$

为此只要证明 $\int_a^0 f(x)\mathrm{d}x + \int_{2\pi}^{a+2\pi} f(x)\mathrm{d}x = 0$ 即可，也就是要证明

$$\int_{2\pi}^{a+2\pi} f(x)\mathrm{d}x = -\int_a^0 f(x)\mathrm{d}x = \int_0^a f(x)\mathrm{d}x$$

令 $x = t + 2\pi$，则 $\mathrm{d}x = \mathrm{d}t$，当 $x = 2\pi, a+2\pi$ 时，$t = 0, a$.

所以 $\int_{2\pi}^{a+2\pi} f(x)\mathrm{d}x = \int_0^a f(t+2\pi)\mathrm{d}t = \int_0^a f(t)\mathrm{d}t = \int_0^a f(x)\mathrm{d}x$

故有 $\int_0^{2\pi} f(x)\mathrm{d}x = \int_a^{a+2\pi} f(x)\mathrm{d}x$ 证毕.

从例 4 的证明过程可知，对以 T 为周期的周期函数结论也是成立的，即

$$\int_0^T f(x)\mathrm{d}x = \int_a^{a+T} f(x)\mathrm{d}x.$$

例 5 设 $f(x), g(x)$ 在 $[a,b]$ 上连续，试证

$$\left[\int_a^b f(x) \cdot g(x)\mathrm{d}x\right]^2 \leq \int_a^b f^2(x)\mathrm{d}x \cdot \int_a^b g^2(x)\mathrm{d}x.$$

证 考查 $\int_a^b [f(x) - tg(x)]^2 \mathrm{d}x$.

因为对于参变量 t，$[f(x) - tg(x)]^2$ 在区间 $[a,b]$ 上大于等于 0，且为连续函数，根据定积分的性质有

$$\int_a^b [f(x) - tg(x)]^2 \mathrm{d}x \geq 0,$$

即

$$\int_a^b f^2(x)\mathrm{d}x - 2t\int_a^b f(x)g(x)\mathrm{d}x + t^2 \int_a^b g^2(x)\mathrm{d}x \geq 0,$$

这个不等式的左边是关于 t 的二次三项式，且对任意实数 t 都是非负的，所以二次三项式或有重根，或无实根，故其判别式

$$\left(\int_a^b f(x)g(x)\mathrm{d}x\right)^2 - \int_a^b f^2(x)\mathrm{d}x \cdot \int_a^b g^2(x)\mathrm{d}x \leq 0,$$

即 $\left(\int_a^b f(x)g(x)\mathrm{d}x\right)^2 \leq \int_a^b f^2(x)\mathrm{d}x \cdot \int_a^b g^2(x)\mathrm{d}x$ 证毕.

5.3.2 定积分计算

1. 直接积分法

例 6 计算下列定积分

(1) $\int_1^{e^3} \dfrac{1}{x\sqrt{1+\ln x}}\mathrm{d}x$；　　(2) $\int_1^{\sqrt{3}} \dfrac{1}{x^2(1+x^2)}\mathrm{d}x$；　　(3) $\int_{-\frac{\pi}{2}}^{\frac{\pi}{2}} \dfrac{1}{1+\cos x}\mathrm{d}x$.

解 直接利用牛顿 - 莱布尼兹公式计算结果.

(1) $\int_1^{e^3} \dfrac{1}{x\sqrt{1+\ln x}}\mathrm{d}x = \int_1^{e^3} \dfrac{1}{\sqrt{1+\ln x}}\mathrm{d}(1+\ln x) = 2\left[\sqrt{1+\ln x}\right]_1^{e^3} = 2(2-1) = 2.$

(2) $\int_1^{\sqrt{3}} \dfrac{\mathrm{d}x}{x^2(1+x^2)} = \int_1^{\sqrt{3}} \dfrac{1+x^2-x^2}{x^2(1+x^2)}\mathrm{d}x = \int_1^{\sqrt{3}} \dfrac{1}{x^2}\mathrm{d}x - \int_1^{\sqrt{3}} \dfrac{\mathrm{d}x}{1+x^2}$

$$= \left[-\frac{1}{x}\right]_1^{\sqrt{3}} - \left[\arctan x\right]_1^{\sqrt{3}} = 1 - \frac{\sqrt{3}}{3} - \frac{\pi}{12}.$$

(3) $\int_{-\frac{\pi}{2}}^{\frac{\pi}{2}} \frac{1}{1+\cos x} dx = \int_{-\frac{\pi}{2}}^{\frac{\pi}{2}} \frac{1}{\cos^2 \frac{x}{2}} d\left(\frac{x}{2}\right) = \left[\tan \frac{x}{2}\right]_{-\frac{\pi}{2}}^{\frac{\pi}{2}} = 2.$

2. 换元积分法

例 7 计算 $\int_0^{\pi} \frac{x\sin x}{1+\cos^2 x} dx$.

解
$$\int_0^{\pi} \frac{x\sin x}{1+\cos^2 x} dx = \int_0^{\frac{\pi}{2}} \frac{x\sin x}{1+\cos^2 x} dx + \int_{\frac{\pi}{2}}^{\pi} \frac{x\sin x}{1+\cos^2 x} dx$$

令 $x = \pi - t, dx = -dt$, 当 $x = \frac{\pi}{2}, \pi$ 时, $t = \frac{\pi}{2}, 0$. 故

$$\int_{\frac{\pi}{2}}^{\pi} \frac{x\sin x}{1+\cos^2 x} dx = \int_{\frac{\pi}{2}}^{0} \frac{(\pi-t)\sin t}{1+\cos^2 t}(-dt) = -\int_{\frac{\pi}{2}}^{0} \frac{\pi\sin t}{1+\cos^2 t} dt + \int_{\frac{\pi}{2}}^{0} \frac{t\sin t}{1+\cos^2 t} dt$$

代入原式后得

$$\int_0^{\pi} \frac{x\sin x}{1+\cos^2 x} dx = -\int_0^{\frac{\pi}{2}} \frac{x\sin x}{1+\cos^2 x} dx + \int_0^{\frac{\pi}{2}} \frac{\pi\sin x}{1+\cos^2 x} dx - \int_0^{\frac{\pi}{2}} \frac{x\sin x}{1+\cos^2 x} dx$$

$$= \int_0^{\frac{\pi}{2}} \frac{\pi\sin x}{1+\cos^2 x} dx = -\int_0^{\frac{\pi}{2}} \frac{\pi}{1+\cos^2 x} d\cos x$$

$$= \left[-\pi\arctan(\cos x)\right]_0^{\frac{\pi}{2}} = \frac{\pi^2}{4}.$$

3. 分部积分法

例 8 计算 $\int_{e^{-2}}^{e^2} \frac{|\ln x|}{\sqrt{x}} dx$ 的值.

解 因为 $\ln x$ 在区间 $[e^{-2}, 1]$ 上不大于零, 在区间 $[1, e^2]$ 上不小于零, 所以分两个区间来进行积分.

$$\int_{e^{-2}}^{e^2} \frac{|\ln x|}{\sqrt{x}} dx = \int_{e^{-2}}^{1} \frac{-\ln x}{\sqrt{x}} dx + \int_1^{e^2} \frac{\ln x}{\sqrt{x}} dx$$

$$= -\int_{e^{-2}}^{1} \ln x d(2\sqrt{x}) + \int_1^{e^2} \ln x d(2\sqrt{x})$$

$$= \left[-2\sqrt{x}\ln x\right]_{e^{-2}}^{1} + \int_{e^{-2}}^{1} \frac{2}{\sqrt{x}} dx + \left[2\sqrt{x}\ln x\right]_1^{e^2} - \int_1^{e^2} \frac{2}{\sqrt{x}} dx$$

$$= \frac{-4}{e} + \left[4\sqrt{x}\right]_{e^{-2}}^{1} + 4e - \left[4\sqrt{x}\right]_1^{e^2} = 8(1 - e^{-1}).$$

例 9 计算 $\int_0^{\frac{\pi}{3}} e^{-3x} \sin 6x dx$ 的值.

解 计算这类积分时关键在于系数, 正、负号不能算错, 有时可先算

$$\int_a^b e^{ax} \sin \beta x dx$$

得出结果

$$\int_a^b e^{ax}\sin\beta x\,dx = \left[\frac{e^{ax}[a\sin\beta x - \beta\cos\beta x]}{\alpha^2 + \beta^2}\right]_a^b$$

再用 $\alpha = -3, \beta = 6, a = 0, b = \frac{\pi}{3}$ 代入，得

$$\int_0^{\frac{\pi}{3}} e^{-3x}\sin 6x\,dx = \left[\frac{-e^{-3x}[-3\sin 6x - 6\cos 6x]}{9 + 36}\right]_0^{\frac{\pi}{3}} = \frac{2}{15}(1 - e^{-\pi})$$

若直接计算,则有

$$\int_0^{\frac{\pi}{3}} e^{-3x}\sin 6x\,dx = \int_0^{\frac{\pi}{3}} e^{-3x}\,d\frac{-\cos 6x}{6}$$

$$= -e^{-3x}\frac{\cos 6x}{6}\bigg|_0^{\frac{\pi}{3}} + \int_0^{\frac{\pi}{3}}\left(-\frac{1}{2}\right)e^{-3x}\cos 6x\,dx$$

$$= -\frac{e^{-\pi}}{6} + \frac{1}{6} - \frac{1}{12}\left\{\left[e^{-3x}\sin 6x\right]_0^{\frac{\pi}{3}} - \int_0^{\frac{\pi}{3}}\sin 6x(-3)e^{-3x}\,dx\right\}$$

$$= \frac{1}{6}[1 - e^{-\pi}] - \frac{1}{4}\int_0^{\frac{\pi}{3}}\sin 6x e^{-3x}\,dx$$

故

$$\frac{5}{4}\int_0^{\frac{\pi}{3}} e^{-3x}\sin 6x\,dx = \frac{1}{6}(1 - e^{-\pi})$$

即

$$\int_0^{\frac{\pi}{3}} e^{-3x}\sin 6x\,dx = \frac{2}{15}(1 - e^{-\pi}).$$

可以看出这样直接计算没有前面的方法简练.

5.3.3 定积分应用

例 10 求心形线 $\rho = a(1 + \cos\varphi)$ 与圆 $\rho = a$ 所围部分的面积$(a < 0)$.

解 先根据 $\rho = a(1 + \cos\varphi)$ 与 $\rho = a$ 绘出简图,如图 5-1 所示.由图可知所求的面积分别为三部分:

（1）圆内,心形线内部分 A_1,

（2）圆内,心形线外部分 A_2,

（3）圆外,心形线内部分 A_3.

根据图形的对称性,可计算上半部分再二倍求得.

$$(1)\, A_1 = 2\int_{\frac{\pi}{2}}^{\pi}\frac{1}{2}\rho^2(\varphi)\,d\varphi + \frac{\pi}{2}a^2 = a^2\int_{\frac{\pi}{2}}^{\pi}(1 + \cos\varphi)^2\,d\varphi + \frac{\pi}{2}a^2$$

$$= \frac{\pi}{2}a^2 + a^2\int_{\frac{\pi}{2}}^{\pi}\left(1 + 2\cos\varphi + \frac{1 + \cos 2\varphi}{2}\right)d\varphi$$

$$= \frac{\pi}{2}a^2 + a^2\left(\frac{3}{2}\varphi + 2\sin\varphi + \frac{1}{4}\sin 2\varphi\right)\bigg|_{\frac{\pi}{2}}^{\pi}$$

$$= \frac{\pi}{2}a^2 + a^2\left(\frac{3}{4}\pi - 2\right) = \frac{5}{4}\pi a^2 - 2a^2 = a^2\left(\frac{5}{4}\pi - 2\right).$$

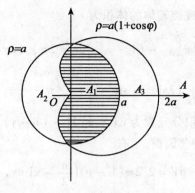

图 5-1

(2) $A_2 = \pi a^2 - A_1 = a^2\left(2 - \dfrac{\pi}{4}\right)$.

(3) $A_3 = 2\displaystyle\int_0^{\frac{\pi}{2}} \dfrac{1}{2}[a^2(1+\cos\varphi)^2 - a^2]\,d\varphi = a^2\int_0^{\frac{\pi}{2}}(1 + 2\cos\varphi + \cos^2\varphi - 1)\,d\varphi$

$= a^2\displaystyle\int_0^{\frac{\pi}{2}}(2\cos\varphi + \cos^2\varphi)\,d\varphi = a^2\left(2 + \dfrac{1}{2}\cdot\dfrac{\pi}{2}\right) = a^2\left(2 + \dfrac{\pi}{4}\right)$.

$A_1 + A_3 = \dfrac{3}{2}\pi a^2$ 就是心形线所围成的面积.

例 11 由 $y = \sin x$, $x \in [0, \pi]$ 与 Ox 轴所围的面积绕 Oy 轴及 $y = 1$ 旋转,试分别求其旋转体体积.

解 如图 5-2 所示.

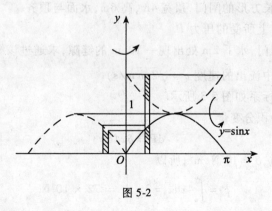

图 5-2

(1) 绕 Oy 轴旋转所成的旋转体的体积为

$V = \displaystyle\int_0^\pi 2\pi x y\,dx = 2\pi\int_0^\pi x\sin x\,dx = 2\pi\left[-x\cos x\Big|_0^\pi + \int_0^\pi \cos x\,dx\right] = 2\pi^2$.

典型微元体积为薄圆筒，积分元素为 $dV = 2\pi xy dx$.

(2) 绕 $y = 1$ 旋转所成旋转体的体积为

$$V = 2\int_0^{\frac{\pi}{2}} \pi[1^2 - (1-y)^2]dx = 2\pi\int_0^{\frac{\pi}{2}}(2y - y^2)dx$$

$$= 2\pi\int_0^{\frac{\pi}{2}}(2\sin x - \sin^2 x)dx = 4\pi - \frac{\pi^2}{2}.$$

典型微元体积为薄圆环，积分元素为 $dV = \pi[1^2 - (1-y)^2]dx$.

若取典型微元体积为薄圆筒，则有

$$dV = 2 \cdot 2\pi(1-y)\left(\frac{\pi}{2} - x\right)dy,$$

积分元素读者在图中自己绘出来

$$V = 4\pi\int_0^1(1-y)\left(\frac{\pi}{2} - x\right)dy = 4\pi\int_0^1(1-y)\left(\frac{\pi}{2} - \arcsin y\right)dy$$

$$= 4\pi\int_0^1\frac{\pi}{2}(1-y)dy - 4\pi\int_0^1(1-y)\arcsin y dy$$

$$= 4\pi\left(\frac{\pi}{2} - \frac{\pi}{4}\right) + 4\pi\int_0^1\arcsin y d\frac{(y-1)^2}{2}$$

$$= \pi^2 + 4\pi \cdot \frac{(y-1)^2}{2}\arcsin y\bigg|_0^1 - \int_0^1\frac{(y-1)^2}{2}\frac{1}{\sqrt{1-y^2}}dy$$

$$= \pi^2 - \frac{4\pi}{2}\int_0^{\frac{\pi}{2}}\frac{(\sin t - 1)^2}{\cos t}\cos t dt(令\ y = \sin t)$$

$$= \pi^2 - 2\pi\int_0^{\frac{\pi}{2}}(\sin^2 t - 2\sin t + 1)dt = 4\pi - \frac{\pi^2}{2}.$$

例 12 有一长方形的闸门，顶宽 4m，高 6m，水面与顶齐.

(1) 试求闸门上所受的压力 P.

(2) 若提高闸门，水下 2m 处出现一 10cm 的缝隙，求通过该缝隙的流量（已知水深 h 处，水从缝隙中流出的速度 $v = \sqrt{2gh}\ m/s$）.

解 选择坐标系如图 5-3 所示.

(1) 取 x 作为积分变量，

$$dP = \delta x 4 dx$$

其中 δ 为水的容重，$\delta = 10^4 N/m^3$，所以

$$P = \int_0^6 4x dx = 2x^2\bigg|_0^6 = 72\times 10^4 N.$$

即闸门上所受的总压力为 $72\times 10^4 N$.

(2) 为了求水从缝中流出的流量，将 10cm 宽的缝分成一系列水平微元长条，则有

$$dQ = \sqrt{2gx}\,4dx.$$

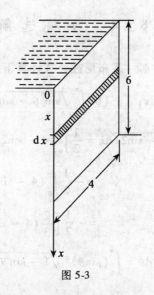

图 5-3

$$Q = \int_2^{2.1} \sqrt{2gx}\, 4\mathrm{d}x = 4\sqrt{2g}\,\frac{2}{3}x^{\frac{3}{2}}\bigg|_2^{2.1} = \frac{8}{3}\sqrt{2g}(2.1^{\frac{3}{2}} - 2^{\frac{3}{2}}).$$

例 13 设某电源的电动势是正弦式的,即 $E = E_m\sin\omega t$,试求在半个周期内的平均电动势 E_Ψ.

解 半周期为 $\dfrac{\pi}{\omega}$

$$E_\Psi = \frac{1}{\frac{\pi}{\omega}}\int_0^{\frac{\pi}{\omega}} E_m\sin\omega t\,\mathrm{d}t = \frac{\omega}{\pi}E_m\,\frac{-\cos\omega t}{\omega}\bigg|_0^{\frac{\pi}{\omega}} = \frac{E_m}{\pi}[1+1] = \frac{2E_m}{\pi}.$$

从图 5-4 中可以看出 E_Ψ 在数值上就等于矩形 $OABC$ 的高.

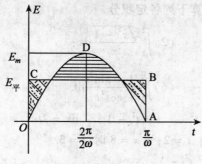

图 5-4

§5.4 习题选解

[习题 5-2 1] 利用牛顿-莱布尼兹公式计算下列各定积分

(5) $\int_0^{\frac{\pi}{4}} \cos 2x \sqrt{4 - \sin 2x}\, dx$;   (6) $\int_0^{\pi} \sqrt{\sin^3\theta - \sin^5\theta}\, d\theta$.

解 (5) $\int_0^{\frac{\pi}{4}} \cos 2x \sqrt{4 - \sin 2x}\, dx = \frac{1}{2}\int_0^{\frac{\pi}{4}} (4 - \sin 2x)^{\frac{1}{2}} d\sin 2x$

$$= -\frac{1}{2}\int_0^{\frac{\pi}{4}} (4 - \sin 2x)^{\frac{1}{2}} d(4 - \sin 2x)$$

$$= -\frac{1}{2}\left[\frac{2}{3}(4 - \sin 2x)^{\frac{3}{2}}\right]_0^{\frac{\pi}{4}} = \frac{1}{3}(8 - 3\sqrt{3}).$$

(6) $\int_0^{\pi}\sqrt{\sin^3\theta - \sin^5\theta}\, d\theta = \int_0^{\pi}(\sin\theta)^{\frac{3}{2}}\sqrt{1-\sin^2\theta}\, d\theta = \int_0^{\pi}(\sin\theta)^{\frac{3}{2}}|\cos\theta|\, d\theta$

$$= \int_0^{\frac{\pi}{2}}(\sin\theta)^{\frac{3}{2}}\cos\theta\, d\theta - \int_{\frac{\pi}{2}}^{\pi}(\sin\theta)^{\frac{3}{2}}\cos\theta\, d\theta$$

$$= \int_0^{\frac{\pi}{2}}(\sin\theta)^{\frac{3}{2}}d\sin\theta - \int_{\frac{\pi}{2}}^{\pi}(\sin\theta)^{\frac{3}{2}}d\sin\theta$$

$$= \left[\frac{2}{5}(\sin\theta)^{\frac{5}{2}}\right]_0^{\frac{\pi}{2}} - \left[\frac{2}{5}(\sin\theta)^{\frac{5}{2}}\right]_{\frac{\pi}{2}}^{\pi} = \frac{2}{5} + \frac{2}{5} = \frac{4}{5}.$$

[习题 5-2 2] 设 $f(x) = \begin{cases} 1 + x^2, & 0 \leq x < 1 \\ 2 - x, & 1 \leq x \leq 2 \end{cases}$，求 $\int_0^2 f(x)\, dx$.

解 $\int_0^2 f(x)\, dx = \int_0^1 (1 + x^2)\, dx + \int_1^2 (2 - x)\, dx$

$$= \left[x + \frac{x^3}{3}\right]_0^1 + \left[2x - \frac{x^2}{2}\right]_1^2 = \frac{4}{3} + \left[2 - \frac{3}{2}\right] = \frac{11}{6}.$$

[习题 5-3 1] 计算下列各定积分

(1) $\int_3^8 \frac{x}{\sqrt{1+x}}\, dx$;   (2) $\int_1^2 \frac{\sqrt{x^2-1}}{x}\, dx$;

(5) $\int_{\frac{1}{\pi}}^{\frac{2}{\pi}} \frac{1}{x^2} \cdot \sin\frac{1}{x}\, dx$;   (6) $\int_0^{\frac{\pi}{4}} \frac{1 + \sin^2 t}{\cos^2 t}\, dt$.

解 (1) 设 $1 + x = t^2$ $x = t^2 - 1$ $dx = 2t\, dt$

当 $x = 3$ 时，$t = 2$；当 $x = 8$ 时，$t = 3$.

$$\int_3^8 \frac{x}{\sqrt{1+x}}\, dx = \int_2^3 \frac{t^2 - 1}{t} 2t\, dt = 2\int_2^3 (t^2 - 1)\, dt = 2\left[\frac{t^3}{3} - t\right]_2^3 = 10\frac{2}{3}.$$

(2) 设 $x = \sec t$ $dx = \sec t \tan t\, dt$

当 $x = 1$ 时，$t = 0$；当 $x = 2$ 时，$t = \frac{\pi}{3}$

第 5 章 定积分及其模型

$$\int_1^2 \frac{\sqrt{x^2-1}}{x}dx = \int_0^{\frac{\pi}{3}} \frac{\tan t}{\sec t} \cdot \sec t \cdot \tan t \, dt = \int_0^{\frac{\pi}{3}} \tan^2 t \, dt$$

$$= \int_0^{\frac{\pi}{3}} (\sec^2 t - 1) dt = \left[-t + \tan t \right]_0^{\frac{\pi}{3}} = \sqrt{3} - \frac{\pi}{3}.$$

(5) $\int_{\frac{1}{\pi}}^{\frac{2}{\pi}} \frac{1}{x^2} \sin \frac{1}{x} dx = -\int_{\frac{1}{\pi}}^{\frac{2}{\pi}} \sin \frac{1}{x} d\frac{1}{x} = -\left[-\cos \frac{1}{x} \right]_{\frac{1}{\pi}}^{\frac{2}{\pi}} = \left[\cos \frac{\pi}{2} - \cos \pi \right] = 1.$

(6) $\int_0^{\frac{\pi}{4}} \frac{1 + \sin^2 t}{\cos^2 t} dt = \int_0^{\frac{\pi}{4}} (\sec^2 t + \tan^2 t) dt$

$$= \int_0^{\frac{\pi}{4}} (2\sec^2 t - 1) dt = 2\left[\tan t \right]_0^{\frac{\pi}{4}} - \left[t \right]_0^{\frac{\pi}{4}} = 2 - \frac{\pi}{4}.$$

[习题 5-3　2] 计算积分 $\int_0^{\pi} x\sin^3 x \, dx$.

解 $\int_0^{\pi} x\sin^3 x \, dx = -\int_0^{\pi} x(1 - \cos^2 x) d\cos x = -\int_0^{\pi} x d\cos x + \int_0^{\pi} x\cos^2 x d\cos x$

$$= -\left[x\cos x \right]_0^{\pi} + \int_0^{\pi} \cos x \, dx + \int_0^{\pi} x d\frac{\cos^3 x}{3}$$

$$= \pi + \left[\sin x \right]_0^{\pi} + \left[x \cdot \frac{\cos^3 x}{3} \right]_0^{\pi} - \frac{1}{3} \int_0^{\pi} \cos^3 x \, dx$$

$$= \pi - \frac{\pi}{3} - \frac{1}{3} \left[\sin x - \frac{1}{3} \sin^3 x \right]_0^{\pi} = \frac{2}{3}\pi.$$

[习题 5-3　3] 计算下列各定积分

(1) $\int_0^1 x\arctan x \, dx$;　　　　(2) $\int_0^{\pi} \sin^3 \frac{\theta}{2} d\theta$;

(5) $\int_{\frac{1}{e}}^{e} |\ln x| \, dx$;　　　　(6) $\int_{-\frac{1}{2}}^{\frac{1}{2}} \frac{x\arcsin x}{\sqrt{1-x^2}} dx$.

解 (1) $\int_0^1 x\arctan x \, dx = \frac{1}{2} \int_0^1 \arctan x \, dx^2 = \frac{1}{2} \left[x^2 \cdot \arctan x \right]_0^1 - \frac{1}{2} \int_0^1 \frac{x^2}{1+x^2} dx$

$$= \frac{\pi}{8} - \frac{1}{2} \int_0^1 \left(1 - \frac{1}{1+x^2} \right) dx = \frac{\pi}{8} - \frac{1}{2} \left[x - \arctan x \right]_0^1$$

$$= \frac{\pi}{8} - \frac{1}{2} \left[1 - \frac{\pi}{4} \right] = \frac{1}{2} \left(\frac{\pi}{2} - 1 \right).$$

(2) $\int_0^{\pi} \sin^3 \frac{\theta}{2} d\theta = -2\int_0^{\pi} \left(1 - \cos^2 \frac{\theta}{2} \right) d\cos \frac{\theta}{2}$

$$= -2\left[\cos \frac{\theta}{2} - \frac{1}{3} \cos^3 \frac{\theta}{2} \right]_0^{\pi} = -2\left[0 - \left(1 - \frac{1}{3} \right) \right] = \frac{4}{3}.$$

(5) $\int_{\frac{1}{e}}^{e} |\ln x| \, dx = -\int_{\frac{1}{e}}^{1} \ln x \, dx + \int_1^e \ln x \, dx$

$$= -\left[x\ln x \right]_{\frac{1}{e}}^{1} + \int_{\frac{1}{e}}^{1} x d\ln x + \left[x\ln x \right]_1^e - \int_1^e x d\ln x$$

$$= -\left[0 - \left(1 - \frac{1}{e}\right)\right] + [x]_{\frac{1}{e}}^{1} + e - [x]_{1}^{e}$$

$$= -\frac{1}{e} + 1 - \frac{1}{e} + e - e + 1 = 2\left(1 - \frac{1}{e}\right).$$

(6) $\int_{-\frac{1}{2}}^{\frac{1}{2}} \frac{x\arcsin x}{\sqrt{1-x^2}} dx = -\int_{-\frac{1}{2}}^{\frac{1}{2}} \arcsin x \, d\sqrt{1-x^2}$

$$= -\left[\sqrt{1-x^2}\arcsin x\right]_{-\frac{1}{2}}^{\frac{1}{2}} + \int_{-\frac{1}{2}}^{\frac{1}{2}} \sqrt{1-x^2}\, d\arcsin x$$

$$= -\left[2\sqrt{1-\frac{1}{4}}\arcsin\frac{1}{2}\right] + \int_{-\frac{1}{2}}^{\frac{1}{2}} \sqrt{1-x^2}\cdot\frac{1}{\sqrt{1-x^2}} dx$$

$$= -\frac{\sqrt{3}\pi}{6} + [x]_{-\frac{1}{2}}^{\frac{1}{2}} = 1 - \frac{\sqrt{3}\pi}{6}.$$

[习题 5-4] 求下列广义积分的值

(1) $\int_{1}^{+\infty} \frac{1}{(1+x)\sqrt{x}} dx$; (2) $\int_{1}^{2} \frac{x}{\sqrt{x-1}} dx$;

(5) $\int_{-\infty}^{+\infty} \frac{1}{x^2+2x+2} dx$; (6) $\int_{0}^{+\infty} e^{-ax}\cos bx \, dx \, (a > 0)$.

解 (1) $\int_{1}^{+\infty} \frac{dx}{(1+x)\sqrt{x}} = \int_{1}^{+\infty} \frac{2t\, dt}{(1+t^2)t} = 2\int_{1}^{+\infty} \frac{dt}{1+t^2}$

$$= 2\left[\arctan t\right]_{1}^{+\infty} = \pi - 2\times\frac{\pi}{4} = \frac{\pi}{2}.$$

(2) $\int_{1}^{2} \frac{x}{\sqrt{x-1}} dx = \lim_{\varepsilon\to 0}\int_{1+\varepsilon}^{2} \frac{x}{\sqrt{x-1}} dx = \lim_{\varepsilon\to 0}\int_{1+\varepsilon}^{2}\left(\sqrt{x-1}+\frac{1}{\sqrt{x-1}}\right) d(x-1)$

$$= \lim_{\varepsilon\to 0}\left[\frac{2}{3}(x-1)^{\frac{3}{2}} + 2\sqrt{x-1}\right]_{1+\varepsilon}^{2}$$

$$= \lim_{\varepsilon\to 0}\left[\frac{8}{3} - \left(\frac{2}{3}\varepsilon^{\frac{3}{2}} + 2\sqrt{\varepsilon}\right)\right] = \frac{8}{3}.$$

(5) $\int_{-\infty}^{+\infty} \frac{dx}{x^2+2x+2} = \int_{-\infty}^{+\infty} \frac{d(x+1)}{(x+1)^2+1}$

$$= \arctan(x+1)\Big|_{-\infty}^{+\infty} = \frac{\pi}{2} - \left(-\frac{\pi}{2}\right) = \pi.$$

(6) $\int_{0}^{+\infty} e^{-ax}\cos bx \, dx \, (a > 0) = \frac{1}{b}\int_{0}^{+\infty} e^{-ax} d\sin bx$

$$= \frac{1}{b}\left[e^{-ax}\sin bx\right]_{0}^{+\infty} - \frac{1}{b}\int_{0}^{+\infty} \sin bx \, de^{-ax}$$

$$= \frac{a}{b}\int_{0}^{+\infty} e^{-ax}\sin bx \, dx = -\frac{a}{b^2}\int_{0}^{+\infty} e^{-ax} d\cos bx$$

$$= -\frac{a}{b^2}\left[e^{-ax}\cos bx\right]_{0}^{+\infty} - \frac{a^2}{b^2}\int_{0}^{+\infty} e^{-ax}\cos bx \, dx$$

所以有
$$\int_0^{+\infty} e^{-ax}\cos bx dx = \frac{b^2}{a^2+b^2}\left[0-\left(-\frac{a}{b^2}\right)\right] = \frac{a}{a^2+b^2}.$$

[习题 5-5 1] 求(1)由曲线 $y=9-x^2$, $y=x^2$ 与直线 $x=0$, $x=1$ 所围成的平面图形的面积.(2)由曲线 $y=9-x^2$, $y=x^2$ 所围成的平面图形的面积.

解 (1) 由 $\begin{cases} y=9-x^2 \\ y=x^2 \end{cases}$ 得交点 $\left(-\frac{3}{\sqrt{2}},\frac{9}{2}\right)$, $\left(\frac{3}{\sqrt{2}},\frac{9}{2}\right)$, 如图 5-5 所示.

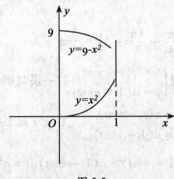

图 5-5

$$A = \int_0^1 [9-x^2-x^2] dx = \left[9x-\frac{2}{3}x^3\right]_0^1 = 8\frac{1}{3}.$$

(2) 由 $\begin{cases} y=9-x^2 \\ y=x^2 \end{cases}$ 得交点 $\left(-\frac{3}{\sqrt{2}},\frac{9}{2}\right)$, $\left(\frac{3}{\sqrt{2}},\frac{9}{2}\right)$

$$A = \int_{-\frac{3}{\sqrt{2}}}^{\frac{3}{\sqrt{2}}} (9-x^2-x^2) dx = 2\int_0^{\frac{3}{\sqrt{2}}} (9-2x^2) dx$$
$$= 2\left[9x-\frac{2}{3}x^3\right]_0^{\frac{3}{\sqrt{2}}} = 2\left[\frac{27}{\sqrt{2}}-\frac{2}{3}\left(\frac{3}{\sqrt{2}}\right)^3\right] = 18\sqrt{2}.$$

[习题 5-5 5] 求由圆 $\rho=1$ 与心形线 $\rho=1+\cos\theta$ 所围成的平面图形的面积(如图 5-6 所示).

解 由对称性得 $A=2(A_1+A_2)$

由 $\begin{cases} \rho=1 \\ \rho=1+\cos\theta \end{cases}$ 得 $\theta=\pm\frac{\pi}{2}$

$$A_1 = \frac{1}{2}\int_0^{\frac{\pi}{2}} \rho^2 d\theta = \frac{1}{2}\int_0^{\frac{\pi}{2}} d\theta = \frac{\pi}{4}$$

$$A_2 = \frac{1}{2}\int_{\frac{\pi}{2}}^{\pi} \rho^2 d\theta = \frac{1}{2}\int_{\frac{\pi}{2}}^{\pi} (1+\cos\theta)^2 d\theta = \frac{1}{2}\int_{\frac{\pi}{2}}^{\pi} \left[1+2\cos\theta+\frac{1}{2}(1+\cos 2\theta)\right] d\theta$$
$$= \frac{1}{2}\left[\frac{3}{2}\theta+2\sin\theta+\frac{1}{4}\sin 2\theta\right]_{\frac{\pi}{2}}^{\pi} = \frac{3}{4}\pi-\left(\frac{3}{8}\pi+1\right) = \frac{3}{8}\pi-1$$

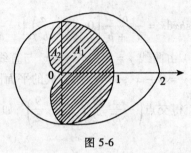

图 5-6

所以 $A = 2(A_1 + A_2) = 2\left(\dfrac{\pi}{4} + \dfrac{3\pi}{8} - 1\right) = \dfrac{5}{4}\pi - 2.$

[习题 5-5 6] 求摆线 $\begin{cases} x = a(t - \sin t) \\ y = a(1 - \cos t) \end{cases}$ 的一拱与横轴所围成的面积.

解 $\begin{cases} x = a(t - \sin t) \\ y = a(1 - \cos t) \end{cases}$ $0 \leq t \leq 2\pi$

$$A = \int_0^{2\pi} y\,dx = \int_0^{2\pi} a(1 - \cos t) \cdot a(1 - \cos t)\,dt = a^2 \int_0^{2\pi} (1 + \cos t)^2\,dt$$

$$= a^2 \int_0^{2\pi} \left[1 + 2\cos t + \dfrac{1}{2}(1 + \cos 2t)\right] dx$$

$$= a^2 \left[\dfrac{3}{2}t + 2\sin t + \dfrac{1}{4}\sin 2t\right]_0^{2\pi} = 3\pi a^2.$$

[习题 5-5 7] 求右侧绘出的平面图形绕指定的直线旋转所产生的旋转体体积. 如图 5-7 所示,在第一象限中 $xy = 9$ 与 $x + y = 10$ 之间的平面图形,绕 Oy 轴旋转.

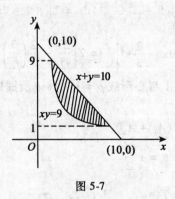

图 5-7

解 由 $\begin{cases} xy = 9 \\ x + y = 10 \end{cases}$ 得交点 $(1,9),(9,1)$

$$V = \int_1^9 \left[\pi(10 - y)^2 - \pi\left(\dfrac{9}{y}\right)^2\right] dy = \pi \left[\left(100y - 10y^2 + \dfrac{y^3}{3}\right) + \dfrac{81}{y}\right]_1^9$$

$$= \pi\left[(900-810+243+9)-\left(100-10+\frac{1}{3}+81\right)\right]=\frac{512}{3}\pi.$$

[习题 5-5　8] 求下列函数在指定区间上的平均值

(1) $y = x \cdot \cos x, [0, 2\pi]$;

(2) $y = 1 + a\sin x + b\cos x, [0, 2\pi]$ (a, b 为常数).

解 (1) $\bar{y} = \dfrac{1}{2\pi - 0}\displaystyle\int_0^{2\pi} x \cdot \cos x\, dx = \dfrac{1}{2\pi}\displaystyle\int_0^{2\pi} x\, d\sin x$

$$= \frac{1}{2\pi}\left[x \cdot \sin x\right]_0^{2\pi} - \frac{1}{2\pi}\int_0^{2\pi}\sin x\, dx = -\frac{1}{2\pi}\left[-\cos x\right]_0^{2\pi} = 0.$$

(2) $\bar{y} = \dfrac{1}{2\pi - 0}\displaystyle\int_0^{2\pi}(1 + a\sin x + b\cos x)\, dx$

$$= \frac{1}{2\pi}\left[x - a\cos x + b\sin x\right]_0^{2\pi} = \frac{1}{2\pi}\left[(2\pi - a) - (-a)\right] = 1.$$

[习题 5-5　10] 设有一根长为 l 的铅棒,已知把棒从 l 拉长到 $l + x$ 时所需的力为 $\dfrac{k}{l}x$,其中 k 为常数,求把棒从 l 拉长到 $a(a > 0)$ 所做的功.

解 如图 5-8 所示,建立坐标系则功元素为 $dW = \dfrac{k}{l}x\, dx$,所求功为

$$W = \int_0^{a-l} \frac{k}{l}x\, dx = \frac{k}{2l}(a-l)^2.$$

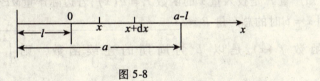

图 5-8

§5.5　综合练习

一、填空题

1. 由直线 $x = a, x = b, y = 0$ 和曲线 $y = f(x)$ ($f(x) \geq 0$) 围成的曲边梯形的面积 $A = $ ＿＿＿＿＿＿＿＿＿.

2. $\displaystyle\int_a^b f(x)\, dx$ 表示一个和式的极限,该和式的极限的形式是 ＿＿＿＿＿＿＿.

3. 函数 $f(x)$ 在 $[a, b]$ 上连续,则 $\displaystyle\int_a^b f(x)\, dx = $ ＿＿＿＿＿＿,当 $f(x) = 1$ 时,$\displaystyle\int_a^b f(x)\, dx = $ ＿＿＿＿＿＿.

4. 应用牛顿-莱布尼兹公式 $\int_a^b f(x)dx = F(b) - F(a)$ 应满足的条件是_____.

5. $\int f(x)dx$ 表示 $f(x)$ 的_____；$\int_a^b f(x)dx$ 的值是_____.

6. 在定积分的性质 $\int_a^b f(x)dx = \int_a^c f(x)dx + \int_c^b f(x)dx$ 中,等式的成立与 a,b,c 在数轴上的排列顺序_____.

7. 若 $\int_0^a (2x-1)dx = 2$,则 $a = $_____.

8. $\lim\limits_{x\to 0} \dfrac{1}{x^2}\int_0^x \sin t\,dt = $_____.

9. 若 $\int_0^x f(t)dt = \ln(1+x^3)$,则 $f(x) = $_____.

10. $\int_{-a}^a x(\sin x + x)^2 dx = $_____.

11. 曲线 $y^2 = 4x$ 与直线 $x = 2$ 所围成的平面图形绕 Ox 轴旋转而成的旋转体的体积是_____.

12. 曲线 $y = e^x$ 与直线 $y = e, Oy$ 轴所围成的平面图形的面积为_____.

13. 已知产量 P 是投入量 x 的函数 $P = P(x)$,若边际产量 $MP = P'(x)$,则投入量从 $x = a$ 到 $x = b$ 时的总产量 $P = $_____.

14. 函数 $f(x)$ 是以 L 为周期的连续函数,则 $\int_a^{a+l} f(x)dx$ 的值与 a _____.

15. 定积分的值取决于_____.

16. 利用定积分的性质估计定积分的范围 _____ $\leq \int_1^4 (x^2+1)dx \leq$ _____.

17. 比较大小:$\int_0^1 x^2 dx$ _____ $\int_0^1 x^3 dx$

$\int_1^2 x^2 dx$ _____ $\int_1^2 x^3 dx$.

二、选择题

1. 下面正确的是( ).

A. $\int_a^b u(x)dx = \int_a^b au(x)dx$

B. $\int_a^b u(x)\cdot v(x)dx = \left(\int_a^b u(x)dx\right)\left(\int_a^b v(x)dx\right)$

C. $\int_a^b f(x)\mathrm{d}x = \int_a^b f(t)\mathrm{d}t$

D. $f(x)$ 在 $[a,b]$ 上的平均值为 $\dfrac{f(a)+f(b)}{2}$

2. 下面积分正确的有（　　）.

A. $\int_{-\frac{\pi}{2}}^{\frac{\pi}{2}} \sin x \mathrm{d}x = 2\int_0^{\frac{\pi}{2}} \sin x \mathrm{d}x = 2$
B. $\int_{-\frac{\pi}{2}}^{\frac{\pi}{2}} \cos x \mathrm{d}x = 2\int_0^{\frac{\pi}{2}} \cos x \mathrm{d}x = 2$

C. $\int_{-1}^{1} \dfrac{1}{x^2}\mathrm{d}x = -\dfrac{1}{x}\Big|_{-1}^{1} = -2$
D. $\int_1^2 \ln x \mathrm{d}x = \dfrac{1}{x}\Big|_1^2 = -\dfrac{1}{2}$

3. 设函数 $f(x),g(x)$ 在 $[a,b]$ 上连续，且 $f(x) \geq g(x)$，则（　　）.

A. $\int f(x)\mathrm{d}x \geq \int g(x)\mathrm{d}x$
B. $\int_a^b f(x)\mathrm{d}x \geq \int_a^b g(x)\mathrm{d}x$

C. $\int_a^b f(x)\mathrm{d}x \leq \int_a^b g(x)\mathrm{d}x$
D. $\int f(x)\mathrm{d}x = \int g(x)\mathrm{d}x$

4. $\int_a^b f(x)\mathrm{d}x = \lim\limits_{\|\Delta x\| \to 0 (n \to \infty)} \sum\limits_{i=1}^{n} f(\xi_i)\Delta x_i$ 中，$\|\Delta x\|$ 与 n 的关系为（　　）.

A. $n \to \infty$ 一定有 $\|\Delta x\| \to 0$
B. $\|\Delta x\| \to 0$ 一定有 $n \to \infty$

C. $\|\Delta x\| \to 0$ 不一定有 $n \to \infty$
D. $\|\Delta x\| \to 0$ 与 n 趋向无关

5. 图 5-9 中阴影部分的面积 $A = $（　　）.

A. $\int_a^b f(x)\mathrm{d}x$
B. $\int_a^b |f(x)|\mathrm{d}x$

C. $\left|\int_a^b f(x)\right|\mathrm{d}x$
D. $\int_a^c f(x)\mathrm{d}x + \int_c^d f(x)\mathrm{d}x + \int_d^b f(x)\mathrm{d}x$.

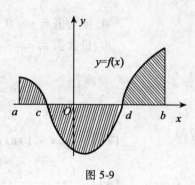

图 5-9

6. 设 $f(x)$ 在 $[-a,a](a>0)$ 上连续，则 $\int_{-a}^{a} f(x)\mathrm{d}x = $（　　）.

A. $\int_0^a [f(x)+f(-x)]\mathrm{d}x$
B. 0

C. $2\int_0^a f(x)\mathrm{d}x$
D. 不存在

7. 定积分 $\int_1^e \dfrac{\ln x}{x} dx = ($ $)$.

   A. $\dfrac{1}{2}$ B. -1 C. $\dfrac{1}{2e^2} - \dfrac{1}{2}$ D. $\dfrac{e^2}{2} - \dfrac{1}{2}$

8. 下列定积分中,可直接运用牛顿-莱布尼兹公式求值的是($\quad$).

   A. $\int_1^{27} \dfrac{1}{\sqrt[3]{x}} dx$ B. $\int_{\frac{1}{e}}^{e} \dfrac{1}{x\ln x} dx$ C. $\int_0^2 \arcsin x\, dx$ D. $\int_{-1}^{1} \dfrac{x}{\sqrt{1-x^2}} dx$

9. 设 $f(x)$ 在 $[a,b]$ 上连续,且 x 与 t 无关,则($\quad$).

   A. $\int_a^b tf(x)dx = t\int_a^b f(x)dx$ B. $\int_a^b xf(x)dx = x\int_a^b f(x)dx$

   C. $\int_a^b tf(x)dt = t\int_a^b f(x)dt$ D. $\int_a^b tf(t)dt = x\int_a^b f(t)dx$

10. 函数 $f(x)$ 在 $[a,b]$ 上连续,则 $\int_a^x f(t)dt = ($ $)$.

    A. $f(t)$ 的所有原函数   B. $f(x)$ 的所有原函数
    C. $f(t)$ 的一个原函数   D. $f(x)$ 的一个原函数

11. 函数 $f(x) = \begin{cases} 2x & x \geq 0 \\ 2^x & x < 0 \end{cases}$,则 $\int_{-2}^{3} f(x)dx = ($ $)$.

    A. $\int_{-2}^{3} 2x\, dx$ B. $\int_{-2}^{3} 2^x\, dx$

    C. $\int_{-2}^{0} 2^x\, dx + \int_{0}^{3} 2x\, dx$ D. $\int_{-2}^{0} 2x\, dx + \int_{0}^{3} 2^x\, dx$

12. 函数 $\int_0^x (t+1)e^t dt$ 有($\quad$).

    A. 极小值点 $x = 0$ B. 极大值点 $x = 0$
    C. 极小值点 $x = -1$ D. 极大值点 $x = -1$

三、计算与解答题

1. 计算定积分

   (1) $\int_0^{\frac{1}{3}} \dfrac{1}{4-3x} dx$;   (2) $\int_0^{e-1} \ln(x+1)dx$;

   (3) $\int_0^{\pi} \cos^2\left(\dfrac{x}{2}\right)dx$;   (4) $\int_{\frac{\pi}{4}}^{\frac{\pi}{3}} \dfrac{1}{\cos^2 x \sin^2 x} dx$;

   (5) $\int_2^{+\infty} \dfrac{1}{x^2 - x} dx$;   (6) $\int_0^1 x\ln x\, dx$.

2. 求抛物线 $y = -x^2 + 4x - 3$ 及其在点 $A(0,-3)$ 与点 $B(3,0)$ 处的切线所围图形的面积.

3. 弹簧原长 $0.30\mathrm{m}$,每压缩 $0.01\mathrm{m}$ 需力 $2\mathrm{N}$,求把弹簧从 $0.25\mathrm{m}$ 压缩到 $0.02\mathrm{m}$ 所做的功.

4. 有矩形闸门,闸门的高为 3m,宽为 2m,水面超过门顶 1m,求竖直在水中的闸门所受的水压力.

5. 已知某产品产量的变化率为时间 t 的函数 $x'(t) = 2t + 1$ ($t \geq 0$)(吨／年),求第二个五年的产量 x.

综合练习答案

一、填空题

1. $\int_a^b f(x)\mathrm{d}x$; 2. $\lim\limits_{\substack{\|\Delta x\|\to 0 \\ (n\to\infty)}} \sum\limits_{i=1}^n f(\xi_i)\Delta x_i$; 3. 0、$(b-a)$; 4. $f(x)$ 在 $[a,b]$ 上连续,$F'(x) = f(x)$; 5. 全体原函数、常数; 6. 无关; 7. 2; 8. $\dfrac{1}{2}$; 9. $\dfrac{3x^2}{1+x^3}$; 10. 0; 11. 8π; 12. 1; 13. $\int_a^b p'(x)\mathrm{d}x$; 14. 无关; 15. 被积函数与积分区间; 16. 6、51; 17. >、<.

二、选择题

1. C; 2. B; 3. B; 4. B; 5. B; 6. A; 7. A; 8. A; 9. A; 10. D; 11. C; 12. C.

三、计算与解答题

1. 计算定积分

(1) $\dfrac{1}{3}\ln\dfrac{4}{3}$; (2) 1; (3) $\dfrac{\pi}{2}$; (4) $\dfrac{2\sqrt{3}}{3}$; (5) $\ln 2$; (6) $-\dfrac{1}{4}$.

2. $\dfrac{9}{4}$; 3. 7.59J; 4. 1.47×10^5N; 5. 80t.

第6章 微分方程

§6.1 内容提要

6.1.1 微分方程的基本概念

1. 定义

含有未知函数的导数或微分的方程称为微分方程.

2. 微分方程的阶

微分方程中的未知函数的最高阶导数的阶数称为微分方程的阶.

3. 微分方程的解、通解

如果将某个函数代入微分方程后方程成为恒等式,则称这个函数为该微分方程的解.

如果微分方程的解中含有独立的任意常数的个数等于微分方程的阶数,则这样的解称为微分方程的通解.

4. 初始条件、特解

用来确定微分方程通解中任意常数的条件称为微分方程的初始条件.

由初始条件确定了通解中的任意常数以后所得的解称为微分方程的特解.

6.1.2 可分离变量的微分方程

1. 可分离变量微分方程的一般形式

$$\frac{dy}{dx} = f(x) \cdot g(y) \text{ 或 } M_1(x)N_1(y)dx + M_2(x)N_2(y)dy = 0.$$

求这种类型微分方程的通解可以采取"分离变量,两边积分"的方法.

2. 可以化为可分离变量的微分方程

(1) 齐次微分方程 $y' = f\left(\frac{y}{x}\right)$,对于这类微分方程,可以令 $\frac{y}{x} = u$,则

$$\frac{dy}{dx} = u + x\frac{du}{dx}.$$

代入原方程,得可分离变量的微分方程

$$x\frac{du}{dx} = f(u) - u.$$

(2) $y' = f(ax + by + c)$ 型微分方程,对于这类微分方程可以令 $u = ax + by + c$,则

$$\frac{du}{dx} = a + b\frac{dy}{dx} \Rightarrow \frac{dy}{dx} = \frac{1}{b}\left(\frac{du}{dx} - a\right)$$

代入原方程,有

$$\frac{1}{b}\left(\frac{du}{dx} - a\right) = f(u)$$

即

$$\frac{du}{dx} = bf(u) + a.$$

6.1.3 一阶线性微分方程

方程 $y' + P(x)y = Q(x)$ 称为一阶线性微分方程. 如果 $Q(x) \equiv 0$,即

$$y' + P(x)y = 0$$

则称该方程为一阶线性齐次微分方程. 反之,如果 $Q(x) \neq 0$,则称该方程为一阶线性非齐次微分方程. 一阶线性非齐次微分方程的通解为

$$y = e^{-\int P(x)dx}\left[\int Q(x) \cdot e^{\int P(x)dx}dx + C\right]$$

齐次微分方程的通解为

$$y = Ce^{-\int P(x)dx}.$$

6.1.4 可降阶的高阶微分方程与二阶常系数线性微分方程

1. 可降阶的高阶微分方程

(1) $y^{(n)} = f(x)$ 型的方程,这类微分方程的右边是仅含有自变量 x 的函数 $f(x)$,因此,只要连续积分 n 次. 不过在连续积分的过程中,将任意常数项 C_1 也当做常函数进行积分,且每积分一次增加一个任意常数,使得通解中含有 n 个独立的任意常数.

(2) $y'' = f(x, y')$ 型方程,这类微分方程不显含未知函数 y,若令 $P = y'$,则 $y'' = \frac{dP}{dx} = P'$ 代入原方程,可以将原方程化为一阶微分方程

$$P' = f(x, P).$$

(3) $y'' = f(y, y')$,对于这类微分方程,可以令 $y' = P$,则

$$y'' = \frac{dP}{dx} = \frac{dP}{dy} \cdot \frac{dy}{dx} = P\frac{dP}{dy}$$

原方程可以化为一阶微分方程

$$P\frac{dP}{dy} = f(y, P)$$

从而达到降阶的目的.

2. 二阶常系数线性微分方程

(1) 二阶常系数线性齐次微分方程. 方程

$$y'' + py' + qy = 0 \quad (p, q \text{ 为常数}) \tag{6-1}$$

称为二阶常系数线性齐次微分方程,其求解方法为:考虑原方程的特征方程
$$r^2 + pr + q = 0 \tag{6-2}$$
设特征方程的特征根为 r_1, r_2,则:

1) 当 r_1、r_2 为两个不相等的实根时,方程(6-1)的通解形式为
$$Y = C_1 e^{r_1 x} + C_2 e^{r_2 x};$$

2) 当 $r_1 = r_2 = r$ 为两个相等的实根时,方程(6-1)的通解形式为
$$Y = (C_1 + C_2 x) e^{rx};$$

3) 当 $r_{1,2} = \alpha \pm i\beta$ 为一对共轭复根时,方程(6-1)的通解形式为
$$Y = e^{\alpha x}[C_1 \cos\beta x + C_2 \sin\beta x].$$

(2) 二阶常系数线性非齐次微分方程. 方程
$$y'' + py' + qy = f(x) \tag{6-3}$$
称为二阶常系数线性非齐次微分方程. 其求解方法为:设方程(6-3)对应的齐次线性方程的通解为 Y,该方程的一个特解为 y^*,则方程(6-3)的通解为
$$y = Y + y^*.$$

如何求方程(6-3)的一个特解 y^* 呢?

1) 若 $f(x) = P_n(x) e^{\alpha x}$,其中 $P_n(x)$ 为 x 的 n 次多项式,则方程(6-3)的特解形式为
$$y^* = x^k Q_n(x) e^{\alpha x}$$
其中 $Q_n(x)$ 与 $P_n(x)$ 为同次多项式,$Q_n(x)$ 系数待定,且有
$$k = \begin{cases} 0, & \alpha \text{ 不为特征根} \\ 1, & \alpha \text{ 为单特征根} \\ 2, & \alpha \text{ 为二重特征根} \end{cases}.$$

2) 若 $f(x) = e^{\alpha x}[A\cos\beta x + B\sin\beta x]$($\alpha, \beta, A, B$ 为实数),则方程(6-3)的特解形式为
$$y^* = x^k \cdot e^{\alpha x}[A_1 \cos\beta x + A_2 \sin\beta x],$$
其中 A_1, A_2 为待定系数,且有
$$k = \begin{cases} 0, & \alpha \pm i\beta \text{ 不为特征根} \\ 1, & \alpha \pm i\beta \text{ 为特征根} \end{cases}.$$

§6.2 疑难解析

微分方程的类型和解法较多,对于微分方程,除了要学会判别类型并适当选择相应的解法以外,还要掌握一些解题技巧,对初学者来讲最大的困难就在于不知如何选择解题方法,特别是对有些类型不明显的微分方程更是不知从何下手,对此我们分类型介绍如下.

6.2.1 可化为变量分离的微分方程

对于一阶微分方程,有的可以直接进行变量分离,有的则需要进行变换才能变量

分离,比如形如
$$\frac{dy}{dx} = \Phi\left(\frac{y}{x}\right), \frac{dy}{dx} = \Phi(x \pm y), \frac{dy}{dx} = \Phi(x, y \cdot \sqrt{x^2 + y^2})$$
等形式的一阶微分方程,这类方程通过变量代换 $y = xu$ 或 $u = x \pm y$,把方程化为可分离变量的方程,然后变量分离,经过积分求得通解. 变量代换的方法是解微分方程最常用的方法,这就是说求解一个不能直接变量分离的微分方程,常要考虑寻求适当的变量代换(因变量的代换或自变量的代换)使方程可化为变量分离的方程.

6.2.2 一阶线性微分方程

一阶线性微分方程的一般形式为
$$\frac{dy}{dx} + p(x)y = Q(x).$$
对初学者来讲,关键是会判断所给方程是否为一阶线性微分方程(方程中,未知函数及未知函数的导数都是一次的),如果是一阶线性微分方程,求通解用公式即可,应注意的是有时为了解题方便起见,可以将方程中的 x 作为未知函数.

例如:求方程 $\dfrac{dy}{dx} = \dfrac{y}{x + y^4}$ 的通解. 将原方程改写成以 x 为未知函数的方程 $\dfrac{dx}{dy} - \dfrac{1}{y}x = y^3$. 于是由一阶线性微分方程的通解公式得
$$x = e^{\int \frac{1}{y}dy}\left(\int y^3 e^{-\int \frac{1}{y}dy}dy + C\right) = y\left(\frac{1}{3}y^3 + C\right).$$
注意:在判断方程类型时,不能只考虑以 y 为未知函数的情况,必要时也可以把 x 视为未知函数,到底如何选择,应因题目而定.

6.2.3 高阶微分方程

1. 几种可降阶的方程

(1) $y^{(n)} = f(x)$.

解法:积分 n 次即可得,注意每积分一次要加一个常数.

(2) $F(x, y', y'') = 0$.

解法:令 $y' = p$ 则 $y'' = p'$ 原方程 $\Rightarrow p = f(x, p)$ 再求解.

(3) $F(y, y', y'') = 0$.

解法:令 $y' = p$ 则 $y'' = \dfrac{dp}{dy} \cdot \dfrac{dy}{dx} = p \cdot \dfrac{dp}{dy}$,原方程 $\Rightarrow p\dfrac{dp}{dy} = f(y, p)$ 再求解.

2. 二阶常系数微分方程

(1) $y'' + py' + qy = 0$.

根据特征方程 $r^2 + pr + q = 0$ 根的不同情况可得通解(参阅教材).

(2) $y'' + py' + qy = f(x)$.

关键是求特解 y^* 对于用待定系数法求二阶常系数非齐次微分方程的一个特解,

根据方程 $y'' + py' + qy = f(x)$ 右端自由项 $f(x)$ 常见的不同形式,可以列成下表,如表 6-1 所示.

表 6-1

$f(x)$ 的形式	条件	设特解 y^* 的形式
$f(x) = p_m(x)e^{\lambda x}$	λ 不是特征方程的根	$y^* = R_m(x)e^{\lambda x}$
	λ 是特征方程的单根	$y^* = xR_m(x)e^{\lambda x}$
	λ 是特征方程的重根	$y^* = x^2 R_m(x)e^{\lambda x}$
$f(x) = e^{\lambda x}[P_l(x)\cos\omega x + P_n(x)\sin\omega x]$ $P_n(x)$ 为 n 次多项式	$\lambda \pm i\omega$ 不是特征方程的根 (R_N, T_N 为 N 次多项式)	$y^* = e^{\lambda x}[R_N(x)\cos\omega x + T_N(x)\sin\omega x]$
	$\lambda \pm i\omega$ 是特征方程的根 $N = \max\{l, n\}$	$y^* = xe^{\lambda x}[P_N(x)\cos\omega x + T_N(x)\sin\omega x]$

6.2.4　微分方程的数学模型

建立微分方程的数学模型是一个难点,如果是几何中的应用问题,首先应根据题设绘出草图,利用其特点及相关的一些概念和公式列方程,常用的有切线方程、法线方程、弧线微分、面积微分;如果是物理方面的应用问题,首先应建立坐标系,对所研究的问题进行分析,常用的公式及定律为牛顿第二定律:$F = ma$;牛顿万有引力定律:$F = \dfrac{kMm}{r^2}$;牛顿冷却定律:物体的温度变化速度与该物体的温度和其所在的介质的温度的差值成正比;胡克定律:弹簧使物体回到平衡位置的弹性恢复力和物体离开平衡位置的位移成正比;基尔霍夫第二定律:在闭合回路中,所有支路上的电压的代数和等于零等.

§6.3　范例讲评

6.3.1　可化为变量可分离的方程

例 1　求微分方程 $y' + \sin\dfrac{x+y}{2} = \sin\dfrac{x-y}{2}$ 的通解.

解　利用三角公式恒等变形

因

$$\sin\frac{x+y}{2} - \sin\frac{x-y}{2} = 2\cos\frac{x}{2}\sin\frac{y}{2}$$

故

$$\frac{dy}{dx} = -2\cos\frac{x}{2}\sin\frac{y}{2}$$

当 $\sin\frac{y}{2} \neq 0$ 时,用 $\sin\frac{y}{2}$ 除方程两端,变量分离,积分得

$$\ln\left|\csc\frac{y}{2} - \cot\frac{y}{2}\right| = -2\sin\frac{x}{2} + \ln|C|$$

通解为
$$\csc\frac{y}{2} - \cot\frac{y}{2} = Ce^{-2\sin\frac{x}{2}}$$

对应于 $\sin\frac{y}{2} = 0$,再加特解 $y = 2n\pi(n = 0, \pm 1, \pm 2, \cdots)$. 在变量分离时,这里假设 $\sin\frac{y}{2} \neq 0$,故所求解中可能会失去使 $\sin\frac{y}{2} = 0$ 的解,因此,如果这类解不能含于通解中还要加上这种形式的特解.

例 2 求微分方程 $\dfrac{dy}{dx} = \dfrac{y}{2x} - \dfrac{1}{2y}\tan\dfrac{y^2}{x}$ 的通解.

解 用变量替换,令 $u = \dfrac{y^2}{x}$,有

$$\frac{du}{dx} = \frac{2y}{x}\frac{dy}{dx} - \left(\frac{y}{x}\right)^2$$

即
$$\frac{du}{dx} = -\frac{1}{x}\tan u$$

变量分离得
$$\frac{du}{\tan u} = -\frac{dx}{x}$$

积分得
$$\ln\sin u = -\ln x + \ln C$$

即
$$x\sin u = C$$

从而得原方程的通解为 $x\sin\left(\dfrac{y^2}{x}\right) = C$.

该方程的变量 x、y 不易分离,倘若令 $u = \dfrac{y^2}{x}$,那么原方程就能表示为仅是变量 x、u 的方程,这时就可以变量分离了.

6.3.2 一阶线性微分方程

例 3 求方程 $y' = \dfrac{y^2 - x}{2y(x+1)}$ 的通解.

解 原方程可以化为 $(y^2)' - \dfrac{1}{1+x}y^2 = -\dfrac{x}{1+x}$

令 $y^2 = u$,则有 $u' - \dfrac{1}{1+x}u = -\dfrac{1}{1+x}$,其中 $P(x) = -\dfrac{1}{1+x}, Q(x) = -\dfrac{x}{1+x}$.

其通解为
$$y^2 = e^{\int\frac{1}{1+x}dx}\left[\int\left(-\frac{x}{1+x}\right)e^{-\int\frac{1}{1+x}dx}dx + C\right]$$

$$= (1+x)\left[-\int\frac{x}{(1+x)^2}dx + C\right]$$

即
$$y^2 = C(x+1) - (x+1)\ln(x+1) - 1.$$

此题初看起来不是一阶线性微分方程,但是若将原方程改写为

$$2yy' - \frac{1}{1+x}y^2 = -\frac{x}{1+x}$$

明显地可以看出该式第一项恰好是$(y^2)'$,于是令$u = y^2$,就可以将原方程化为一阶线性微分方程了.

例 4 求方程 $y'\sec^2 y + \dfrac{x}{1+x^2}\tan y = x$ 满足条件 $y\big|_{x=0} = 0$ 的特解.

解 令 $u = \tan y$,则 $\dfrac{\mathrm{d}u}{\mathrm{d}x} = \sec^2 y \dfrac{\mathrm{d}y}{\mathrm{d}x}$

原方程化为
$$\frac{\mathrm{d}u}{\mathrm{d}x} + \frac{x}{1+x^2}u = x$$

其中
$$P(x) = \frac{x}{1+x^2}, Q(x) = x$$

于是,通解为 $\tan y = \mathrm{e}^{-\int \frac{x}{1+x^2}\mathrm{d}x}\left[\int \mathrm{e}^{\int \frac{x}{1+x^2}\mathrm{d}x}\mathrm{d}x + C\right] = \dfrac{C}{\sqrt{1+x^2}} + \dfrac{1}{3}(x^2+1)$

再将 $y\big|_{x=0} = 0$ 代入得 $C = -\dfrac{1}{3}$. 故所求特解为

$$\tan y = \frac{1}{3}\left(x^2 + 1 - \frac{1}{\sqrt{1+x^2}}\right).$$

该方程不属于一阶线性微分方程,但是函数 $\tan y$ 是 x 的复合函数,由复合函数求导法则可知 $(\tan y)' = \sec^2 y \cdot y'$,根据这一特点,只要令 $u = \tan y$,就可以将原方程转化为一阶线性非齐次微分方程.

例 5 求满足 $\int_0^x tf(t)\mathrm{d}t = x^2 + f(x)$ 的连续函数 $f(x)$.

解 两边对 x 求导得
$$xf(x) = 2x + f'(x)$$

即
$$f'(x) - xf(x) = -2x$$

这是一个一阶线性非齐次微分方程,用求解公式得

$$f(x) = \mathrm{e}^{\int x\mathrm{d}x}\left[\int(-2x)\mathrm{e}^{-\int x\mathrm{d}x}\mathrm{d}x + C\right] = 2 + C\mathrm{e}^{\frac{x^2}{2}}$$

又当 $x = 0$ 时,$f(0) = 0$ 故 $C = -2$,故

$$f(x) = 2 - 2\mathrm{e}^{\frac{x^2}{2}}.$$

6.3.3 高阶微分方程

例 6 求微分方程 $y''' - x - \mathrm{e}^x = 0$ 满足 $y(0) = 1, y'(0) = 1, y''(0) = 2$ 的解.

解 **方法 1** 因为 $y''' = x + \mathrm{e}^x$ 积分得

$$y'' = \frac{1}{2}x^2 + e^x + C_1$$

将初值条件 $y''(0) = 2$ 代入得 $C_1 = 1$ 故

$$y'' = \frac{1}{2}x^2 + e^x + 1$$

再积分得

$$y' = \frac{1}{6}x^3 + e^x + x + C_2$$

再将初始条件 $y'(0) = 1$ 代入得 $C_2 = 0$

故

$$y' = \frac{1}{6}x^3 + e^x + x$$

再积分得

$$y = \frac{1}{24}x^4 + e^x + \frac{1}{2}x^2 + C_3$$

再将初始条件代入得 $C_3 = 0$,故满足初始条件的特解为

$$y = \frac{1}{24}x^4 + e^x + \frac{1}{2}x^2.$$

方法 2 因为 $y''' = x + e^x$,积分得

$$y'' = \int_0^x (x + e^x) dx + y''(0) = \left(\frac{1}{2}x^2 + e^x\right)\bigg|_0^x + 2 = \frac{1}{2}x^2 + e^x + 1$$

$$y' = \int_0^x \left(\frac{1}{2}x^2 + e^x + 1\right) dx + y'(0) = \frac{1}{6}x^3 + e^x + x$$

故所求的解为

$$y = \int_0^x \left(\frac{1}{6}x^3 + e^x + x\right) dx + y(0) = \frac{1}{24}x^4 + e^x + \frac{1}{2}x^2$$

对于 $y^{(n)} = f(x)$ 型的微分方程在求满足初始条件的特解时,通常人们习惯用方法1来处理,显然很麻烦,而方法2采用将不定积分写成变上限的定积分的做法,显然简便很多.

例 7 求微分方程 $xy'' - 2y' = x^3 + x$ 的通解.

解 所给方程是二阶微分方程,且不显含 y,故可设 $y' = p$,代入原方程,得

$$xp' - 2p = x^3 + x$$

或

$$p' - \frac{2}{x}p = x^2 + 1$$

这是一阶线性微分方程,由通解公式可得

$$p = e^{\int \frac{2}{x} dx} \left[\int (x^2 + 1) e^{-\int \frac{2}{x} dx} dx + C'_1 \right] = x^2 \left[\int \left(1 + \frac{1}{x^2}\right) dx + C'_1 \right]$$

$$= x^2 \left(x - \frac{1}{x} + C'_1\right) = x^3 - x + C'_1 x^2$$

将 $p = y'$ 代入上式,并且两边积分得

$$y = \int (x^3 - x + C'_1 x^2) dx = \frac{1}{4}x^4 - \frac{1}{2}x^2 + \frac{C'_1}{3}x^3 + C_2$$

故得通解为

$$y = \frac{1}{4}x^4 - \frac{1}{2}x^2 + C_1 x^3 + C_2 \quad \left(C_1 = \frac{C_1'}{3}\right).$$

6.3.4 微分方程的数学模型

例8 已知曲线上任一点 $M(x,y)$ 处的切线 MT 从切点到与 Ox 轴的交点 T 的长度等于该切线在 Ox 轴上的截距的绝对值(即交点 T 到原点 O 的距离 $|OT|$)如图6-1所示,且曲线过点 $(1,1)$,试求该曲线的方程.

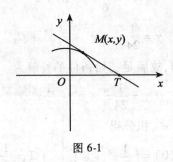

图 6-1

解 (1)建立微分方程并确定初始条件.

设所求曲线的方程为 $y = y(x)$. 则由导数的几何意义知,曲线在点 $M(x,y)$ 处的切线斜率为 $\dfrac{dy}{dx}$, 故得点 $M(x,y)$ 处曲线的切线方程为

$$Y - y = \frac{dy}{dx}(X - x)$$

其中 X, Y 为切线上的动点坐标.

在上式中,令 $Y = 0$, 即得切线在 Ox 轴上的截距为

$$X = x - y\frac{dx}{dy}$$

因此,切线与 Ox 轴的交点为 $T\left(x - y\dfrac{dx}{dy}, 0\right)$, 由两点间的距离公式,可得:

$$|MT| = \sqrt{\left(-y\frac{dx}{dy}\right)^2 + (-y)^2} = |y|\sqrt{\left(-\frac{dx}{dy}\right)^2 + 1}$$

按题意有 $|MT| = |OT| = |X|$ 即

$$\left|x - y\frac{dx}{dy}\right| = |y|\sqrt{\left(-\frac{dx}{dy}\right)^2 + 1}$$

将上式两边平方并化简得

$$\frac{dx}{dy} = \frac{x^2 - y^2}{2xy}$$

由于曲线过点$(1,1)$,故其初始条件为$y\big|_{x=1}=1$.

(2) 求通解. 由

$$\frac{\mathrm{d}x}{\mathrm{d}y}=\frac{x^2-y^2}{2xy} \text{ 可化为} \frac{\mathrm{d}x}{\mathrm{d}y}=\frac{\left(\frac{x}{y}\right)^2-1}{2\frac{x}{y}}$$

令 $u=\frac{x}{y}$,则 $x=yu$,$\frac{\mathrm{d}x}{\mathrm{d}y}=u+y\frac{\mathrm{d}u}{\mathrm{d}y}$ 代入上式并化简得

$$u+y\frac{\mathrm{d}u}{\mathrm{d}y}=\frac{u^2-1}{2u}$$

变量分离积分得 $\ln(1+u^2)=-\ln y+\ln C$,即

$$1+u^2=\frac{C}{y}$$

再以 $u=\frac{x}{y}$ 代回,得通解为

$$x^2+y^2=Cy$$

(3) 求特解. 以初始条件 $y\big|_{x=1}=1$ 代入通解,得 $C=2$

于是所求特解为 $x^2+y^2=2y$.

建立微分方程的关键是应将曲线切线的斜率理解为函数对自变量的导数,根据导数的几何意义建立微分方程.然后解之.

例 9 设火车经过提速后,以 30m/s(相应于 108km/h)的速度在平直的轨道上行驶,当制动(刹车)时,获得加速度 -0.6m/s^2,试问开始制动后,经过多少时间火车才能停住?在这段时间内,火车行驶了多少路程?

解 设火车开始制动后经 $t(\text{s})$ 行驶了 $s(\text{m})$,根据题意,可以建立微分方程形式的数学模型

$$\begin{cases} \frac{\mathrm{d}^2 s}{\mathrm{d}t^2}=-0.6 \\ s\big|_{t=0}=0, v\big|_{t=0}=\frac{\mathrm{d}s}{\mathrm{d}t}\big|_{t=0}=30 \end{cases}$$

这是一个可降阶的二阶微分方程,积分得

$$v=s'=\int_0^t -0.6\mathrm{d}t+s'(0)=-0.6t+30$$

再积分 $$s=\int_0^t(-0.6t+30)\mathrm{d}t+s(0)=-0.3t^2+30t$$

由于火车停住时速度为零,所以令 $v=0$ 即 $-0.6t+30=0$,解出 $t=50(\text{s})$.

又将 $t=50$ 代入 $s=-0.3t^2+30t$ 中得 $s=750\text{m}$.

例 10 高空跳伞者为何无损?

假设质量为 m 的物体在降落伞张开后降落时受空气阻力与速度成正比,开始降

落时速度为零,即 $v(t)|_{t=0}=0$,求其降落速度与时间的函数关系.

解 设降落速度为 $v(t)$,降落时物体所受重力 mg 的方向与 $v(t)$ 的方向一致,并受阻力 $R=-kv$(k 为比例系数且大于0),负号是因为阻力的方向与 $v(t)$ 的方向相反,从而降落时物体所受的合力为 $F=mg-kv$,根据牛顿第二定律 $F=ma$ 及 $a=\dfrac{\mathrm{d}v}{\mathrm{d}t}$(这里 a 表示加速度),得微分方程的数学模型为

$$\begin{cases} m\dfrac{\mathrm{d}v}{\mathrm{d}t}=mg-kv \\ v|_{t=0}=0 \end{cases}$$

即

$$\begin{cases} v'+\dfrac{k}{m}v=g \\ v|_{t=0}=0 \end{cases}$$

这是一阶线性非齐次微分方程,用公式得通解

$$v(t)=\mathrm{e}^{-\int\frac{k}{m}\mathrm{d}t}\left[\int g\mathrm{e}^{\int\frac{k}{m}\mathrm{d}t}\mathrm{d}t+C\right]=C\mathrm{e}^{-\frac{kt}{m}}+\frac{mg}{k}$$

将初始条件 $v|_{t=0}=0$ 代入得 $C=-\dfrac{mg}{k}$

于是所求函数为 $v(t)=\dfrac{mg}{k}(1-\mathrm{e}^{-\frac{kt}{m}})$.

由此可见,当 t 充分大时,$\mathrm{e}^{-\frac{kt}{m}}$ 就充分小,速度 v 逐渐接近于等速,故高空跳伞速度不会无限变大,跳伞者才能完好无损地降落到地面.

§6.4 习题选解

[习题 6-1 4] 设曲线上任一点处的切线斜率与切点的横坐标成反比,且曲线过点 $(1,2)$,求该曲线的方程.

解 设曲线上任一点为 $P(x,y)$,依题意有

$$\frac{\mathrm{d}y}{\mathrm{d}x}=\frac{k}{x}$$

该方程的通解为 $y=k\ln x+C$,将初始条件 $y|_{x=1}=2$ 代入得 $C=2$,故所求曲线的方程为

$$y=k\ln x+2.$$

[习题 6-2 1] 求下列微分方程的通解

(1) $y'=\dfrac{\sqrt{1-y^2}}{\sqrt{1-x^2}}$;

(2) $xy'-y\ln y=0$;

(5) $\dfrac{\mathrm{d}y}{\mathrm{d}x}=\dfrac{y}{x}+\tan\dfrac{y}{x}$;

(6) $x\dfrac{\mathrm{d}y}{\mathrm{d}x} = y\ln\dfrac{y}{x}$;

(7) $(x^2 + y^2)\mathrm{d}x - xy\mathrm{d}y = 0$

(9) $y' = \dfrac{1}{x-y} + 1$;

(10) $\dfrac{\mathrm{d}y}{\mathrm{d}x} = \dfrac{1}{x+y}$.

解 (1) 变量分离 $\quad \dfrac{\mathrm{d}y}{\sqrt{1-y^2}} = \dfrac{\mathrm{d}x}{\sqrt{1-x^2}}$

两边积分得 $\arcsin y = \arcsin x + C$.

注意：显然 $y = \pm 1$ 也是该方程的解，但它们不包含在通解中，这类解称为奇(异)解.

(2) 变量分离 $\quad \dfrac{\mathrm{d}y}{y\ln y} = \dfrac{\mathrm{d}x}{x} \quad (\ln y \neq 0)$

积分得 $\qquad \ln|\ln y| = \ln|x| + \ln C_1 (C_1 > 0)$
$$\ln y = \pm C_1 x = Cx$$

另：$\ln y = 0$ 得特解 $y = 1$，若允许 C 可取零值则它可包含在通解中. 所以
$$y = \mathrm{e}^{Cx} \quad (C\text{ 为任意常数})$$

说明：为了书写简单起见，今后一律避开对数的真数取绝对值与正、负号的冗繁讨论，并在各种情形下的任意常数统一用 C 来表示.

(5) 令 $u = \dfrac{y}{x}$ 即 $y = ux$，则 $\dfrac{\mathrm{d}y}{\mathrm{d}x} = u + x\dfrac{\mathrm{d}u}{\mathrm{d}x}$

代入原方程得 $\qquad u + x\dfrac{\mathrm{d}u}{\mathrm{d}x} = u + \tan u$

即 $\qquad x\dfrac{\mathrm{d}u}{\mathrm{d}x} = \tan u$

变量分离 $\qquad \dfrac{\mathrm{d}u}{\tan u} = \dfrac{1}{x}\mathrm{d}x$

积分得 $\qquad \ln|\sin u| = \ln|x| + \ln C$
即 $\qquad \sin u = Cx$

变量代回得通解为 $\sin\dfrac{y}{x} = Cx$.

(6) 令 $u = \dfrac{y}{x}$，即 $y = ux$，则 $\dfrac{\mathrm{d}y}{\mathrm{d}x} = u + x\dfrac{\mathrm{d}u}{\mathrm{d}x}$

代入原方程得 $\qquad u + x\dfrac{\mathrm{d}u}{\mathrm{d}x} = u\ln u$

即 $\qquad x\dfrac{\mathrm{d}u}{\mathrm{d}x} = u(\ln u - 1)$

变量分离 $\qquad \dfrac{1}{u(\ln u - 1)}\mathrm{d}u = \dfrac{1}{x}\mathrm{d}x$

两边积分得 $\ln|\ln u - 1| = \ln|x| + \ln C$

即 $\ln u = Cx + 1$

变量代回得通解为 $\ln \dfrac{y}{x} = Cx + 1$.

(7) 将方程两端同除以 x^2 得

$$\left(1 + \dfrac{y^2}{x^2}\right)dx - \dfrac{y}{x}dy = 0, 即 \dfrac{y}{x}\dfrac{dy}{dx} = 1 + \left(\dfrac{y}{x}\right)^2$$

令 $u = \dfrac{y}{x}$,即 $y = ux$,则 $\dfrac{dy}{dx} = u + x\dfrac{du}{dx}$

代入方程得 $u\left(u + x\dfrac{du}{dx}\right) = 1 + u^2$

即 $u\,du = \dfrac{1}{x}dx$

积分得 $\dfrac{1}{2}u^2 = \ln x + C_1$

变量代回得 $\dfrac{y^2}{x^2} = 2\ln x + C \;(C = 2C_1)$

故方程的通解为 $y^2 = x^2(2\ln x + C)$.

(9) 因为 $\dfrac{dy}{dx} = \dfrac{1}{x-y} + 1$

令 $u = x - y$,则 $\dfrac{dy}{dx} = 1 - \dfrac{du}{dx}$

代入方程得 $1 - \dfrac{du}{dx} = \dfrac{1}{u} + 1$

变量分离得 $u\,du = -dx$

积分得 $\dfrac{1}{2}u^2 = -x + C_1$

以 $u = x - y$ 变量代回得通解为

$$(x - y)^2 = -2x + C.$$

(10) 令 $u = x + y$ 则 $\dfrac{dy}{dx} = \dfrac{du}{dx} - 1$

代入原方程得 $\dfrac{du}{dx} - 1 = \dfrac{1}{u}$,变量分离 $\dfrac{u}{1+u}du = dx$

积分得 $u - \ln(u + 1) = x + C_1$

以 $u = x + y$ 变量代回得通解为

$$y - \ln(x + y + 1) = C_1$$

或 $x = Ce^y - y - 1.\;(C = \pm e^{-C_1})$

[习题 6-2 2] 求下列微分方程满足所给初始条件的特解

(2) $y'\sin x = y\ln y, y\Big|_{x=\frac{\pi}{2}} = e$;

(3) $\cos y \mathrm{d}x + (1 + \mathrm{e}^{-x})\sin y \mathrm{d}y = 0 \quad y\Big|_{x=0} = \dfrac{\pi}{4}$;

(5) $y' - \dfrac{y}{x} = \dfrac{x}{y} \quad y\Big|_{x=e} = 2e$.

解 (2) 变量分离 $\dfrac{\mathrm{d}y}{y\ln y} = \dfrac{\mathrm{d}x}{\sin x}$

积分得通解 $\ln(\ln y) = \ln(\csc x - \cot x) + \ln C$

即 $\ln y = C(\csc x - \cot x)$

将初始条件 $y\Big|_{x=\frac{\pi}{2}} = e$ 代入得 $C = 1$

故所求特解为 $\ln y = \csc x - \cot x$.

(3) 变量分离 $\dfrac{\mathrm{d}x}{1 + \mathrm{e}^{-x}} + \tan y \mathrm{d}y = 0$

积分得 $\ln(1 + \mathrm{e}^x) - \ln\cos y = \ln C$

即 $\dfrac{1 + \mathrm{e}^x}{\cos y} = C$

亦即 $1 + \mathrm{e}^x = C\cos y$

初始条件 $y\Big|_{x=0} = \dfrac{\pi}{4}$

得 $C = 2\sqrt{2}$

故所求特解为 $1 + \mathrm{e}^x = 2\sqrt{2}\cos y$.

(5) 令 $u = \dfrac{y}{x}$ 则 $y = ux, \dfrac{\mathrm{d}y}{\mathrm{d}x} = u + x\dfrac{\mathrm{d}u}{\mathrm{d}x}$

代入原方程得 $u + x\dfrac{\mathrm{d}u}{\mathrm{d}x} - u = \dfrac{1}{u}$

即 $x\dfrac{\mathrm{d}u}{\mathrm{d}x} = \dfrac{1}{u}$

变量分离 $u\mathrm{d}u = \dfrac{1}{x}\mathrm{d}x$

积分得 $\dfrac{1}{2}u^2 = \ln x + \ln C$

变量代回得 $y^2 = 2x^2(\ln x + \ln C)$

将初始条件代入得 $C = e$

故所求特解为 $y^2 = 2x^2(\ln x + 1)$.

[**习题6-2 3**] 一曲线通过点 $(2,3)$，该曲线在两坐标轴之间的任一切线段均被切点所平分，求该曲线方程.

解 设曲线上任一点为 $P(x,y)$，则过该点的切线在 Ox 轴，Oy 轴上的截距应为 $2x$ 与 $2y$，则 $\dfrac{\mathrm{d}y}{\mathrm{d}x} = -\dfrac{y}{x}$.

由方程得通解为 $xy = C$

将初始条件 $y|_{x=2} = 3$ 代入得 $C = 6$

故所求曲线的方程为 $xy = 6$.

[习题 6-3 1] 求下列微分方程的通解

(3) $y' + 2xy = 2xe^{-x^2}$;

(4) $(x+1)\dfrac{dy}{dx} - ny = 0$;

(6) $(2y\ln y + y + x)dy - ydx = 0$.

解 (3) $y = e^{-\int 2xdx}\left[\int 2xe^{-x^2} \cdot e^{\int 2xdx}dx + C\right] = e^{-x^2}\left[\int 2xdx + C\right] = e^{-x^2}(x^2 + C)$.

(4) 变量分离
$$\frac{dy}{y} = \frac{n}{x+1}dx$$

积分得
$$\ln y = n\ln(x+1) + \ln C$$

即
$$\ln y = \ln C(x+1)^n$$

故通解为
$$y = C(x+1)^n.$$

(6) 原方程可变形为 $\dfrac{dx}{dy} - \dfrac{1}{y}x = 2\ln y + 1$

其中
$$p(y) = -\frac{1}{y}, \quad q(y) = 2\ln y + 1$$

由公式可得
$$x = e^{-\int(-\frac{1}{y})dy}\left[\int(2\ln y + 1)e^{\int(-\frac{1}{y})dy}dy + C\right]$$
$$= y\left[\int \frac{2\ln y + 1}{y}dy + C\right] = y[\ln^2 y + \ln y + C].$$

[习题 6-3 2] 求下列微分方程满足所给初始条件的特解

(2) $y' - y\tan x = \sec x \quad y|_{x=0} = 0$;

(3) $xy' - y = \dfrac{x}{\ln x}, y|_{x=e} = e$.

解 (2) $y = e^{\int \tan xdx}\left[\int \sec xe^{-\int \tan xdx}dx + C\right]$

$= e^{-\ln\cos x}\left[\int \dfrac{1}{\cos x}e^{\ln\cos x}dx + C\right] = \dfrac{1}{\cos x}(x + C)$

将初始条件 $y|_{x=0} = 0$ 代入得 $C = 0$

故所求特解为 $y = \dfrac{x}{\cos x}$.

(3) 将方程变形为 $y' - \dfrac{1}{x}y = \dfrac{1}{\ln x}$, 故

$$y = e^{\int \frac{1}{x}dx}\left[\int \frac{1}{\ln x}e^{-\int \frac{1}{x}dx}dx + C\right] = e^{\ln x}\left[\int \frac{1}{\ln x}e^{-\ln x}dx + C\right]$$

$$= x\left[\int \frac{1}{x\ln x}dx + C\right] = x[\ln(\ln x) + C]$$

将初始条件代入得 $C = 1$

故方程的特解为 $y = x(\ln\ln x + 1)$.

[习题 6-3 3] 求一曲线,该曲线通过原点.并且它在点 (x,y) 处的切线斜率等于 $2x + y$.

解 根据题意得初值问题 $\begin{cases} \dfrac{dy}{dx} = 2x + y \\ y(0) = 0 \end{cases}$

于是
$$y = e^{\int dx}\left(\int 2x e^{\int -dx} dx + C\right) = Ce^x - 2x - 2$$

将 $x = 0, y = 0$ 代入得 $C = 2$

故所求曲线为 $y = 2(e^x - x - 1)$.

[习题 6-4 1] 求下列微分方程的通解

(2) $y'' - 4y' = 0$;

(4) $y'' + 6y' + 13y = 0$;

(5) $4\dfrac{d^2 x}{dt^2} - 20\dfrac{dx}{dt} + 25x = 0$;

(7) $y^{(4)} - y = 0$;

(8) $y^{(4)} - 2y''' + y'' = 0$.

解 (2) 特征方程为 $r^2 - 4r = 0$. 解得 $r_1 = 0, r_2 = 4$

故原方程的通解为
$$y = C_1 + C_2 e^{4x}.$$

(4) 特征方程为 $r^2 + 6r + 13 = 0$

解得
$$r_{1,2} = -3 \pm 2i$$

故方程的通解为 $y = e^{-3x}(C_1 \cos 2x + C_2 \sin 2x)$.

(5) 特征方程为 $4r^2 - 20r + 25 = 0$

解得
$$r_1 = r_2 = \dfrac{5}{2}$$

故原方程的通解为
$$x = (C_1 + C_2 t)e^{\frac{5}{2}t}.$$

(7) 特征方程为 $r^4 - 1 = 0$

解得
$$r_1 = -1, r_2 = 1, r_{3,4} = \pm i$$

故原方程的通解为
$$y = C_1 e^{-x} + C_2 e^x + C_3 \cos x + C_4 \sin x.$$

(8) 特征方程为 $r^4 - 2r^3 + r^2 = 0$

解得
$$r_1 = r_2 = 0, r_3 = r_4 = 1$$

故原方程的通解为
$$y = C_1 + C_2 x + (C_3 + C_4 x)e^x.$$

[**习题 6-4　2**]　求下列微分方程满足所给初始条件的特解

(1) $y'' - 4y' + 3y = 0$，$y|_{x=0} = 6$，$y'|_{x=0} = 10$；

(4) $y'' + 25y = 0$　　$y|_{x=0} = 2$　　$y'|_{x=0} = 5$；

(5) $y' + 2y + \int_0^x y\,dt = 1$　　$(x \geq 0)$　　$y|_{x=0} = 1$.

解　(1) 特征方程 $r^2 - 4r + 3 = 0$

解得$\qquad\qquad\qquad\qquad r_1 = 1, r_2 = 3$

故$\qquad\qquad\qquad\qquad y = C_1 e^x + C_2 e^{3x}$

$\qquad\qquad\qquad\qquad y' = C_1 e^x + 3C_2 e^{3x}$

由初值条件得 $\begin{cases} C_1 + C_2 = 6 \\ C_1 + 3C_2 = 10 \end{cases}$ 解得 $C_1 = 4, C_2 = 2$

故所求特解为 $y = 4e^x + 2e^{3x}$.

(4) 特征方程为 $r^2 + 25 = 0$

解得$\qquad\qquad\qquad\qquad r_{1,2} = \pm 5i$

$\qquad\qquad\qquad\qquad y = C_1 \cos 5x + C_2 \sin 5x$

$\qquad\qquad\qquad\qquad y' = -5C_1 \sin 5x + 5C_2 \cos 5x$

由 $x = 0, y = 2, y' = 5$ 知 $C_1 = 2, 5C_2 = 5$，解出 $C_2 = 1$，故

$\qquad\qquad\qquad\qquad y = 2\cos 5x + \sin 5x$.

(5) 将方程两端对 x 求导得

$\qquad\qquad\qquad\qquad y'' + 2y' + y = 0 \qquad\qquad\qquad\qquad (1)$

且有$\qquad\qquad\qquad\qquad y'(0) = 1 - 2y = -1$

微分方程(1)的特征方程为

$\qquad\qquad\qquad\qquad r^2 + 2r + 1 = 0$

解出$\qquad\qquad\qquad\qquad r_{1,2} = -1$

所以微分方程(1)的通解为 $y = e^{-x}(C_1 x + C_2)$

将初始条件 $y(0) = 1, y'(0) = -1$ 代入得 $C_1 = 0, C_2 = 1$，故所求特解为：$y = e^{-x}$.

[**习题 6-4　3**]　设方程 $y'' + 9y = 0$ 的一条积分曲线通过点 $(\pi, -1)$，且在该点处与直线 $y + 1 = x - \pi$ 相切，求该曲线的方程.

解　先由已知条件写出相应的初始条件

曲线过点 $(\pi, -1)$ 即 $y|_{x=\pi} = -1$

又在点 $(\pi, -1)$ 与直线 $y + 1 = x - \pi$ 相切

相应有 $y'|_{x=\pi} = 1$

由此有 $\begin{cases} y'' + 9y = 0 \\ y|_{x=\pi} = -1, y'|_{x=\pi} = 1 \end{cases}$

方程 $y'' + 9y = 0$ 的特征方程：$r^2 + 9 = 0$

解出$\qquad\qquad\qquad\qquad r_{1,2} = \pm 3i$

$\qquad\qquad\qquad\qquad y = C_1 \cos 3x + C_2 \sin 3x$

$$y' = -3C_1\sin 3x + 3C_2\cos 3x$$

由 $x = \pi, y = -1, y' = 1$ 知 $C_1 = 1, C_2 = -\dfrac{1}{3}$

故所求曲线方程为：$y = \cos 3x - \dfrac{1}{3}\sin 3x$.

[习题 6-5 1] 求下列微分方程的通解

(4) $y'' + y = 5\sin 2x$；

(5) $y'' - 6y' + 9y = (x+1)e^{3x}$；

(6) $y'' - 2y' + 5y = e^x \sin 2x$.

解 (4) 特征方程为 $r^2 + 1 = 0$ 解出 $r_{1,2} = \pm i$

故原方程对应的齐次方程的通解为

$$\bar{y} = C_1\cos x + C_2\sin x$$

设特解 $y^* = A\cos 2x + B\sin 2x$ 代入原方程，并整理得

$$(-4A + A)\cos 2x + (B - 4B)\sin 2x = 5\sin 2x$$

即 $A = 0, B = -\dfrac{5}{3}$

所以原方程的通解为

$$y = C_1\cos x + C_2\sin x - \dfrac{5}{3}\sin 2x.$$

(5) 特征方程为 $r^2 - 6r + 9 = 0$

解出 $\qquad\qquad\qquad r_1 = r_2 = 3$

故原方程对应的齐次方程的通解为

$$\bar{y} = (C_1 + C_2 x)e^{3x}$$

由于 3 是特征方程的重根，令 $y^* = x^2 e^{3x}(Ax + B)$ 代入原方程，整理化简得

$$6Ax + 2B = x + 1$$

所以 $A = \dfrac{1}{6}, \quad B = \dfrac{1}{2}$

$$y^* = \dfrac{1}{2}x^2\left(\dfrac{1}{3}x + 1\right)e^{3x}$$

故所求原方程的通解为

$$y = (C_1 + C_2)e^{3x} + \dfrac{1}{2}x^2\left(\dfrac{1}{3}x + 1\right)e^{3x}.$$

(6) 特征方程为 $r^2 - 2r + 5 = 0$

解出 $\qquad\qquad\qquad r_{1,2} = 1 \pm 2i$

故原方程对应的齐次方程的通解为

$$\bar{y} = e^x(C_1\cos 2x + C_2\sin 2x)$$

由于 $1 \pm 2i$ 是方程的根，故令

$$y^* = xe^x(A\cos 2x + B\sin 2x)$$

代入原方程整理化简得
$$4B\cos2x - 4A\sin2x = \sin2x$$
所以 $A = -\dfrac{1}{4}, B = 0$
$$y^* = -\dfrac{1}{4}xe^x\cos2x$$
故所求通解为
$$y = e^x(C_1\cos2x + C_2\sin2x) - \dfrac{1}{4}xe^x\cos2x.$$

[习题 6-5　2]　求下列各微分方程满足所给初始条件的特解
(1) $y'' - 4y' = 5, y|_{x=0} = 1, y'|_{x=0} = 0$;
(3) $y'' - 10y' + 9y = e^{2x}$, $y|_{x=0} = \dfrac{6}{7}, y'|_{x=0} = \dfrac{33}{7}$;
(4) $y'' - y = 4xe^x, y|_{x=0} = 0, y'|_{x=0} = 1$.

解　(1) 特征方程 $r^2 - 4r = 0$
解出 $r_1 = 0$, $r_2 = 4$
对应的齐次方程通解为 $\bar{y} = C_1 + C_2e^{4x}$
由于 0 是特征方程的单根，故令
$y^* = Ax + B$ 代入原方程，解出 $A = -\dfrac{5}{4}, B = 0$
故 $y^* = -\dfrac{5}{4}x$，从而得通解为
$$y = C_1 + C_2e^{4x} - \dfrac{5}{4}x$$
再将初始条件代入得 $C_1 = \dfrac{11}{16}, C_2 = \dfrac{5}{16}$
故所求特解为
$$y = \dfrac{11}{16} + \dfrac{5}{16}e^{4x} - \dfrac{5}{4}x.$$

(3) 特征方程 $r^2 - 10r + 9 = 0$ 的解为 $r_1 = 1$, $r_2 = 9$
齐次方程的通解为 $\bar{y} = C_1e^x + C_2e^{9x}$
令 $y^* = Ae^{2x}$ 代入原方程得 $A = -\dfrac{1}{7}$
从而得通解为 $y = -\dfrac{1}{7}e^{2x} + C_1e^x + C_2e^{9x}$
再将初始条件代入得 $C_1 = \dfrac{1}{2}$, $C_2 = \dfrac{1}{2}$
故特解为 $y = \dfrac{1}{2}(e^x + e^{9x}) - \dfrac{1}{7}e^{2x}$.

(4) 特征方程 $r^2 - 1 = 0$ 的解为 $r = \pm 1$

对应的各次方程的通解为
$$\bar{y} = C_1 e^x + C_2 e^{-x}$$

由于 1 是特征方程的单根,故令
$y^* = x(Ax + B)e^x$ 代入原方程整理化简得
$$4Ax + 2A + 2B = 4x$$

所以得 $A = 1 \quad B = -1 \quad y^* = (x^2 - x) \cdot e^x$

从而通解为
$$y = C_1 e^x + C_2 e^{-x} + (x^2 - x)e^x$$

代入初始条件,求得 $C_1 = 1, C_2 = -1$

故所求特解为
$$y = e^x - e^{-x} + (x^2 - x)e^x.$$

§6.5 综合练习

一、填空题

1. 方程 $y\mathrm{d}x + x^2\mathrm{d}y = 0$ 是_____阶微分方程.

方程 $\dfrac{\mathrm{d}^2 Q}{\mathrm{d}t^2} + R\dfrac{\mathrm{d}Q}{\mathrm{d}t} + \dfrac{Q}{c} = 0$ 是_____阶微分方程.

2. 微分方程 $y''' - y = \sin x$ 的通解中含有_____个独立的任意常数.

3. 微分方程通解中的任意常数可利用_____条件来确定.

4. 一阶线性齐次微分方程的一般形式为_____,通解为_____.

5. 一曲线经过 (1,2) 点,其上任意点 $P(x,y)$ 处的法线与 Ox 轴的交点为 Q,且线段 PQ 被 Oy 轴平分,则该曲线所满足的方程是_____,初始条件是_____,曲线方程是_____.

6. $\dfrac{\mathrm{d}y}{\mathrm{d}x} = x^2$ 的通解是_____.

7. 微分方程 $y''' = 0$ 的通解是_____.

8. 微分方程 $y' - \dfrac{1}{x}y = 1$ 的通解是_____.

9. 微分方程 $y' + 3y = e^{2x}$ 的通解是_____.

10. 微分方程 $\dfrac{x}{1+y}\mathrm{d}x - \dfrac{y}{1+x}\mathrm{d}y = 0$ 满足初始条件 $y|_{x=0} = 1$ 的特解是_____.

二、选择题

1. 下列方程中,是微分方程的有(_____).

A. $y''' + 2y = 3x$ B. $y^2 = 2xy$ C. $(\arctan x)' - \dfrac{1}{1+x^2} = 0$ D. $\cos 2x = 0.5$

2. 下列方程中是一阶线性微分方程的有(　　).

  A. $y' + e^x = ye^x$ B. $y' = \dfrac{1}{y} + x$ C. $y' + 2y^2 = 0$ D. $y' = e^y$

3. 下列方程中,是二阶微分方程的有(　　).

  A. $y' = y + \cos x$ B. $y''' + y'' + y' + y = 0$

  C. $(y'')^2 + x^2 y' + 2x = 0$ D. $(y')^2 + 3x^2 y = 0$

4. 齐次方程 $\dfrac{dy}{dx} = \dfrac{y}{x} + \tan\dfrac{y}{x}$ 作变换(　　),可化为分离变量的方程.

  A. $y = ux$ B. $y = ux^2$ C. $y = u^2 x^2$ D. $y = u^3 x^3$

5. 下列方程中是线性微分方程的有(　　).

  A. $(x+y)dx + (x-y)dy$ B. $x^2 y'' + 2x^3 y' - 3x^4 = 0$

  C. $x(y')^2 - 2yy' + x = 0$ D. $(y'')^2 - x = 3$

6. 方程 $xy' = \sqrt{x^2 + y^2} + y$ 是(　　).

  A. 一阶线性方程   B. 可分离变量的方程

  C. 齐次方程   D. 二阶方程

7. 一阶线性非齐次微分方程 $y' + P(x)y = Q(x)$ 的通解为(　　).

  A. $y = e^{\int p(x)dx} \int Q(x) e^{\int p(x)dx} dx$ B. $y = e^{-\int p(x)dx} \left[\int Q(x) e^{\int p(x)dx} dx + C \right]$

  C. $y = c e^{-\int p(x)dx}$ D. $y = e^{\int p(x)dx} \left[\int Q(x) e^{-\int p(x)dx} dx + C \right]$

8. 微分方程 $y' = 2y$ 的通解为(　　).

  A. $y = \dfrac{1}{2} e^x$ B. $y = Ce^x$ C. $y = Ce^{2x}$ D. $y = e^{2x} + C$

9. 微分方程 $y' = 2\sqrt{y}$ 的一个特解是(　　).

  A. $y = (x+2)^2$ B. $y = C(x+1)^2$

  C. $y = x^2 + 1$ D. $y = (x+C)^2$

10. 初值问题 $\begin{cases} xy' + 2y = 0 \\ y|_{x=1} = 1 \end{cases}$ 的特解是(　　).

  A. $y = x^2$ B. $y = \dfrac{1}{x^2}$ C. $y = x$ D. $y = \dfrac{1}{x}$

11. 下列方程中,是可分离变量的方程有(　　).

  A. $y' - \dfrac{4}{x} y = xy^{\frac{1}{2}}$ B. $y' = e^{xy}$

  C. $y' = xy e^{x^2} \ln y$ D. $xy' + y = e^x$

12. 通过坐标原点,且任一点切线斜率为 $\dfrac{1}{2x+1}$ 的曲线方程是(　　).

A. $y = \ln(2x+1) + C$ B. $y = \dfrac{1}{2}\ln(2x+1)$

C. $y = \dfrac{1}{2}\ln(2x+1) - 2$ D. $y = x^2 + x + C$

三、计算与解答题

1. 求微分方程的通解

(1) $\dfrac{dy}{dx} = \dfrac{1}{y}$; (2) $y' + \dfrac{1}{x^2}y = 0$;

(3) $y^{(4)} - x = 1$; (4) $(y^2 - x^2)dy + xy\,dx = 0$.

2. 求微分方程 $xy' = y + x\cos^2\left(\dfrac{y}{x}\right)$ 满足初始条件 $y\big|_{x=1} = \dfrac{\pi}{4}$ 的特解.

综合练习答案

一、填空题

1. 一、二; 2. 3; 3. 初始; 4. $\dfrac{dy}{dx} + p(x)y = 0$、$y = Ce^{-\int p(x)dx}$; 5. $yy' + 2x = 0$、

$y\big|_{x=1} = 2$、$2x^2 + y^2 = 6$; 6. $y = \dfrac{1}{3}x^3 + C$; 7. $y = C_1x^2 + C_2x + C_3$; 8. $y = x\ln x + Cx$;

9. $y = \dfrac{1}{5}e^{2x} + Ce^{-3x}$; 10. $3y^2 + 2y^3 = 3x^2 + 2x^3 + 5$

二、选择题

1. A; 2. A; 3. C; 4. A; 5. B; 6. C; 7. B; 8. C; 9. A; 10. B; 11. C;

12. B.

三、计算与解答题

1. 求微分方程的通解

(1) $y^2 = 2x + C$;

(2) $y = Ce^{\frac{1}{x}}$;

(3) $y = \dfrac{1}{120}x^5 + \dfrac{1}{24}x^4 + \dfrac{1}{6}C_1x^3 + \dfrac{1}{2}C_2x^2 + C_3x + C_4$;

(4) $y = Ce^{-\frac{x^2}{2y^2}}$.

2. $\tan\dfrac{y}{x} = 1 + \ln x$.

第7章 向量代数与空间解析几何

与平面解析几何类似,空间解析几何是通过建立空间直角坐标系,把空间图形与数或解析表达式联系起来,在空间使数与形相结合. 空间解析几何是学习多元微积分的基础.

向量在工程技术中有着广泛的应用. 在研究空间解析几何时,向量代数将给我们提供有力的工具.

§7.1 内容提要

7.1.1 空间直角坐标系

1. 空间直角坐标系:过空间一个定点 O 作三条互相垂直的数轴 Ox,Oy,Oz,它们都以 O 为原点,且一般具有相同的长度单位,这样的三条坐标轴 Ox,Oy,Oz 就组成了一个空间直角坐标系. 点 O 称为坐标原点. 空间任意一个点 P 都与一个有序数组 (x,y,z) 之间构成一一对应关系,(x,y,z) 即为点 P 的坐标.

2. 空间两点 $P_1(x_1,y_1,z_1)$ 与 $P_2(x_2,y_2,z_2)$ 之间的距离

$$d = |P_1P_2| = \sqrt{(x_2-x_1)^2+(y_2-y_1)^2+(z_2-z_1)^2}.$$

7.1.2 向量及其运算

1. 向量的概念

既有大小又有方向的量称为向量. 向量的大小称为向量的模. 向量 a 的模记为 $|a|$. 模为 1 的向量称为单位向量;模为 0 的向量称为零向量,两个向量相等是指这两个向量具有相同的方向,且具有相同的模.

2. 向量的线性运算及其规律

向量的线性运算包括向量的加法、减法与数乘向量. 向量的加法可以用平行四边形法则或三角形法则;而向量的减法 $a-b=a+(-b)$,也可以利用平行四边形法则或三角形法则;实数 λ 与向量 a 的乘积 λa 表示一个与向量 a 平行的向量,当 $\lambda>0$ 时,λa 与 a 同向;当 $\lambda<0$ 时,λa 与 a 反向;当 $\lambda=0$ 时,$\lambda a=0$. 且 λa 的模等于 a 的模的 $|\lambda|$ 倍,即 $|\lambda a|=|\lambda||a|$.

向量的加法满足

(1) 交换律 $a+b=b+a$;

(2) 结合律 $(a+b)+c = a+(b+c)$.

数乘向量满足

(1) 结合律 $(\lambda\mu)a = \lambda(\mu a) = \mu(\lambda a)$;

(2) 分配律 $(\lambda+\mu)a = \lambda a + \mu a$,

$\lambda(a+b) = \lambda a + \lambda b$, ($\lambda,\mu$ 为实数).

3. 向量的坐标表示

向量 $\overrightarrow{OM}$ 在坐标轴 Ox 轴、Oy 轴、Oz 轴上的投影 a_x、a_y、a_z 称为向量 $\overrightarrow{OM}$ 的坐标，记为 $\overrightarrow{OM} = \{a_x, a_y, a_z\}$.

设 i,j,k 分别表示沿 Ox 轴、Oy 轴、Oz 轴正向的单位向量，则 $\overrightarrow{OM} = a_x i + a_y j + a_z k$

若点 A、B 的坐标分别为 $A(x_1, y_1, z_1)$，$B(x_2, y_2, z_2)$，则向量 $\overrightarrow{AB}$ 的坐标为 $\overrightarrow{AB} = \{x_2 - x_1, y_2 - y_1, z_2 - z_1\}$.

非零向量 $a = \{a_x, a_y, a_z\}$ 的模 $|a| = \sqrt{a_x^2 + a_y^2 + a_z^2}$.

与 a 同方向的单位向量为 $a^0 = \dfrac{a}{|a|} = \dfrac{1}{\sqrt{a_x^2 + a_y^2 + a_z^2}} \{a_x, a_y, a_z\}$. 设 α、β、γ 为向量 a 的方向角，则其方向余弦为

$$\cos\alpha = \frac{a_x}{|a|} = \frac{a_x}{\sqrt{a_x^2 + a_y^2 + a_z^2}}$$

$$\cos\beta = \frac{a_y}{|a|} = \frac{a_y}{\sqrt{a_x^2 + a_y^2 + a_z^2}}$$

$$\cos\gamma = \frac{a_z}{|a|} = \frac{a_z}{\sqrt{a_x^2 + a_y^2 + a_z^2}}.$$

显然 $\cos^2\alpha + \cos^2\beta + \cos^2\gamma = 1$.

4. 向量运算的坐标表示

设有向量 $a = \{a_x, a_y, a_z\}$，$b = \{b_x, b_y, b_z\}$，则

$$a \pm b = \{a_x \pm b_x, a_y \pm b_y, a_z \pm b_z\}.$$

$$\lambda a = \{\lambda a_x, \lambda a_y, \lambda a_z\}.$$

若 $\theta(0 \leqslant \theta \leqslant \pi)$ 表示向量 a,b 的夹角，则向量的数量积

$$a \cdot b = |a||b|\cos\theta = a_x b_x + a_y b_y + a_z b_z.$$

向量的向量积 $a \times b = c$ 表示一个既垂直于向量 a，又垂直于向量 b 的向量，向量 a、b、c 满足右手法则，其模

$$|c| = |a \times b| = |a||b|\sin\theta.$$

用坐标表示

$$c = a \times b = \begin{vmatrix} i & j & k \\ a_x & a_y & a_z \\ b_x & b_y & b_z \end{vmatrix}.$$

5. 两向量之间的关系

非零向量 $a /\!/ b \Leftrightarrow a \times b = 0 \Leftrightarrow \dfrac{a_x}{b_x} = \dfrac{a_y}{b_y} = \dfrac{a_z}{b_z}$

非零向量 $a \perp b \Leftrightarrow a \cdot b = 0 \Leftrightarrow a_x b_x + a_y b_y + a_z b_z = 0$

设 a 与 b 的夹角为 $\theta(0 \leq \theta \leq \pi)$,则

$$\cos\theta = \frac{a \cdot b}{|a||b|} = \frac{a_x b_x + a_y b_y + a_z b_z}{\sqrt{a_x^2 + a_y^2 + a_z^2} \cdot \sqrt{b_x^2 + b_y^2 + b_z^2}}.$$

a 在 b 上的投影为

$$(a)_b = |a|\cos\theta = \frac{a \cdot b}{|b|} = \frac{a_x b_x + a_y b_y + a_z b_z}{\sqrt{b_x^2 + b_y^2 + b_z^2}}.$$

7.1.3 平面与直线

1. 平面方程

(1) 点法式方程 $A(x-x_0) + B(y-y_0) + C(z-z_0) = 0$ 其中 $n = \{A, B, C\}$ 为平面的法向量,(x_0, y_0, z_0) 为平面上的一点.

(2) 一般方程 $Ax + By + Cz + D = 0$,其中 $n = \{A, B, C\}$ 为平面的法向量.

(3) 截距式方程 $\dfrac{x}{a} + \dfrac{y}{b} + \dfrac{z}{c} = 1$,其中 a, b, c 分别为平面在 Ox 轴、Oy 轴、Oz 轴上的截距.

2. 两平面之间的关系

设有两平面

$$\pi_1 : A_1 x + B_1 y + C_1 z + D_1 = 0$$
$$\pi_2 : A_2 x + B_2 y + C_2 z + D_2 = 0$$

其法向量分别为 n_1、n_2,π_1、π_2 之间的夹角为 θ,则

$$\cos\theta = \frac{|n_1 \cdot n_2|}{|n_1||n_2|} = \frac{|A_1 A_2 + B_1 B_2 + C_1 C_2|}{\sqrt{A_1^2 + B_1^2 + C_1^2} \cdot \sqrt{A_2^2 + B_2^2 + C_2^2}}$$

$\pi_1 \perp \pi_2 \Leftrightarrow n_1 \cdot n_2 = 0$ 即 $A_1 A_2 + B_1 B_2 + C_1 C_2 = 0$

$\pi_1 /\!/ \pi_2 \Leftrightarrow n_1 /\!/ n_2$ 即 $\dfrac{A_1}{A_2} = \dfrac{B_1}{B_2} = \dfrac{C_1}{C_2}$.

3. 点到平面的距离公式

点 $P_0(x_0, y_0, z_0)$ 到平面 $\pi : Ax + By + Cz + D = 0$ 的距离公式

$$d = \frac{|Ax_0 + By_0 + Cz_0 + D|}{\sqrt{A^2 + B^2 + C^2}}.$$

4. 直线方程

(1) 直线的标准方程(也称为对称式方程)

$$\frac{x - x_0}{m} = \frac{y - y_0}{n} = \frac{z - z_0}{p}$$

其中非零向量 $s=\{m,n,p\}$ 为直线的方向向量，(x_0,y_0,z_0) 为直线上的一点.

（2）直线的参数方程

$$\begin{cases} x=x_0+mt \\ y=y_0+nt \\ z=z_0+pt \end{cases}$$

其中 t 为参数，非零向量 $s=\{m,n,p\}$ 为直线的方向向量，(x_0,y_0,z_0) 为直线上的一点.

（3）直线的一般方程

$$\begin{cases} A_1x+B_1y+C_1z+D_1=0 \\ A_2x+B_2y+C_2z+D_2=0 \end{cases}$$

这时直线的方向向量 $s=\{A_1,B_1,C_1\}\times\{A_2,B_2,C_2\}$.

5. 两条直线之间的关系

设两直线

$$l_1:\frac{x-x_1}{m_1}=\frac{y-y_1}{n_1}=\frac{z-z_1}{p_1}$$

$$l_2:\frac{x-x_2}{m_2}=\frac{y-y_2}{n_2}=\frac{z-z_2}{p_2}$$

其方向向量分别为 s_1,s_2，其夹角为 θ，则

$$\cos\theta=\frac{|s_1\cdot s_2|}{|s_1||s_2|}=\frac{|m_1m_2+n_1n_2+p_1p_2|}{\sqrt{m_1^2+n_1^2+p_1^2}\cdot\sqrt{m_2^2+n_2^2+p_2^2}}$$

$$l_1/\!/l_2(s_1/\!/s_2)\Leftrightarrow\frac{m_1}{m_2}=\frac{n_1}{n_2}=\frac{p_1}{p_2}$$

$$l_1\perp l_2(s_1\perp s_2)\Leftrightarrow m_1m_2+n_1n_2+p_1p_2=0.$$

6. 直线与平面的关系

设平面 $\pi:Ax+By+Cz+D=0$，其法向量 $n=\{A,B,C\}$.

直线 $l:\dfrac{x-x_0}{m}=\dfrac{y-y_0}{n}=\dfrac{z-z_0}{p}$，其方向向量 $s=\{m,n,p\}$. 直线 l 与平面 π 的夹角为 φ，则

$$\sin\varphi=\frac{|Am+Bn+Cp|}{\sqrt{A^2+B^2+C^2}\cdot\sqrt{m^2+n^2+p^2}}$$

$$l\perp\pi(n/\!/s)\Leftrightarrow\frac{A}{m}=\frac{B}{n}=\frac{C}{p}$$

$$l/\!/\pi(n\perp s)\Leftrightarrow Am+Bn+Cp=0.$$

7.1.4 曲面

如果曲面 S 上任一点的坐标都满足三元方程 $F(x,y,z)=0$，而不在曲面 S 上的点的坐标都不满足该方程，则称 $F(x,y,z)=0$ 为曲面 S 的方程，曲面 S 称为方程 $F(x,y,z)=0$ 的图形.

1. 旋转曲面

一条平面曲线绕其所在平面上的一条定直线旋转一周所成的曲面称为旋转曲面.

例如,yOz 平面上的曲线 $C:\begin{cases} f(y,z)=0 \\ x=0 \end{cases}$ 绕 Oz 轴旋转一周所得旋转曲面的方程是 $f(\pm\sqrt{x^2+y^2},z)=0$,该方程是将 $f(y,z)=0$ 中的 y 换成 $\pm\sqrt{x^2+y^2}$,而 z 不变得到的. 其他坐标平面内的曲线绕坐标轴旋转所得的旋转曲面方程可以类似求得.

2. 柱面

一直线沿一已知平面曲线 C(直线和 C 不在同一平面上)平行移动所形成的曲面称为柱面,运动的直线称为柱面的母线,定曲线 C 称为柱面的准线.

母线平行于坐标轴的柱面方程只含两个变元. 例如 $F(x,y)=0$ 在空间直角坐标系下表示母线平行于 Oz 轴的柱面.

3. 常见的二次曲面

三元二次方程所确定的曲面称为二次曲面.

(1)椭球面 $\dfrac{x^2}{a^2}+\dfrac{y^2}{b^2}+\dfrac{z^2}{c^2}=1$,其中 a,b,c 均为正数,如果 a,b,c 中有两个相等,即为旋转椭球面.

如果 $a=b=c$,则为中心在原点,半径为 a 的球面.

(2)双曲面

单叶双曲面 $\dfrac{x^2}{a^2}+\dfrac{y^2}{b^2}-\dfrac{z^2}{c^2}=1$,当 $a=b$ 时为旋转单叶双曲面(Oz 轴为旋转轴).

双叶双曲面 $\dfrac{x^2}{a^2}+\dfrac{y^2}{b^2}-\dfrac{z^2}{c^2}=-1$,当 $a=b$ 时为旋转双叶双曲面.

(3)抛物面

椭圆抛物面 $\dfrac{x^2}{a^2}+\dfrac{y^2}{b^2}=2z$,当 $a=b$ 时为旋转抛物面.

双曲抛物面 $-\dfrac{x^2}{a^2}+\dfrac{y^2}{b^2}=2z$.

7.1.5 空间曲线

空间曲线可以看做两曲面的交线. 设有曲面 $F(x,y,z)=0$ 和 $G(x,y,z)=0$,则其交线 C 的一般方程为

$$\begin{cases} F(x,y,z)=0 \\ G(x,y,z)=0 \end{cases}.$$

空间曲线 C 的参数方程为

$$\begin{cases} x=x(t) \\ y=y(t) \\ z=z(t) \end{cases}.$$

§7.2 疑难解析

7.2.1 向量及其运算

1. 向量的概念

向量是既有大小又有方向的量. 在几何上可以用有向线段 $\overrightarrow{AB}$ 来表示,其长度 $|\overrightarrow{AB}|$ 表示向量的大小,称为模;模为零的向量称为零向量,记为 **0**. 零向量非常特殊,其始点与终点重合,故方向是不确定的. 零向量在向量代数中的作用,类似于数 0 在代数中的作用. 向量代数中研究的向量都是自由向量,自由向量只具有确定的大小和方向,与起点的位置无关. 因此,经过平移后可以完全重合的两个向量称为相等向量.

2. 投影与投影向量

向量在轴上的投影是一个数量而不是一个向量,也不是指一条线段,向量 **a** 分别在 Ox 轴、Oy 轴、Oz 轴上的投影 a_x, a_y, a_z 称为向量 **a** 的坐标,记为 $\mathbf{a} = \{a_x, a_y, a_z\}$,如果向量 **a** 与 Ox 轴、Oy 轴、Oz 轴的夹角分别记为 α, β, γ,则

$$a_x = |\mathbf{a}|\cos\alpha, \quad a_y = |\mathbf{a}|\cos\beta, \quad a_z = |\mathbf{a}|\cos\gamma$$

而向量 **a** 在坐标轴上的投影向量是向量,这个向量是 **a** 在该轴上的分向量. 例如向量 **a** 在 Ox 轴上的投影向量为 $a_x \mathbf{i}$,在 Oy 轴上的投影向量为 $a_y \mathbf{j}$,在 Oz 轴上的投影向量为 $a_z \mathbf{k}$.

3. 数与向量的乘积

实数 λ 与向量 **a** 的乘积 $\lambda \mathbf{a}$ 表示一个与 **a** 平行的向量. 当 $\lambda > 0$ 时,$\lambda \mathbf{a}$ 与 **a** 同向;当 $\lambda < 0$ 时,$\lambda \mathbf{a}$ 与 **a** 反向;当 $\lambda = 0$ 时,$\lambda \mathbf{a} = \mathbf{0}$. $\lambda \mathbf{a}$ 的模等于 **a** 的模的 $|\lambda|$ 倍,即 $|\lambda \mathbf{a}| = |\lambda||\mathbf{a}|$.

4. 两向量之间的运算

要注意向量的代数运算与普通数量的代数运算有着本质的区别. 向量之间的每一种运算都可以看成是由力学中的一种具体模型抽象概括得到的. 例如向量的加、减对应着力的加、减;两向量的数量积对应着力在某段位移上所作的功;而两向量的向量积对应着力关于某点的力矩. 理解了向量代数与普通代数运算的区别,对于运算律中的差异就不难理解了. 例如向量的数量积不满足结合律,即

$$\mathbf{a} \cdot (\mathbf{b} \cdot \mathbf{c}) \neq (\mathbf{a} \cdot \mathbf{b}) \cdot \mathbf{c}.$$

两向量的向量积不满足交换律,但 $\mathbf{a} \times \mathbf{b} = -\mathbf{b} \times \mathbf{a}$.

7.2.2 平面与直线

1. 平面的一般方程

空间任一平面都可以写成

$$Ax + By + Cz + D = 0 \tag{7-1}$$

A、B、C 不同时为零,这种方程称为平面的一般方程,这里法向量为 $n=\{A,B,C\}$.

如果 $D=0$,方程(7-1)表示一个通过原点的平面;

如果 A、B、C 中有一个为零,例如 $C=0$,则一般方程变为 $Ax+By+D=0$,法向量 $n=\{A,B,0\}$,n 垂直于 Oz 轴,这时平面平行于 Oz 轴.

一般地,一般方程中缺哪个坐标,则平面平行于相应的哪条坐标轴.

如果 A、B、C 中有两个为零,例如 $A=0$,$B=0$,则一般方程变为 $Cz+D=0$,法向量 $n=\{0,0,C\}$.n 垂直于 xOy 平面,这时平面平行于 xOy 平面.这时如果再有 $D=0$,则方程变为 $z=0$,即为 xOy 平面.

一般来说,一般方程中缺哪两个坐标,则该方程所表示的平面必平行于相应的两条坐标轴所确定的坐标平面.

2. 直线标准方程的理解

设直线 l 通过一点 $M_0(x_0,y_0,z_0)$,且平行于一个非零向量 $s=\{m,n,p\}$,则直线 l 的标准方程(也称为对称式方程)为

$$\frac{x-x_0}{m}=\frac{y-y_0}{n}=\frac{z-z_0}{p}.$$

这里 m,n,p 中至少有一个不为零.

如果 m,n,p 中有一个为零,例如 $m=0$,则标准方程变为

$$\frac{x-x_0}{0}=\frac{y-y_0}{n}=\frac{z-z_0}{p}$$

应理解为

$$\begin{cases} x-x_0=0 \\ \frac{y-y_0}{n}=\frac{z-z_0}{p} \end{cases}$$

如果 m,n,p 中有两个为零,例如 $n=p=0$,则标准方程变为

$$\frac{x-x_0}{m}=\frac{y-y_0}{0}=\frac{z-z_0}{0}$$

应理解为

$$\begin{cases} y-y_0=0 \\ z-z_0=0. \end{cases}$$

总之,直线的标准方程事实上只包含两个独立的等式,每一个等式是一个平面方程,而两个平面的交线就是这条直线.

7.2.3 曲面

在空间直角坐标系中,曲面方程为 $F(x,y,z)=0$. 值得注意的是,三元方程 $F(x,y,z)=0$ 与二元函数 $z=f(x,y)$ 并不是等价的. 例如由柱面方程 $x^2+y^2=4$ 就不能解得 $z=f(x,y)$. 通常讲的三元方程 $F(x,y,z)=0$ 实际上包含了一元方程、二元方程和三元方程.

另外,并非所有的三元方程都表示空间一曲面. 例如方程 $x^2+y^2+z^2=-1$ 不表示任何曲面.

7.2.4 空间曲线在坐标面上的投影

为了以后学习多元积分学的需要,这里补充介绍空间曲线在坐标面上的投影.

设空间曲线 C 的一般方程为

$$\begin{cases} F(x,y,z) = 0 \\ G(x,y,z) = 0 \end{cases}$$

从方程组中消去 z 后所得方程 $H(x,y)=0$ 称为曲线 C 关于 xOy 平面的投影柱面. 投影柱面与 xOy 平面的交线

$$\begin{cases} H(x,y) = 0 \\ z = 0 \end{cases}$$

称为空间曲线 C 在 xOy 平面上的投影曲线,简称投影.

同理可以定义曲线 C 在 yOz 平面上的投影,曲线 C 在 xOz 平面上的投影.

§7.3 范例讲评

7.3.1 向量的运算

例1 已知向量 $a=\{2,-2,1\}$, $b=\{3,2,2\}$,试求:

(1) 向量 a 在三坐标轴上的投影及投影向量;

(2) 向量 a 的模及其方向余弦;

(3) $a-3b$;

(4) $a \cdot b$, $a \times b$;

(5) 垂直于 a 和 b 的单位向量;

(6) a 在 b 上的投影;

(7) 在 xOy 平面上求一向量 c,使 $c \perp a$,且 $|c|=|a|$.

解 (1) 向量 a 在三条坐标轴上的投影,就是它们的三个坐标. 所以 a 在 Ox 轴、Oy 轴、Oz 轴上的投影分别为 $2, -2, 1$.

向量 a 在三坐标轴上的投影向量,就是 a 在三条坐标轴上的分向量. 所以 a 在 Ox 轴、Oy 轴、Oz 轴上的投影向量分别为 $2i, -2j, k$.

(2) 向量 a 的模 $|a|=\sqrt{2^2+(-2)^2+1^2}=3$

方向余弦 $\cos\alpha=\dfrac{2}{3}$, $\cos\beta=-\dfrac{2}{3}$, $\cos\gamma=\dfrac{1}{3}$.

(3) $a-3b=\{2,-2,1\}-\{9,6,6\}=\{-7,-8,-5\}$.

(4) $a \cdot b=2\times3+(-2)\times2+1\times2=4$,

$$a\times b = \begin{vmatrix} i & j & k \\ 2 & -2 & 1 \\ 3 & 2 & 2 \end{vmatrix} = -6i-j+10k.$$

(5) 与 a 和 b 垂直的向量为 $\pm(a\times b)$，故垂直于 a、b 的单位向量为

$$\pm\frac{a\times b}{|a\times b|} = \pm\frac{1}{\sqrt{(-6)^2+(-1)^2+10^2}}\{-6,-1,10\} = \pm\left\{\frac{-6}{\sqrt{137}},\frac{-1}{\sqrt{137}},\frac{10}{\sqrt{137}}\right\}.$$

(6) 向量 a 在向量 b 上的投影

$$(a)_b = |a|\cos\alpha = \frac{a\cdot b}{|b|} = \frac{4}{\sqrt{3^2+2^2+2^2}} = \frac{4}{\sqrt{17}}.$$

(7) 设 xOy 平面上的向量 $c=\{x,y,0\}$. 因为 $c\perp a$，所以 $c\cdot a=0$，即

$$2x-2y=0 \tag{7-2}$$

又 $|c|=|a|$，所以

$$x^2+y^2=9 \tag{7-3}$$

解得

$$x=y=\pm\frac{3\sqrt{2}}{2}.$$

故所求向量

$$c=\pm\left\{\frac{3\sqrt{2}}{2},\frac{3\sqrt{2}}{2},0\right\}.$$

例 2 判断下列结论是否正确，并说明为什么？

(1) $i+j+k$ 是单位向量；

(2) $2i\geqslant j$；

(3) 若 $a\neq 0$，且 $a\times b=a\times c$，则 $b=c$；

(4) 与 Ox 轴、Oy 轴、Oz 轴的正向夹角相等的向量，其方向角均为 $\frac{\pi}{3}$.

解 (1) 错. 因为 $|i+j+k|=\sqrt{1^2+1^2+1^2}=\sqrt{3}\neq 1$；

(2) 错. 向量本身是不能比较大小的，应为 $|2i|>|j|$；

(3) 错. 因为由 $a\times b=a\times c$ 可得 $a\times(b-c)=0$ 于是可以推得 $b=c$ 或 a 平行于 $b-c$；

(4) 错. 如果 $\alpha=\beta=\gamma=\frac{\pi}{3}$，则 $\cos^2\alpha+\cos^2\beta+\cos^2\gamma=\frac{3}{4}\neq 1$. 事实上，如果向量与三条坐标轴的夹角相等，可设为 α，则 $3\cos^2\alpha=1$，$\cos\alpha=\pm\frac{\sqrt{3}}{3}$，$\alpha=\arccos\frac{\sqrt{3}}{3}$ 或 $\alpha=\pi-\arccos\alpha$.

例 3 已知平行四边形 $ABCD$，BC 和 CD 的中点分别为 E、F，且 $\overrightarrow{AE}=a$，$\overrightarrow{AF}=b$，试用 a,b 表示 $\overrightarrow{BC}$ 和 $\overrightarrow{CD}$.

分析：如图 7-1 所示，用 $\overrightarrow{BC}$、$\overrightarrow{CD}$ 表示 a,b 比较容易，可以先用 $\overrightarrow{BC}$、$\overrightarrow{CD}$ 表示 a,b，再将 $\overrightarrow{BC}$、$\overrightarrow{CD}$ 反解出来.

解

$$a=\overrightarrow{AB}+\overrightarrow{BE}=-\overrightarrow{CD}+\frac{1}{2}\overrightarrow{BC}$$

第7章 向量代数与空间解析几何

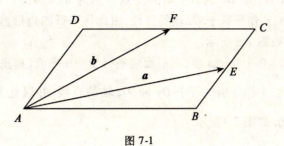

图 7-1

$$b = \overrightarrow{AD} + \overrightarrow{DF} = \overrightarrow{BC} - \frac{1}{2}\overrightarrow{CD}$$

于是可得 $\overrightarrow{CD} = \frac{2}{3}(b-2a)$, $\overrightarrow{BC} = \frac{2}{3}(2b-a)$.

例4 在 $\triangle ABC$ 中,a、b、c 分别为顶点 A、B、C 所对的边,求证余弦定理 $c^2 = a^2 + b^2 - 2ab\cos c$.

证明 如图 7-2 所示,设 $\overrightarrow{CB} = a$,$\overrightarrow{CA} = b$,$\overrightarrow{AB} = c$ 则 $c = a - b$

$$c \cdot c = (a-b) \cdot (a-b)$$
$$= a \cdot a - 2a \cdot b + b \cdot b$$

即 $|c|^2 = |a|^2 + |b|^2 - 2|a||b|\cos c$.

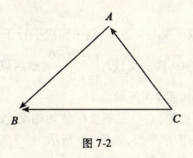

图 7-2

7.3.2 平面与直线

例5 下列方程所代表的平面,其位置有何特点?并作出示意图.

(1) $-3x + 2y + 6 = 0$; (2) $3x - 2 = 0$; (3) $y - 7z = 0$; (4) $x + y + z = 1$;
(5) $x + y + z = 0$.

解 (1) 方程 $-3x + 2y + 6 = 0$ 中缺 z 项,则平面平行于 Oz 轴,该平面与 xOy 平面的交线为

$$l: \begin{cases} -3x + 2y + 6 = 0 \\ z = 0 \end{cases}$$

作图时可以作直线 l (l 与 Ox 轴、Oy 轴的交点分别为 $A(2,0,0)$, $B(0,-3,0)$, 取 AB 即可). 再分别过 A、B 作平行于 Oz 轴的直线, 由此作平行四边形, 该平行四边形即为所求平面示意图. 如图 7-3 所示.

(2) 方程 $3x-2=0$ 中缺 y、z 项, 则平面应平行于 yOz 平面 (即垂直于 Ox 轴), 且过点 $A\left(\dfrac{2}{3},0,0\right)$, 过点 A 作分别平行于 Oy 轴、Oz 轴的直线, 并以此为邻边所作平行四边形即为所求平面. 如图 7-4 所示.

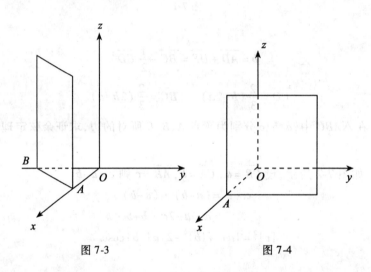

图 7-3　　　　　　　　　　图 7-4

(3) 方程 $y-7z=0$ 中缺 x 项与常数项, 则平面应平行于 Ox 轴并过原点, 即平面过 Ox 轴. 作图时先作平面与 yOz 面的交线 $l:\begin{cases} y-7z=0 \\ x=0 \end{cases}$, 然后以直线 l、Ox 轴为邻边作平行四边形, 即得所求平面, 如图 7-5 所示.

(4) 方程 $x+y+z=1$ 不缺项, 它与三条坐标轴均相交, 交点为 $A(1,0,0)$, $B(0,1,0)$, $C(0,0,1)$, $\triangle ABC$ 即为所求平面, 如图 7-6 所示.

(5) 方程 $x+y+z=0$ 缺常数项, 故通过原点, 它与 xOy 平面的交线为 OA': $\begin{cases} x+y=0 \\ z=0 \end{cases}$, 与 xOz 平面的交线为 OB': $\begin{cases} x+z=0 \\ y=0 \end{cases}$, $\triangle A'OB'$ 即平面示意图, 如图 7-7 所示.

注意: 在空间直角坐标系下作平面时, 若已知平面过三点, 则三点连成的三角形所在平面即为所求平面; 一般将平面绘制成平行四边形. 特别地, 当平面平行于坐标轴时, 所作的平行四边形中必有一边与该轴平行; 当平面平行于坐标平面时, 所作的平行四边形的两邻边应分别平行于该坐标平面的两条坐标轴.

例 6 求平行于 Oy 轴, 且过点 $P_1(1,-5,1)$ 和 $P_2(3,2,-1)$ 的平面方程.

解 方法 1　所求平面的法向量 $\boldsymbol{n}$ 垂直于 Oy 轴、$\boldsymbol{n}\perp\overrightarrow{P_1P_2}$, 故可取

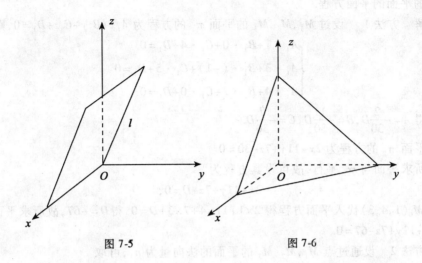

图 7-5 　　　　　　图 7-6

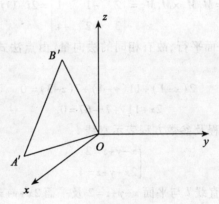

图 7-7

$$n = j \times \overrightarrow{P_1P_2} = \begin{vmatrix} i & j & k \\ 0 & 1 & 0 \\ 2 & 7 & -2 \end{vmatrix} = -2i - 2k$$

根据点法式方程,所求平面方程为
$$-2(x-1) - 2(z-1) = 0, \quad 即 \ x + z - 2 = 0.$$

方法 2 平面平行于 Oy 轴,可设平面方程为 $Ax + Cz + D = 0$.

P_1, P_2 在平面上,则其坐标应满足方程,将其代入得

$$\begin{cases} A + C + D = 0 \\ 3A - C + D = 0 \end{cases} \Rightarrow \begin{cases} D = -2A \\ C = A \end{cases}$$

平面方程为 $Ax + Az - 2A = 0$ 即 $x + z - 2 = 0$.

例 7 试求过点 $M_0(1,4,3)$,且平行于过三点 $M_1(1,0,4), M_2(3,-1,5), M_3(4,$

2,0)的平面的平面方程.

解 方法 1 设过 M_1, M_2, M_3 的平面 π_1 的方程为 $A_1 x + B_1 y + C_1 z + D_1 = 0$,则

$$\begin{cases} A_1 \cdot 1 + B_1 \cdot 0 + C_1 \cdot 4 + D_1 = 0 \\ A_1 \cdot 3 + B_1 \cdot (-1) + C_1 \cdot 5 + D_1 = 0 \\ A_1 \cdot 4 + B_1 \cdot 2 + C_1 \cdot 0 + D_1 = 0. \end{cases}$$

解之得 $A = -\dfrac{2}{30} D, B = -\dfrac{11}{30} D, C = -\dfrac{7}{30} D.$

所以平面 π_1 的方程为 $2x + 11y + 7z - 30 = 0$

因为所求平面与 π_1 平行,故可设其方程为

$$2x + 11y + 7z + D = 0,$$

将点 $M_0(1,4,3)$ 代入平面方程得 $2 \times 1 + 11 \times 4 + 7 \times 3 + D = 0$,得 $D = -67$,故所求平面方程为 $2x + 11y + 7z - 67 = 0.$

方法 2 设通过点 M_1, M_2, M_3 的平面的法向量为 $\boldsymbol{n}_1$,可取

$$\boldsymbol{n}_1 = \overrightarrow{M_1 M_2} \times \overrightarrow{M_1 M_3} = \begin{vmatrix} \boldsymbol{i} & \boldsymbol{j} & \boldsymbol{k} \\ 2 & -1 & 1 \\ 3 & 2 & -4 \end{vmatrix} = 2\boldsymbol{i} + 11\boldsymbol{j} + 7\boldsymbol{k}$$

因为所求平面与上述平面平行,故有相同的法向量,由点法式方程,所求平面的方程为

$$2(x-1) + 11(y-4) + 7(z-3) = 0$$

即

$$2x + 11y + 7z - 67 = 0.$$

例 8 用对称式方程及参数方程表示直线 l:

$$\begin{cases} x - y + z = 2 \\ 2x + y + z = 4. \end{cases}$$

解 方法 1 因为直线 l 与平面 $x - y + z = 2$ 及平面 $2x + y + z = 4$ 的法向量均垂直. 所以可取直线 l 的方向向量

$$\boldsymbol{s} = \{1, -1, 1\} \times \{2, 1, 1\} = \begin{vmatrix} \boldsymbol{i} & \boldsymbol{j} & \boldsymbol{k} \\ 1 & -1 & 1 \\ 2 & 1 & 1 \end{vmatrix} = \{-2, 1, 3\}.$$

在直线上可取一点 $A(0,1,3)$(令 $x=0$,解直线 l 的方程组可得到 $y=1, z=3$),则直线 l 的对称式方程为 $\dfrac{x}{-2} = \dfrac{y-1}{1} = \dfrac{z-3}{3}.$

参数方程为

$$\begin{cases} x = -2t \\ y = 1 + t \\ z = 3 + 3t. \end{cases}$$

注意:直线的对称式方程、参数方程的形式并不惟一. 例如本题中,若在直线上另取一点 $B(2,0,0)$,则其对称式方程为 $\dfrac{x-2}{-2} = \dfrac{y}{1} = \dfrac{z}{3}.$ 参数方程为

$$\begin{cases} x = 2-2t \\ y = t \\ z = 3t. \end{cases}$$

方法 2 在直线 l 上取点 $A(0,1,3), B(2,0,0)$,则方向向量 $s = \overrightarrow{AB} = \{2,-1,3\}$,故直线 l 的对称式方程为 $\dfrac{x}{2} = \dfrac{y-1}{-1} = \dfrac{z-3}{-3}$. 参数方程为 $\begin{cases} x = 2t \\ y = 1-t \\ z = 3-3t. \end{cases}$

例 9 已知直线 l 过点 $P(-1,0,4)$、平行于平面 $\pi : 3x-4y+z = 10$,且与直线 $l_0 : x+1 = y-3 = \dfrac{z}{2}$ 相交,求直线 l 的方程.

解 方法 1 直线 l_0 的参数方程为

$$\begin{cases} x = -1+t \\ y = 3+t \\ z = 2t. \end{cases}$$

设直线 l 与 l_0 的交点为 $M(-1+t, 3+t, 2t)$. 由于 $l /\!/ \pi$,所以 $\overrightarrow{PM} /\!/ \pi$,即 $\overrightarrow{PM} \cdot \boldsymbol{n} = 0$,
$$\{t, 3+t, 2t-4\} \cdot \{3, -4, 1\} = t - 16 = 0,$$
得 $t = 16$,所以 M 的坐标为 $(15, 19, 32)$.

直线 l 的方向向量 $s = \overrightarrow{PM} = \{16, 19, 28\}$. 直线 l 的标准方程为
$$\frac{x+1}{16} = \frac{y}{19} = \frac{z-4}{28}.$$

方法 2 过点 P 作平行于平面 π 的平面 π_1,其方程为 $3(x+1) - 4y + z - 4 = 0$,它与直线 $l_0 : \begin{cases} x = -1+t \\ y = 3+t \\ z = 2t \end{cases}$ 的交点为 $M(15, 19, 32)$.

由于直线 l、平面 π_1 均过点 P,且都平行于平面 π,故直线 l 在平面 π_1 内,所以 M 也为直线 l 与 l_0 的交点,故直线 l 的方向向量 $s = \{16, 19, 28\}$,直线 l 的标准方程为 $\dfrac{x+1}{16} = \dfrac{y}{19} = \dfrac{z-4}{28}$.

方法 3 设过 P 点且平行于平面 π 的平面为 π_1,过 P 点与直线 l_1 的平面为 π_2,直线 l 即为平面 π_1, π_2 的交线.

易求得 $\pi_1 : 3(x+1) - 4y + (z-4) = 0$,即
$$3x - 4y + z - 1 = 0.$$

π_2 的法向量 $\boldsymbol{n}_2 \perp \overrightarrow{P_0P}, \boldsymbol{n}_2 \perp \boldsymbol{s}_0$,这里 $P_0(-1, 3, 0), \boldsymbol{s}_0 = \{1, 1, 2\}$ 为直线 l_0 的方向向量.

$$\boldsymbol{n}_2 = \boldsymbol{s}_0 \times \overrightarrow{P_0P} = \begin{vmatrix} \boldsymbol{i} & \boldsymbol{j} & \boldsymbol{k} \\ 1 & 1 & 2 \\ 0 & -3 & 4 \end{vmatrix} = \{10, -4, 3\}.$$

π_2 的方程为 $10(x+1)-4y-3(z-4)=0$，即
$$10x-4y-3z+22=0$$

直线 l 的方程为 $\begin{cases} 3x-4y+z-1=0 \\ 10x-4y-3z+22=0. \end{cases}$

注意：本题方法2、方法3均先考虑了几何作图程序，再将程序解析表示，即"先几何作图，后解析表示"，这是解决较复杂问题的有效方法。

例10 试确定下列各组中的直线和平面间的位置关系。

(1) $\dfrac{x+3}{-2}=\dfrac{y+4}{-7}=\dfrac{z}{3}$ 和 $4x-2y-2z=3$；

(2) $\dfrac{x}{3}=\dfrac{y}{-2}=\dfrac{z}{7}$ 和 $3x-2y+7z=8$；

(3) $\dfrac{x-2}{3}=\dfrac{y+2}{1}=\dfrac{z-3}{-4}$ 和 $x+y+z=3$.

解 (1) 直线 l 的方向向量 $s=\{-2,-7,3\}$，平面的法向量 $n=\{4,-2,-2\}$，设直线与平面的夹角为 φ，则

$$\sin\varphi=\dfrac{s\cdot n}{|s||n|}=\dfrac{\{-2,-7,3\}\cdot\{4,-2,-2\}}{\sqrt{(-2)^2+(-7)^2+3^2}\cdot\sqrt{4^2+(-2)^2+(-2)^2}}=0,$$

故直线平行于平面或直线在平面上。

取直线上的点 $P_0(-3,-4,0)$，将其代入平面方程
$$4\cdot(-3)-2\cdot(-4)-2\cdot 0 \neq 3.$$

故 P_0 不在平面上，即直线与平面平行。

(2) 直线的方向向量 $s=\{3,-2,7\}$，平面的法向量 $n=\{3,-2,7\}$，$s=n$，故直线与平面垂直。

(3) 直线的方向向量 $s=\{3,1,-4\}$，平面的法向量 $n=\{1,1,1\}$.
$$s\cdot n=3\times 1+1\times 1+1\times(-4)=0.$$

知 $s\perp n$，又直线上的点 $P_0(2,-2,3)$ 适合平面方程，所以直线在平面上。

例11 过直线 $\begin{cases} 2x-4y+z=0 \\ 3x-y-2z-9=0 \end{cases}$ 作平面 $4x-y+z=1$ 的垂面 π，求平面 π 的方程。

解 设过直线 $\begin{cases} 2x-4y+z=0 \\ 3x-y-2z-9=0 \end{cases}$ 的平面束方程为
$$2x-4y+z+\lambda(3x-y-2z-9)=0$$

即 $(2+3\lambda)x+(-4-\lambda)y+(1-2\lambda)z-9\lambda=0$ (7-4)

要使这个平面与已知平面垂直，则法向量应垂直，故
$$\{2+3\lambda,-4-\lambda,1-2\lambda\}\cdot\{4,-1,1\}=0,$$

即 $\lambda=-\dfrac{13}{11}$，代入式(7-4)得所求平面方程为
$$17x+31y-37z-117=0.$$

注意：通过定直线的所有平面称为通过该直线的平面束。若直线 l 的方程为

$$\begin{cases} A_1x+B_1y+C_1z+D_1=0 \\ A_2x+B_2y+C_2z+D_2=0. \end{cases}$$

则过直线 l 的平面束方程为

$$A_1x+B_1y+C_1z+D_1+\lambda(A_2x+B_2y+C_2z+D_2)=0.$$

例 12 求点 $P(3,-1,2)$ 到直线 $\begin{cases} x+y-z+1=0 \\ 2x-y+z-4=0 \end{cases}$ 的距离.

解 方法 1 过点 P 作直线的垂面,得垂足 Q,则 $|PQ|$ 即为所求点到直线的距离.

直线的方向向量

$$s=\{1,1,-1\}\times\{2,-1,1\}=\begin{vmatrix} i & j & k \\ 1 & 1 & -1 \\ 2 & -1 & 1 \end{vmatrix}=\{0,-3,-3\}.$$

取直线的垂面的法向量 $n=\{0,1,1\}$,由点法式过点 $P(3,-1,2)$ 且垂直于直线的平面方程为

$$y+z-1=0,$$

解方程组 $\begin{cases} y+z-1=0 \\ x+y-z+1=0 \\ 2x-y+z-4=0 \end{cases}$,得 $\begin{cases} x=1 \\ y=-\dfrac{1}{2} \\ z=\dfrac{3}{2} \end{cases}$

故垂足为 $Q\left(1,-\dfrac{1}{2},\dfrac{3}{2}\right)$. 于是点 P 到直线的距离为

$$|PQ|=\sqrt{(3-1)^2+\left(-1+\dfrac{1}{2}\right)^2+\left(2-\dfrac{3}{2}\right)^2}=\dfrac{3\sqrt{2}}{2}.$$

方法 2 在直线上取一点 $A(1,0,2)$. 将 s 的起点移到 A 点如图 7-8 所示. 则以 $\overrightarrow{AP},s$ 为邻边的平行四边形的面积为 $|\overrightarrow{AP}\times s|$,点 P 到直线的距离

$$d=|\overrightarrow{AP}|\sin A=\dfrac{|\overrightarrow{AP}\times s|}{|s|}$$

而

$$\overrightarrow{AP}\times s=\begin{vmatrix} i & j & k \\ 2 & -1 & 0 \\ 0 & -3 & -3 \end{vmatrix}=\{3,6,-6\},$$

所以

$$d=\dfrac{\sqrt{3^2+6^2+(-6)^2}}{\sqrt{0^2+(-3)^2+(-3)^2}}=\dfrac{3}{2}\sqrt{2}.$$

7.3.3 曲面与空间曲线

例 13 绘出下列方程所表示的曲面.

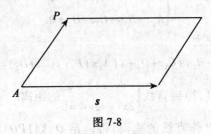

图 7-8

(1) $\dfrac{x^2}{25}+\dfrac{y^2}{9}+\dfrac{z^2}{4}=1$；　　(2) $z=2x^2+y^2$；

(3) $-\dfrac{x^2}{4}+y^2=1$；　　(4) $(x+1)^2+(y-2)^2+z^2=4$；

(5) $x^2+y^2=0$.

解 (1) 椭球面,如图 7-9 所示.

(2) 椭圆抛物面,如图 7-10 所示.

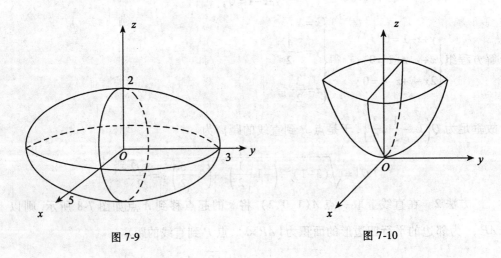

图 7-9　　　　　　　　　　　　图 7-10

(3) 柱面,其母线平行于 Oz 轴,如图 7-11 所示.

(4) 以 $(-1,2,0)$ 为球心,半径为 2 的球面,如图 7-12 所示.

(5) 表示直线 $\begin{cases}x=0\\y=0\end{cases}$. 即 Oz 轴(图略).

例14 指出下列方程表示的曲线

(1) $\begin{cases}x^2-4y^2=8z\\z=8\end{cases}$；　　(2) $\begin{cases}x^2-4y^2=4z\\y=-2\end{cases}$；

(3) $\begin{cases}x^2+4y^2+9z^2=36\\y=1\end{cases}$；　　(4) $\begin{cases}(x-1)^2+(y+4)^2+z^2=25\\x+1=0\end{cases}$

第7章 向量代数与空间解析几何 135

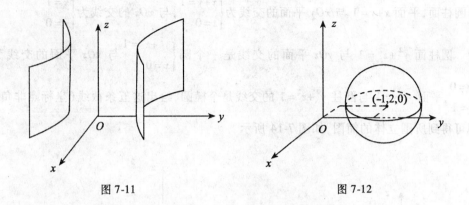

图 7-11　　　　　　　　　　　　　　图 7-12

解 （1）曲线方程可以写成 $\begin{cases} x^2 - 4y^2 = 64 \\ z = 8 \end{cases}$，表示平面 $z=8$ 上的一条双曲线，其中心在点 $(0,0,8)$，实轴平行于 Ox 轴，虚轴平行于 Oy 轴，实半轴长为 8，虚半轴长为 4.

（2）曲线方程可以写成 $\begin{cases} x^2 = 4(z+4) \\ y = -2 \end{cases}$，表示平面 $y=-2$ 上的一条抛物线，其顶点在 $(0,-2,-4)$，对称轴与 Oz 轴平行.

（3）曲线方程可以写成 $\begin{cases} x^2 + 9z^2 = 32 \\ y = 1 \end{cases}$，表示平面 $y=1$ 上的椭圆，长、短半轴分别与 Ox 轴、Oz 轴平行，长半轴为 $4\sqrt{2}$，短半轴为 $\dfrac{4\sqrt{2}}{3}$.

（4）曲线方程可以写成 $\begin{cases} (y+4)^2 + z^2 = 21 \\ x = -1 \end{cases}$，表示平面 $x=-1$ 上的一个圆，圆心在点 $(-1,-4,0)$，半径为 $\sqrt{21}$.

例 15 绘出下列各曲面所围成的立体图形
（1）曲面 $3(x^2+y^2) = 16z$ 和 $z = \sqrt{25-x^2-y^2}$；
（2）曲面 $x=0, y=0, z=0, x+y=1, y^2+z^2=1$.

解 （1）方程 $3(x^2+y^2) = 16z$ 表示一个椭圆抛物面而且是抛物线绕 Oz 轴旋转而成的旋转抛物面，顶点在原点，开口向上. 方程 $z = \sqrt{25-x^2-y^2}$ 是球面 $x^2+y^2+z^2=25$ 的上半部分，即 $z \geq 0$，球心在原点，半径为 5，开口向下. 这两个曲面的交线是

$$\begin{cases} 3(x^2+y^2) = 16z \\ z = \sqrt{25-x^2-y^2} \end{cases}, \text{即} \begin{cases} z = 3 \\ x^2+y^2 = 16 \end{cases},$$

这是平面 $z=3$ 上的一个圆，圆心在 $(0,0,3)$，半径为 4，于是得到曲面所围立体的简图，如图 7-13 所示.

（2）方程 $x=0, y=0, z=0$ 分别表示三个坐标平面，方程 $x+y=1$ 表示经过点 $(1,0,0),(0,1,0)$ 且平行于 Oz 轴的平面，方程 $y^2+z^2=1$ 表示以 Ox 轴为对称轴、半径为 1

的圆柱面,平面 $x+y=1$ 与 xOy 平面的交线为 $\begin{cases} x+y=1 \\ z=0 \end{cases}$,与 xOz 的交线为 $\begin{cases} x=1 \\ y=0 \end{cases}$

圆柱面 $y^2+z^2=1$ 与 yOz 平面的交线是一个圆 $\begin{cases} y^2+z^2=1 \\ x=0 \end{cases}$ 与 xOz 平面的交线为 $\begin{cases} y=0 \\ z=1 \end{cases}$,平面 $x+y=1$ 与圆柱 $y^2+z^2=1$ 的交线是个椭圆,绘出这五条截线(坐标点非负)即可得到所围立体的简图,如图 7-14 所示.

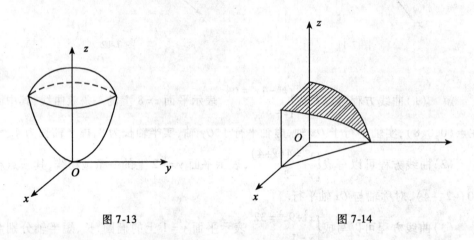

图 7-13   图 7-14

注意:描绘这样的立体图形,在实际应用中是很有用处的. 如以后学习三重积分时,其积分区域是由曲面围成的空间区域. 描绘这种空间区域简图,首先要搞清它的边界是几个怎样的曲面,曲面间的交线又是怎样的曲线,交点的坐标如何,然后开始作图.

例 16 求曲线 $C \begin{cases} x^2+y^2=R^2 \\ x^2+z^2=R^2 \end{cases}$ 在 xOy 平面上的投影方程.

解 将第二个方程减去第一个方程得 $z^2=y^2$,代入第二个方程得 $x^2+y^2=R^2$,所以曲线 C 在 xOy 平面上的投影方程为

$$\begin{cases} x^2+y^2=R^2 \\ z=0 \end{cases}.$$

§7.4 习题选解

[**习题 7-1 3**] 证明以 $P_1(4,3,1)$、$P_2(7,1,2)$、$P_3(5,2,3)$ 三点为顶点的三角形是一个等腰三角形.

证 因 $|P_1P_2|=\sqrt{(7-4)^2+(1-3)^2+(2-1)^2}=\sqrt{14}$

$|P_2P_3|=\sqrt{(7-5)^2+(1-2)^2+(2-3)^2}=\sqrt{6}$

$$|P_1P_3| = \sqrt{(5-4)^2+(2-3)^2+(3-1)^2} = \sqrt{6}$$

从而 $|P_2P_3| = |P_1P_3|$,

且 $|P_2P_3|+|P_1P_3|>|P_1P_2|$,$|P_1P_2|+|P_2P_3|>|P_1P_3|$,所以以 P_1、P_2、P_3 为顶点构成一个等腰三角形.

[习题7-2 2] 如果平面上一个四边形的对角线互相平分,试应用向量证明它是平行四边形.

证 设四边形 $ABCD$ 的两对角线 AC、BD 交于点 O,并设 $\overrightarrow{AO}=\overrightarrow{OC}=\boldsymbol{a}$,$\overrightarrow{BO}=\overrightarrow{OD}=\boldsymbol{b}$ 如图 7-15 所示. 则

$$\overrightarrow{AB}=\overrightarrow{AO}-\overrightarrow{BO}=\boldsymbol{a}-\boldsymbol{b}$$
$$\overrightarrow{DC}=\overrightarrow{OC}-\overrightarrow{OD}=\boldsymbol{a}-\boldsymbol{b}$$
$$\overrightarrow{AB}=\overrightarrow{DC}, 即 \overrightarrow{AB}\underline{\underline{/\!/}}\overrightarrow{DC}.$$

故四边形 $ABCD$ 为平行四边形.

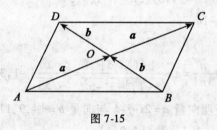

图 7-15

[习题7-2 3] 利用向量加法的三角形法则证明下面不等式:$|\boldsymbol{a}+\boldsymbol{b}|\leqslant|\boldsymbol{a}|+|\boldsymbol{b}|$.

证 如果 $\boldsymbol{a}/\!/\boldsymbol{b}$,则

当 $\boldsymbol{a}$ 与 $\boldsymbol{b}$ 同向时,$|\boldsymbol{a}+\boldsymbol{b}|=|\boldsymbol{a}|+|\boldsymbol{b}|$,

当 $\boldsymbol{a}$ 与 $\boldsymbol{b}$ 反向时,$|\boldsymbol{a}+\boldsymbol{b}|=||\boldsymbol{a}|-|\boldsymbol{b}||\leqslant|\boldsymbol{a}|+|\boldsymbol{b}|$.

如果 $\boldsymbol{a}$ 不平行于 $\boldsymbol{b}$,设 $\overrightarrow{AB}=\boldsymbol{a}$,$\overrightarrow{BC}=\boldsymbol{b}$,则 $\overrightarrow{AC}=\boldsymbol{a}+\boldsymbol{b}$,如图7-16所示.

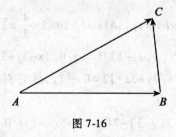

图 7-16

由于三角形任意两边之和必大于第三边,所以

$$|\boldsymbol{a}+\boldsymbol{b}|<|\boldsymbol{a}|+|\boldsymbol{b}|$$

综上所述,对于任意两个向量 a,b,均有 $|a+b|\leq |a|+|b|$.

[习题 7-3 3] 试求平行于向量 $a=\{6,7,-6\}$ 的单位向量.

解 平行于向量 a 的单位向量包括与向量 a 同向的单位向量和与 a 反向的单位向量.

$$|a|=\sqrt{6^2+7^2+(-6)^2}=11$$

故平行于向量 a 的单位向量为 $\pm\dfrac{a}{|a|}=\pm\dfrac{1}{11}\{6,7,-6\}$.

[习题 7-4 1] 试求向量 $a=\{4,-3,4\}$ 在向量 $b=\{2,2,1\}$ 上的投影.

解 $(a)_b=|a|\cos\theta=\dfrac{a\cdot b}{|b|}=\dfrac{4\times 2+(-3)\times 2+4\times 1}{\sqrt{2^2+2^2+1^2}}=2.$

[习题 7-4 2] 试求与向量 $a=\{2,-1,1\}, b=\{1,2,-1\}$ 垂直的单位向量 n_0.

解 与 a、b 都垂直的向量可取

$$n=a\times b=\begin{vmatrix} i & j & k \\ 2 & -1 & 1 \\ 1 & 2 & -1 \end{vmatrix}=-i+3j+5k=\{-1,3,5\}.$$

与 n 平行的单位向量

$$n_0=\pm\dfrac{n}{|n|}=\pm\dfrac{\{-1,3,5\}}{\sqrt{(-1)^2+3^2+5^2}}=\pm\dfrac{1}{\sqrt{35}}\{-1,3,5\}.$$

[习题 7-4 3] 证明向量 $a=2i-j+k$ 与向量 $b=\{4,9,1\}$ 互相垂直.

证 $a=2i-j+k=\{2,-1,1\}, b=\{4,9,1\}$.

$$a\cdot b=2\times 4+(-1)\times 9+1\times 1=0$$

故 $a\perp b$.

[习题 7-4 6] 已知 $|a|=10, |b|=2$,且 $a\cdot b=12$,求 $|a\times b|$.

解 设两向量 a、b 间的夹角为 $\theta(0\leq\theta\leq\pi)$,则 $\cos\theta=\dfrac{a\cdot b}{|a||b|}=\dfrac{12}{10\times 2}=\dfrac{3}{5}$,故 $\sin\theta=\sqrt{1-\cos^2\theta}=\dfrac{4}{5}$.

$$|a\times b|=|a||b|\sin\theta=10\times 2\times\dfrac{4}{5}=16.$$

[习题 7-5 3] 求过点 $(3,0,-1)$ 且与平面 $3x-7y+5z-12=0$ 平行的平面方程.

解 所求平面与平面 $3x-7y+5z-12=0$ 平行,故它们应有相同的法向量 $\{3,-7,5\}$,由点法式,所求平面方程为

$$3(x-3)-7(y-0)+5(z+1)=0$$

即

$$3x-7y+5z-4=0.$$

[习题 7-5 4] 求过点 $(1,1,-1),(-2,-2,2)$ 和 $(1,-1,2)$ 三点的平面方程.

解 由于平面过点 $A(1,1,-1), B(-2,-2,2), C(1,-1,2)$,所以平面的法向量 n

第7章 向量代数与空间解析几何

垂直于 $\overrightarrow{AB}$ 和 $\overrightarrow{AC}$.

$$n = \overrightarrow{AB} \times \overrightarrow{AC} = \{-3,-3,3\} \times \{0,-2,3\} = \begin{vmatrix} i & j & k \\ -3 & -3 & 3 \\ 0 & -2 & 3 \end{vmatrix} = \{-3,9,6\}$$

由点法式,所求平面方程为

$$-3(x-1)+9(y-1)+6(z+1)=0,$$

即 $\quad x-3y-2z=0.$

[习题7-5 5] 一平面过点 $(1,0,-1)$ 且平行于向量 $a=\{2,1,1\}$ 和 $b=\{1,-1,0\}$,求这个平面的方程.

解 方法1 设平面的法向量 $n=\{A,B,C\}$,由于平面平行于向量 a 和 b,所以 $n \perp a, n \perp b$ 故

$$\begin{cases} n \cdot a = 2A+B+C = 0 \\ n \cdot b = A-B = 0 \end{cases} \tag{7-5}$$

解联立方程组(7-5)得 $A=B, C=-3B,$
故所求平面方程为 $B(x-1)+B(y-0)-3B(z+1)=0$
即 $\quad x+y-3z-4=0.$

方法2 由于平面的法向量 n 垂直于向量 a 和 b,故取

$$n = a \times b = \begin{vmatrix} i & j & k \\ 2 & 1 & 1 \\ 1 & -1 & 0 \end{vmatrix} = i+j-3k = \{1,1,-3\}.$$

所求平面为 $(x-1)+(y-0)-3(z+1)=0$,即

$$x+y-3z-4=0.$$

[习题7-7 1] 试求过点 $(0,2,4)$ 且与平面 $x+2z-1=0$ 和 $y-3z-2=0$ 平行的直线的参数方程.

解 由于直线与平面 $x+2z-1=0$ 和 $y-3z-2=0$ 平行,所以直线的方向向量 s 与两平面的法向量 $n_1=\{1,0,2\}$ 和 $n_2=\{0,1,-3\}$ 都垂直,取

$$s = \begin{vmatrix} i & j & k \\ 1 & 0 & 2 \\ 0 & 1 & -3 \end{vmatrix} = \{-2,3,1\},$$

故所求直线的参数方程为 $\begin{cases} x=-2t \\ y=2+3t. \\ z=4+t \end{cases}$

[习题7-7 2] 试求过点 $M_1(3,-2,1)$ 和点 $M_2(-1,0,2)$ 的直线的对称式方程.

解 取直线的方向向量 $s=\overrightarrow{M_1M_2}=\{-4,2,1\}$.故直线的对称式方程为

$$\frac{x-3}{-4} = \frac{y+2}{2} = \frac{z-1}{1}.$$

[习题 7-7 3] 试求过点 $M_0(2,0,-3)$ 且与直线 $\begin{cases} x-2y+4z-7=0 \\ 3x+5y-2z+1=0 \end{cases}$ 垂直的平面方程.

解 已知直线的方向向量

$$s = \begin{vmatrix} i & j & k \\ 1 & -2 & 4 \\ 3 & 5 & -2 \end{vmatrix} = \{-16, 14, 11\}.$$

由于平面与已知直线垂直,故平面的法向量 n 与直线的方向向量 s 平行,取 $s = n$,由点法式,所求平面方程为

$$-16(x-2)+14(y-0)+11(z+3)=0.$$

即
$$16x-14y-11z-65=0.$$

[习题 7-7 4] 试求直线 $\begin{cases} x+y+3z=0 \\ x-y-z=0 \end{cases}$ 和平面 $x-y-z+1=0$ 间的夹角.

解 直线的方向向量

$$s = \begin{vmatrix} i & j & k \\ 1 & 1 & 3 \\ 1 & -1 & -1 \end{vmatrix} = \{2, 4, -2\}$$

平面的法向量 $\quad n = \{1, -1, -1\}$

$$s \cdot n = 2\times 1 + 4\times(-1) + (-2)\times(-1) = 0,$$

$s \perp n$,故直线与平面平行或直线在平面内. 在直线上取点 $(0,0,0)$ 代入平面方程 $x-y+z+1=0$,不满足,即直线不在平面上.

故直线与平面平行.

[习题 7-7 6] 求直线 $\begin{cases} 5x-3y+3z-9=0 \\ 3x-2y+z-1=0 \end{cases}$ 与直线 $\begin{cases} 2x+2y-z+23=0 \\ 3x+8y+z-18=0 \end{cases}$ 的夹角的余弦.

解 两直线的方向向量分别为

$$s_1 = \{5,-3,3\}\times\{3,-2,1\} = \begin{vmatrix} i & j & k \\ 5 & -3 & 3 \\ 3 & -2 & 1 \end{vmatrix} = \{3, 4, -1\}$$

$$s_2 = \{2,2,-1\}\times\{3,8,1\} = \begin{vmatrix} i & j & k \\ 2 & 2 & -1 \\ 3 & 8 & 1 \end{vmatrix} = \{10, -5, 10\}$$

$$\cos\theta = \frac{s_1 \cdot s_2}{|s_1||s_2|} = \frac{3\times 10 + 4\times(-5) + (-1)\times 10}{\sqrt{3^2+4^2+(-1)^2} \cdot \sqrt{10^2+(-5)^2+10^2}} = 0.$$

§7.5 综合练习

一、判断题

1. 设 a,b 是非零向量,则 $|a \cdot b| \leq |a||b|$. （ ）
2. 设 a,b,c 是非零向量,则 $(a \cdot b) \cdot c = a \cdot (b \cdot c)$. （ ）
3. 一向量与 Ox 轴、Oy 轴、Oz 轴的夹角分别为 $\alpha、\beta、\gamma$. 则 $\cos^2\alpha+\cos^2\beta+\cos^2\gamma=2$. （ ）
4. 在空间直角坐标系下,任何三元方程都表示一个曲面. （ ）
5. 方程 $z=x^2+y^2$ 表示一个绕 Ox 轴旋转而成的旋转面. （ ）
6. 曲线 $C\begin{cases} x^2+y^2+z^2=1 \\ x^2+(y-1)^2+(z-1)^2=1 \end{cases}$ 在 yOz 平面上的投影为 $y+z=1$. （ ）
7. 曲面 $\dfrac{x^2}{4}+\dfrac{y^2}{9}=1$ 与 $y+3=0$ 相交于一点. （ ）
8. 直线 $\dfrac{x-1}{1}=\dfrac{y}{2}=\dfrac{z+2}{3}$ 与平面 $x+2y+3z=0$ 平行. （ ）
9. 平面 $6x+y-z=0$ 必通过原点. （ ）
10. 空间直线的标准方程是惟一的. （ ）

二、填空题

1. 已知两点 $A(1,0,5)$,$B(2,-1,3)$,则 $\overrightarrow{AB}=$＿＿＿＿＿＿,$|\overrightarrow{AB}|=$＿＿＿＿＿＿.
2. 与向量 $a=-i-2j+4k$ 平行的单位向量为＿＿＿＿＿＿.
3. 非零向量 a,b 满足 $a \times b = 0$,则必有＿＿＿＿＿＿.
4. 非零向量 a,b 满足 $a \cdot b = 0$,则必有＿＿＿＿＿＿.
5. 设 $\overrightarrow{OA}=\{1,2,1\}$,$\overrightarrow{OB}=\{-2,-1,1\}$,则 $\cos\angle AOB=$＿＿＿＿＿＿.
6. 过点 $(1,2,-3)$ 且平行于 xOz 平面的平面方程为＿＿＿＿＿＿.
7. 过原点且垂直于平面 $5x+2y-z=1$ 的直线方程为＿＿＿＿＿＿.
8. 曲线 $\begin{cases} x^2+y^2=1 \\ z=0 \end{cases}$ 绕 Ox 轴旋转的曲面方程为＿＿＿＿＿＿.

三、选择题

1. 过点 $P(1,2,3)$ 向 yOz 平面作垂线,则垂足的坐标是（ ）.
   A. $(0,2,3)$　　　B. $(1,0,3)$　　　C. $(1,2,0)$　　　D. $(1,2,1)$

2. 设 a, b 为非零向量,若 $|a+b|=|a|+|b|$,则( ).

  A. $a \perp b$ B. $a=\lambda b$(λ 为常数)

  C. $a // b$ D. $a \cdot b=|a||b|$

3. 在下列平面方程中,过 Oy 轴的为( ).

  A. $x+y+z=1$ B. $x+y+z=0$ C. $x+z=0$ D. $x+z=1$

4. 以 a, b 为邻边的平行四边形的面积为( ).

  A. $\frac{1}{2} a \times b$ B. $a \times b$ C. $\frac{1}{2}|a \times b|$ D. $|a \times b|$.

5. 已知 $a=\{1,0,0\}, b=\{0,1,0\}$,则 $a \times b=$( ).

  A. $\{0,0,0\}$ B. $\{0,0,1\}$ C. $\{1,0,0\}$ D. $\{0,1,0\}$

6. 平面 $x-y+z+1=0$ 与下列平面垂直的是( ).

  A. $2x+y-z+5=0$ B. $x-y+z-5=0$ C. $x+y-z+2=0$ D. $2x+y+z+9=0$

7. 曲面 $4x^2+y^2=2z$ 是( ).

  A. 球面 B. 柱面 C. 锥面 D. 抛物面

8. 球面 $x^2+y^2+z^2-2x-4y+2z=0$ 的半径为( ).

  A. 6 B. $\sqrt{6}$ C. 12 D. 3

四、解答题

1. 已知 $a=\{4,3,2\}, b=\{0,1,-2\}$,求 $a \cdot b$、$a \times b$ 及 a 与 b 的夹角.

2. 设 $a=\{2,-1,3\}, b=\{k,1,-3\}$,试确定 k 值,使 a 垂直于 b.

3. 已知 $A(1,-1,2)$、$B(3,3,1)$ 和 $C(3,1,3)$.求与 AB、BC 同时垂直的单位向量.

4. 证明 $(a \cdot c) \cdot b - (a \cdot b) \cdot c$ 与 a 垂直.

5. 求向量 $a=\{4,-3,4\}$ 在向量 $b=\{2,2,1\}$ 上的投影.

6. 求过一点 $M(4,3,-1)$ 且与直线 $\frac{x-1}{2}=\frac{y+2}{1}=\frac{z+2}{-4}$ 垂直的平面方程.

7. 求过一点 $P(0,4,-1)$ 且与直线 $l_1:\begin{cases}x=1-2t\\y=3t\\z=4-t\end{cases}$ 和直线 $l_2:\begin{cases}2x-y=0\\y+z=0\end{cases}$ 都平行的平面方程.

8. 用对称式方程及参数方程表示直线 $\begin{cases}x-y+z=0\\2x+y+z=4.\end{cases}$

9. 求直线 $l:\frac{x+1}{0}=\frac{y-3}{2}=\frac{z+6}{-3}$ 与平面 $\pi:x+y-2z+4=0$ 的交点坐标及夹角.

10. 求以 $\begin{cases}y^2=2z+1\\x=0\end{cases}$ 为准线,母线平行于 Ox 轴的柱面方程.

第 7 章　向量代数与空间解析几何

综合练习答案

一、判断题

1. √； 2. ×； 3. ×； 4. ×； 5. ×； 6. ×； 7. ×； 8. ×； 9. √； 10. ×.

二、填空题

1. $-\dfrac{1}{2}$； 2. $\pm\dfrac{1}{\sqrt{21}}\{-1,-2,4\}$； 3. a 与 b 平行； 4. a 与 b 垂直；

5. $\{1,-1,-2\}$，$\sqrt{6}$； 6. $y=2$； 7. $\dfrac{x}{5}=\dfrac{y}{2}=\dfrac{z}{-1}$； 8. $x^2+y^2+z^2=1$.

三、选择题

1. A； 2. D； 3. C； 4. D； 5. B； 6. A； 7. D； 8. B.

四、解答题

1. $a\cdot b=-1$、$a\times b=\{-8,8,4\}$、$\theta=\pi-\arccos\dfrac{1}{\sqrt{145}}$.

2. $k=5$.　3. $\pm\dfrac{1}{\sqrt{17}}\{3,-2,-2\}$.

4. 因 $[(a\cdot c)\cdot b-(a\cdot b)\cdot c]\cdot a=(a\cdot c)\cdot(b\cdot a)-(a\cdot b)\cdot(c\cdot a)=0$，所以结论成立.

5. 2.　6. $2x+y-4z-15=0$.

7. $4x+5y+7z-13=0$.

8. $\dfrac{x}{-2}=\dfrac{y-2}{1}=\dfrac{z-2}{3}$、$\begin{cases}x=-2t\\y=2+t\\z=2+3t\end{cases}$.

9. 交点 $\left(-1,-\dfrac{3}{2},\dfrac{3}{4}\right)$，$\theta=\arcsin\dfrac{8}{\sqrt{78}}$.

10. $y^2=2z+1$.

第8章 多元函数微分学

§8.1 内容提要

多元函数微分学是一元函数微分学的拓广,学习时应注意它们的异同.

8.1.1 多元函数的基本概念

1. 多元函数

(1)定义 设有变量 x,y,z,如果当变量 x,y 在它们的变化范围内所取的每一对值 (x,y),变量 z 按照某一确定的法则都有唯一确定的值与之对应,则称 z 为 x,y 的二元函数,记为 $z=f(x,y)$. z 为因变量.

同样,可以定义三元函数 $u=f(x,y,z)$. 二元及二元以上的函数统称为多元函数.

(2)定义域 自变量 x,y 的变化范围 D 称为二元函数的定义域,一般是 xOy 平面上的区域,即由一条曲线或若干条曲线所围成的平面上的一部分. 若由解析式给出的二元函数不考虑实际意义,则二元函数的定义域就是使解析式有意义的自变量 x,y 取值的全体. 若要考虑实际意义,则应根据实际意义来决定其取值范围.

(3)二元函数的图形 二元函数 $z=f(x,y)$ 的图形是空间中的点集 $G=\{(x,y,z) \mid z=f(x,y),(x,y) \in D\}$,一般是空间中的一张曲面,其在 xOy 坐标平面上的投影区域正好是函数 $z=f(x,y)$ 的定义域 D.

2. 二元函数的极限与连续

(1)定义 二元函数的极限与连续的定义如表 8-1 所示.

表 8-1

名 称	定 义
$z=f(x,y)$ 在点 $P_0(x_0,y_0)$ 的极限	如果函数 $z=f(x,y)$ 在点 $P_0(x_0,y_0)$ 的某一邻域内有定义($P_0(x_0,y_0)$ 可以除外),当点 $P(x,y)$ 以任意方式趋于点 $P_0(x_0,y_0)$ 时,对应的函数值 $f(x,y)$ 趋于一个确定的常数 A,则称当 $P(x,y)$ 趋于 $P_0(x_0,y_0)$ 时函数 $f(x,y)$ 以 A 为极限,即 $$\lim_{(x,y)\to(x_0,y_0)} f(x,y) = A$$

续表

名称	定义
$z=f(x,y)$ 在点 $P_0(x_0,y_0)$ 处连续	设函数 $z=f(x,y)$ 在点 $P_0(x_0,y_0)$ 的某一邻域内有定义,且 $\lim\limits_{(x,y)\to(x_0,y_0)}f(x,y)=f(x_0,y_0)$,则称函数 $f(x,y)$ 在点 $P_0(x_0,y_0)$ 处连续
间断点 $P_0(x_0,y_0)$	若函数 $z=f(x,y)$ 在点 $P_0(x_0,y_0)$ 处不连续,则称 $P_0(x_0,y_0)$ 为函数 $z=f(x,y)$ 的间断点
连续函数	函数 $z=f(x,y)$ 在区域 D 内每一点都连续

(2) 极限的运算　极限的运算法则如表 8-2 所示.

表 8-2

	若 $\lim\limits_{(x,y)\to(x_0,y_0)}f(x,y)=A$, $\lim\limits_{(x,y)\to(x_0,y_0)}g(x,y)=B$, 则
加、减法	$\lim\limits_{(x,y)\to(x_0,y_0)}[f(x,y)\pm g(x,y)]=\lim\limits_{(x,y)\to(x_0,y_0)}f(x,y)\pm\lim\limits_{(x,y)\to(x_0,y_0)}g(x,y)=A\pm B$
数乘	$\lim\limits_{(x,y)\to(x_0,y_0)}cf(x,y)=c\lim\limits_{(x,y)\to(x_0,y_0)}f(x,y)=cA$($c$ 为常数)
乘法	$\lim\limits_{(x,y)\to(x_0,y_0)}[f(x,y)\cdot g(x,y)]=\lim\limits_{(x,y)\to(x_0,y_0)}f(x,y)\cdot\lim\limits_{(x,y)\to(x_0,y_0)}g(x,y)=AB$
除法	当 $B\neq 0$ 时,$\lim\limits_{(x,y)\to(x_0,y_0)}\dfrac{f(x)}{g(x)}=\dfrac{\lim\limits_{(x,y)\to(x_0,y_0)}f(x,y)}{\lim\limits_{(x,y)\to(x_0,y_0)}g(x,y)}=\dfrac{A}{B}$

(3) 连续函数的性质　连续函数的性质如表 8-3 所示.

表 8-3

四则运算	若 $f(x,y),g(x,y)$ 在点 $P_0(x_0,y_0)$ 处连续,则其和、差、积、商(分母的极限不为零)在点 $P_0(x_0,y_0)$ 处连续
复合函数的连续性	有限个连续函数复合成的复合函数仍然是连续函数
初等函数的连续性	以 x,y 为自变量的二元初等函数在其定义域内是连续的
最大值与最小值	有界闭区域 D 上连续的多元函数,在 D 上必有最大值与最小值

8.1.2 偏导数

偏导数的定义如表 8-4 所示.

表 8-4

名称	定　义	符　号
偏导数	设函数 $z=f(x,y)$ 在点 $P_0(x_0,y_0)$ 的某一邻域内有定义,将 y 固定在 y_0,给 x_0 以改变量 Δx,于是 $z=f(x,y)$ 有改变量 $\Delta z=f(x_0+\Delta x,y_0)-f(x_0,y_0)$. 若极限 $\lim\limits_{\Delta x\to 0}\dfrac{\Delta z}{\Delta x}=\lim\limits_{\Delta x\to 0}\dfrac{f(x_0+\Delta x,y_0)-f(x_0,y_0)}{\Delta x}$ 存在,则称此极限值为 $z=f(x,y)$ 在 $P_0(x_0,y_0)$ 处对 x 的偏导数	$z'_x(x_0,y_0)$,$f'_x(x_0,y_0)$,$\left.\dfrac{\partial z}{\partial x}\right|_{\substack{x=x_0\\y=y_0}}$,$\left.\dfrac{\partial f}{\partial x}\right|_{\substack{x=x_0\\y=y_0}}$
	$\lim\limits_{\Delta y\to 0}\dfrac{\Delta z}{\Delta y}=\lim\limits_{\Delta y\to 0}\dfrac{f(x_0,y_0+\Delta y)-f(x_0,y_0)}{\Delta y}$ 为 $z=f(x,y)$ 在点 $P_0(x_0,y_0)$ 处对 y 的偏导数	$z'_y(x_0,y_0)$,$f'_y(x_0,y_0)$,$\left.\dfrac{\partial z}{\partial y}\right|_{\substack{x=x_0\\y=y_0}}$,$\left.\dfrac{\partial f}{\partial y}\right|_{\substack{x=x_0\\y=y_0}}$
偏导函数	如果函数 $z=f(x,y)$ 在定义域 D 内每一点 $P(x,y)$ 处对 x 的偏导数存在,这个偏导数仍为 x,y 的函数,称为 $z=f(x,y)$ 对 x 的偏导函数,即 $\lim\limits_{\Delta x\to 0}\dfrac{f(x+\Delta x,y)-f(x,y)}{\Delta x}$	$z'_x(x,y)$,$f'_x(x,y)$ $\dfrac{\partial z}{\partial x}$,$\dfrac{\partial f}{\partial x}$
	类似地,$\lim\limits_{\Delta y\to 0}\dfrac{f(x,y+\Delta y)-f(x,y)}{\Delta y}$	$z'_y(x,y)$,$f'_y(x,y)$ $\dfrac{\partial z}{\partial y}$,$\dfrac{\partial f}{\partial y}$
高阶偏导数(如二阶)	如果函数 $z=f(x,y)$ 在区域 D 内 $f'_x(x,y),f'_y(x,y)$ 仍是 x,y 的函数,且这两个函数的偏导数存在,则称它们为 $z=f(x,y)$ 的二阶偏导数 $f''_{xx}(x,y)=\dfrac{\partial^2 z}{\partial x^2}=\dfrac{\partial}{\partial x}\left(\dfrac{\partial z}{\partial x}\right)$, $f''_{yy}(x,y)=\dfrac{\partial^2 z}{\partial y^2}=\dfrac{\partial}{\partial y}\left(\dfrac{\partial z}{\partial y}\right)$, $f''_{xy}(x,y)=\dfrac{\partial^2 z}{\partial x\partial y}=\dfrac{\partial}{\partial y}\left(\dfrac{\partial z}{\partial x}\right)$, $f''_{yx}(x,y)=\dfrac{\partial^2 z}{\partial y\partial x}=\dfrac{\partial}{\partial x}\left(\dfrac{\partial z}{\partial y}\right)$	$f''_{xx}(x,y)=f_{xx}(x,y)$, $f''_{xy}(x,y)=f_{xy}(x,y)$, $f''_{yy}(x,y)=f_{yy}(x,y)$, $f''_{yx}(x,y)=f_{yx}(x,y)$. 注:若 f_{xy} 与 f_{yx} 在 D 内连续,则 $f_{xy}=f_{yx}$

8.1.3 全微分

1. 定义

若函数 $z=f(x,y)$ 的全增量 Δz 可以表示为 $\Delta z = A\Delta x + B\Delta y + o(\rho)$ $(\rho \to 0)$,其中 A,B 仅与点 (x,y) 有关,而与 Δx、Δy 无关,$\rho = \sqrt{(\Delta x)^2 + (\Delta y)^2}$,$o(\rho)$ 是比 ρ 高阶的无穷小,则称 $z=f(x,y)$ 在点 (x,y) 处可微,$A\Delta x + B\Delta y$ 为函数 $z=f(x,y)$ 的全微分,记为

$$dz = A\Delta x + B\Delta y.$$

2. 全微分的计算

若 $z=f(x,y)$ 在点 (x,y) 处可微,则 $\dfrac{\partial z}{\partial x} = A$, $\dfrac{\partial z}{\partial y} = B$. 记 $\Delta x = dx$, $\Delta y = dy$,有

$$dz = \frac{\partial z}{\partial x}dx + \frac{\partial z}{\partial y}dy.$$

二元函数的全微分定义可以推广到三元及以上的多元函数.

3. 可微、偏导数存在与连续的关系

可微、偏导数存在与连续的关系如图 8-1 所示.

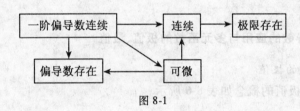

图 8-1

4. 近似计算公式

(1) 求全增量的近似值

$$\Delta z \approx dz = f'_x(x_0, y_0)\Delta x + f'_y(x_0, y_0)\Delta y.$$

(2) 求函数值的近似值

$$f(x,y) \approx f(x_0, y_0) + f'_x(x_0, y_0)\Delta x + f'_y(x_0, y_0)\Delta y.$$

8.1.4 求导法则

复合函数求导法则的基本公式与方法如表 8-5 所示.

表 8-5

类　型	公式与方法	关系图
$z=f(u,v)$, $u=\varphi(x,y)$, $v=\psi(x,y)$ (两个中间变量)	$\dfrac{\partial z}{\partial x} = \dfrac{\partial z}{\partial u} \cdot \dfrac{\partial u}{\partial x} + \dfrac{\partial z}{\partial v} \cdot \dfrac{\partial v}{\partial x}$, $\dfrac{\partial z}{\partial y} = \dfrac{\partial z}{\partial u} \cdot \dfrac{\partial u}{\partial y} + \dfrac{\partial z}{\partial v} \cdot \dfrac{\partial v}{\partial y}$	$\begin{matrix} u &\!\!\!\!- & x \\ & \times & \\ z & & \\ & \times & \\ v &\!\!\!\!- & y \end{matrix}$

续表

类型	公式与方法	关系图
$z=f(u,x,y)$, $u=\varphi(x,y)$ （一个中间变量）	$\dfrac{\partial z}{\partial x}=\dfrac{\partial f}{\partial u}\cdot\dfrac{\partial u}{\partial x}+\dfrac{\partial f}{\partial x}$, $\dfrac{\partial z}{\partial y}=\dfrac{\partial f}{\partial u}\cdot\dfrac{\partial u}{\partial y}+\dfrac{\partial f}{\partial y}$	
$z=f(u)$, $u=\varphi(x,y)$ （一个中间变量）	$\dfrac{\partial z}{\partial x}=\dfrac{\mathrm{d}f}{\mathrm{d}u}\cdot\dfrac{\partial u}{\partial x}$, $\dfrac{\partial z}{\partial y}=\dfrac{\mathrm{d}f}{\mathrm{d}u}\cdot\dfrac{\partial u}{\partial y}$	
$z=f(x,y)$, $x=\psi(t),y=\varphi(t)$ （一个自变量）	$\dfrac{\mathrm{d}z}{\mathrm{d}t}=\dfrac{\partial z}{\partial x}\cdot\dfrac{\mathrm{d}x}{\mathrm{d}t}+\dfrac{\partial z}{\partial y}\cdot\dfrac{\mathrm{d}y}{\mathrm{d}t}$ （全导数公式）	

8.1.5 偏导数的应用与多元函数的极值、最值

1. 多元函数的极值

多元函数的极值的概念如表 8-6 所示.

表 8-6

定义	设函数 $f(x,y)$ 在点 $P_0(x_0,y_0)$ 的某邻域内有定义,对于该邻域内异于 (x_0,y_0) 的一切点 (x,y),都有 $f(x,y)\leq f(x_0,y_0)$（或 $f(x,y)\geq f(x_0,y_0)$）,则称 $f(x_0,y_0)$ 为函数 $f(x,y)$ 的一个极大（或极小）值,(x_0,y_0) 称为 $f(x,y)$ 的极大（或极小）值点
极值的必要条件	若函数 $f(x,y)$ 在点 $P_0(x_0,y_0)$ 处取到极值,且 $f'_x(x_0,y_0)$ 和 $f'_y(x_0,y_0)$ 都存在,且 $f'_x(x_0,y_0)=f'_y(x_0,y_0)=0$
极值的充分条件	若函数 $f(x,y)$ 在点 $P_0(x_0,y_0)$ 的某邻域内有连续的二阶偏导数,且 $f'_x(x_0,y_0)=0$,$f'_y(x_0,y_0)=0$,记 $f''_{xx}(x_0,y_0)=A$,$f''_{xy}(x_0,y_0)=B$,$f''_{yy}(x_0,y_0)=C$,则 1) 当 $AC-B^2>0$ 且 $A>0$（或 $C>0$）时,$f(x_0,y_0)$ 为极小值; 2) 当 $AC-B^2>0$ 且 $A<0$（或 $C<0$）时,$f(x_0,y_0)$ 为极大值; 3) 当 $AC-B^2<0$ 时,$f(x_0,y_0)$ 不是极值; 4) 当 $AC-B^2=0$ 时,$f(x_0,y_0)$ 可能是极值,也可能不是极值

续表

求多元函数 $z=f(x,y)$ 极值的步骤	1) 求驻点: 解方程组 $\begin{cases} f_x'(x,y)=0, \\ f_y'(x,y)=0 \end{cases}$, 得 (x_0,y_0); 2) 对每个驻点 (x_0,y_0) 计算： $A=f_{xx}''(x_0,y_0), B=f_{xy}''(x_0,y_0), C=f_{yy}''(x_0,y_0)$; 3) 确定 $AC-B^2$ 及 A 的符号, 由充分条件得出结论; 4) 考察偏导数不存在的点, 它可能是极值点
条件极值及其求法	函数满足若干条件(约束方程)的极值, 称为条件极值, 其方法如下： 1) 化为无条件极值, 如求 $z=f(x,y)$ 在条件 $\varphi(x,y)=0$ 下的极值, 可由 $\varphi(x,y)=0$ 解出 $y=\psi(x)$, 代入 $z=f(x,y)$ 便化为无条件极值. 2) 拉格朗日乘数法: 若求 $\begin{cases} z=f(x,y)(目标函数) \\ \varphi(x,y)=0(约束条件) \end{cases}$ 的极值. ① 作辅助函数 $F(x,y,\lambda)=f(x,y)+\lambda\varphi(x,y)$; ② 解方程组 $\begin{cases} f_x'(x,y)+\lambda\varphi_x'(x,y)=0, \\ f_y'(x,y)+\lambda\varphi_y'(x,y)=0, \\ \varphi(x,y)=0, \end{cases}$ 得驻点 (x_0,y_0,λ_0), 点 (x_0,y_0) 是 $z=f(x,y)$ 在条件 $\varphi(x,y)=0$ 下可能的极值点; ③ 根据具体问题判断点 (x_0,y_0) 是极大值点还是极小值点

2. 最大值、最小值问题

求实际问题的最大值、最小值问题的一般步骤是：

(1) 根据题意列出函数的关系式, 确定其定义域;

(2) 求出驻点及导数不存在的点;

(3) 将驻点及导数不存在的点处的函数值与函数在边界上的最大值和最小值比较, 其中最大者(最小者)就是函数的最大(小)值;

(4) 若实际问题的最大(小)值存在, 且函数只有一个极值点, 则该点处的函数值就是函数的最大(小)值.

§8.2 疑难解析

8.2.1 二元函数极限、连续、可导与可微之间的关系

多元函数与一元函数有着密切的联系, 但是两者也有一些本质的差异. 如一元函数有单调的概念, 但在多元函数中就没有简单的相似概念等. 下面我们来看看二元函数极限、连续、可导与可微之间的关系, 同时与一元函数相应的概念作比较.

极限与连续的关系, 二元函数极限与连续的关系为: 若 $f(x,y)$ 在点 (x_0,y_0) 处连

续，则 $\lim\limits_{\substack{x\to x_0\\y\to y_0}}f(x,y)=f(x_0,y_0)=A$（常数）存在；反之不然. 这与一元函数极限与连续的关系一致. 但二元函数的极限比一元函数的极限要复杂得多.

$\lim\limits_{\substack{x\to x_0\\y\to y_0}}f(x,y)=A$ 是指 (x,y) 以任何方式趋于点 (x_0,y_0) 时，$f(x,y)$ 的极限都为 A. 我们不能把 (x,y) 沿一个点列 $\{(x_n,y_n)\}$ 或沿某一条特殊曲线 $y=\varphi(x)$（或 $x=\psi(y)$）趋于 (x_0,y_0) 时 $f(x,y)$ 的极限 A 作为极限 $\lim\limits_{\substack{x\to x_0\\y\to y_0}}f(x,y)$，也就是说，考虑 (x,y) 沿某特殊路径趋于 (x_0,y_0)，对证明一个函数极限存在是没有用处的，但对证明一个函数极限不存在却是有用的. 此时，我们只要能找到一种 $(x,y)\to(x_0,y_0)$ 的方式，使极限 $\lim\limits_{\substack{x\to x_0\\y\to y_0}}f(x,y)$ 不存在；或者，能找到两种方式，(x,y) 沿这两种方式趋于 (x_0,y_0) 时，$f(x,y)$ 的极限不同，就可以得出 $\lim\limits_{\substack{x\to x_0\\y\to y_0}}f(x,y)$ 不存在的结论.

8.2.2 多元复合函数的偏导数

多元复合函数的形式千变万化. 教材中，关于多元复合函数偏导数的求法，我们主要介绍了两种情形，即包含两个中间变量和两个自变量的锁链法则及全导数的求法. 对于其他类型的复合关系，不可能都通过法则的形式表示出来. 要弄清楚这种复合函数的偏导数，关键的问题就是要弄清楚变量之间的关系，正确绘制出变量之间的关系图，然后按图写出偏导数公式，再计算. 要注意的是：

（1）在写偏导数公式时，要避免出现偏导数记号的类同；

（2）弄清楚函数的复合关系；

（3）对某个自变量求偏导数，应注意要经过一切相关的中间变量而归结到自变量；

（4）计算复合函数的高阶偏导数，特别要注意对一阶偏导数来说仍旧是保持原来的复合关系.

8.2.3 函数的极值与函数的条件极值

函数的极值与函数的条件极值是两个不同的概念. 函数 $z=f(x,y)$ 在条件 $\varphi(x,y,z)=0$ 下的极值的几何意义是两个曲面的交线，即

$$\begin{cases}z=f(x,y)\\\varphi(x,y,z)=0\end{cases}$$

的极值. 函数 $z=f(x,y)$ 可以无极值，但在一定的条件下，可以有条件极值. 当函数 $z=f(x,y)$ 有极值时，一般也不等于其条件极值. 求函数的条件极值时，一般运用拉格朗日乘数法. 但要注意的是，运用拉格朗日乘数法引入新的函数 $F(x,y)$ 或 $F(x,y,z)$，已不再是二元函数，不能再用二元函数极值的充分条件去判定驻点是否为极值点. 条件极值一般是解决某些最大（最小）值问题. 在实际问题中，往往根据问题本身就可

以判定是否有最大(最小)值存在,并且是最大值还是最小值,并不需要复杂的计算.求解应用问题的最大(最小)值通常按下列步骤进行:

(1) 根据题意列出函数及条件函数的表达式;
(2) 运用拉格朗日乘数法求出条件驻点;
(3) 从实际问题出发,分析这些驻点是否为最大(最小)值点;
(4) 最后求出最大(最小)值.

§8.3 范 例 讲 评

8.3.1 二元函数的极限与连续

1. 二元函数的定义域及其表示

例1 求二元函数 $z=\ln[x\ln(y-x)]$ 的定义域并绘制出区域图.

解 这是复合函数 $z=\ln u$,其中 $u=x\ln(y-x)$,由对数函数的定义域有 $u>0$,即
$$x\ln(y-x)>0$$
于是有

$$\begin{cases} x>0 \\ \ln(y-x)>0 \end{cases} \tag{8-1}$$

$$\begin{cases} x<0 \\ \ln(y-x)<0 \end{cases} \tag{8-2}$$

由式(8-1)得

$$\begin{cases} x>0 \\ y-x>1 \end{cases}$$

其图形是图 8-2 中除去直线 $y=x+1$ 及 Oy 轴的阴影部分.

由式(8-2)得

$$\begin{cases} x<0 \\ 0<y-x<1 \end{cases}$$

其图形是图 8-3 中除去直线 $y=x+1$,$y=x$ 及 Oy 轴的阴影部分.

由于自变量 x,y 只满足式(8-1)或式(8-2)中的一个,不必同时满足式(8-1),式(8-2)两式,所以该函数的定义域取它们的和,即

$$\begin{cases} x>0 \\ y-x>1 \end{cases} \quad 或 \quad \begin{cases} x<0 \\ 0<y-x<1 \end{cases}$$

其图形是图 8-2、图 8-3 和图 8-4),即除去直线 $y=x+1$,$y=x$ 及 Oy 轴的阴影部分.

2. 二元函数的图形

例2 作下列二元函数的图形

(1) $z=-x^2-y^2+4$; (2) $z=\sqrt{x^2+(y-1)^2}$.

解 (1)这是以 x,y 为自变量的二元函数,定义域为全平面.若把原式变形成

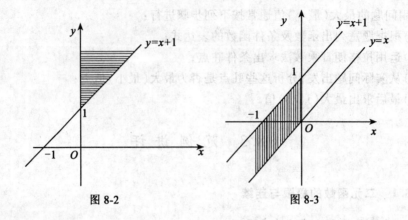

图 8-2　　　　　　图 8-3

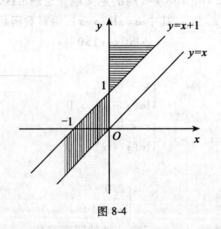

图 8-4

$$z - 4 = -(x^2 + y^2)$$

由空间解析几何知识可知,该方程所表示的图形是旋转抛物面,开口向下,顶点在 Oz 轴向上平移 4 个单位. 在 xOy 平面上 ($z=0$),截痕是一个半径为 2 的圆. 其图形如图 8-5 所示.

(2) 这是以 x,y 为自变量的二元函数,定义域为全平面. 由空间解析几何可知,该方程所表示的图形是圆锥面取 $z \geq 0$ 的部分,顶点在 Oy 轴正向上平移一个单位. 其图形如图 8-6 所示.

能绘制出简单二元函数草图,对后面将要学习的多元积分很有帮助. 绘图时要注意函数的定义域、对称性等. 主要熟悉二次曲面(球面、椭圆抛物面、圆锥面、圆柱面等)的图形形态和特征.

3. 二元函数的极限与连续

例 3 讨论下列函数的连续性

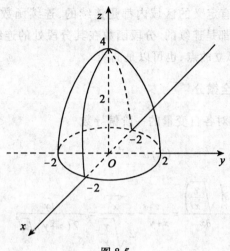

图 8-5

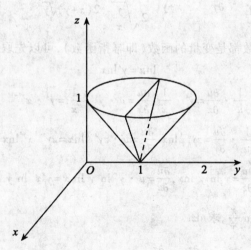

图 8-6

$$z = f(x,y) = \begin{cases} (1+x)^{\frac{y}{x}}, & x \neq 0 \\ e^y, & x = 0 \end{cases}$$

解 函数是分段的,在非分段处,所论函数显然连续.所以只考虑分段处的连续性.

由函数连续的定义,考虑当 $(x,y) \to (0, y_0)$ 时函数是否有极限且极限值是否等于该点的函数值. 因为

$$\lim_{\substack{x \to 0 \\ y \to y_0}} (1+x)^{\frac{y}{x}} = \lim_{\substack{x \to 0 \\ y \to y_0}} [(1+x)^{\frac{1}{x}}]^y = e^{y_0} = f(0, y_0)$$

所以,函数在直线 $x=0$ 处连续,从而函数在全平面连续.

注:多元函数在其有定义的区域内都是连续的,连续函数的和、差、积、商(分母不为零)及复合函数也都是连续的.分段函数在其分段处的连续性用定义判别.多元函数的间断点可以是孤立的点,也可以是曲线.

8.3.2 偏导数与全微分

例4 求下列函数对各自变量的一阶偏导数

(1) $z = \arctan\sqrt{\dfrac{y}{x}}$; (2) $u = x^{y^z}$.

解 (1) $\dfrac{\partial z}{\partial x} = \dfrac{1}{1+\dfrac{y}{x}} \cdot \dfrac{\partial \left(\sqrt{\dfrac{y}{x}}\right)}{\partial x} = \dfrac{x}{x+y} \cdot \dfrac{-\dfrac{y}{x^2}}{2\sqrt{\dfrac{y}{x}}} = -\dfrac{\sqrt{y}}{2(x+y)\sqrt{x}}$;

$\dfrac{\partial z}{\partial y} = \dfrac{1}{1+\dfrac{y}{x}} \cdot \dfrac{\partial \left(\sqrt{\dfrac{y}{x}}\right)}{\partial y} = \dfrac{x}{x+y} \cdot \dfrac{\dfrac{1}{x}}{2\sqrt{\dfrac{y}{x}}} = \dfrac{\sqrt{x}}{2(x+y)\sqrt{y}}$.

(2) 对于底及指数都是变量的函数(即幂指函数),可以先取对数,再求偏导数.

$$\ln u = y^z \ln x$$

$\dfrac{1}{u} \cdot \dfrac{\partial u}{\partial x} = y^z \cdot \dfrac{1}{x}, \dfrac{\partial u}{\partial x} = u \cdot y^z \cdot \dfrac{1}{x} = y^z \cdot x^{y^z - 1}$

$\dfrac{1}{u} \cdot \dfrac{\partial u}{\partial y} = z y^{z-1} \ln x, \dfrac{\partial u}{\partial y} = u \cdot z y^{z-1} \ln x = z y^{z-1} x^{y^z} \ln x$

$\dfrac{1}{u} \cdot \dfrac{\partial u}{\partial z} = y^z \ln y \ln x, \dfrac{\partial u}{\partial z} = u \cdot y^z \ln y \ln x = y^z x^{y^z} \ln y \ln x$.

例5 设 $z = \arcsin\dfrac{x}{y}$,求 $\mathrm{d}z$.

解 方法1 用公式 $\mathrm{d}z = \dfrac{\partial z}{\partial x}\mathrm{d}x + \dfrac{\partial z}{\partial y}\mathrm{d}y$.

$$\dfrac{\partial z}{\partial x} = \dfrac{1}{\sqrt{1-\dfrac{x^2}{y^2}}} \cdot \dfrac{1}{y} = \dfrac{|y|}{y\sqrt{y^2-x^2}}$$

$$\dfrac{\partial z}{\partial y} = \dfrac{1}{\sqrt{1-\dfrac{x^2}{y^2}}} \cdot \left(-\dfrac{x}{y^2}\right) = -\dfrac{x|y|}{y^2\sqrt{y^2-x^2}}$$

$$\mathrm{d}z = \dfrac{|y|}{y\sqrt{y^2-x^2}}\mathrm{d}x - \dfrac{x|y|}{y^2\sqrt{y^2-x^2}}\mathrm{d}y.$$

方法2 用微分形式不变性

$$dz = \frac{d\left(\frac{x}{y}\right)}{\sqrt{1-\frac{x^2}{y^2}}} = \frac{|y|}{\sqrt{y^2-x^2}} \cdot \frac{y dx - x dy}{y^2} = \frac{y dx - x dy}{|y|\sqrt{y^2-x^2}}.$$

8.3.3 复合函数的微分法

例 6 设 $z = f(u,v)$，其中 f 是任意可微分函数，$u = \sin xy$，$v = \arctan y$，求 $\frac{\partial z}{\partial x}, \frac{\partial z}{\partial y}$.

解 这是以 u,v 为中间变量，以 x,y 为自变量的复合函数，复合关系如图 8-7 所示.

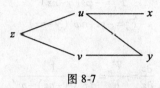

图 8-7

要注意 v 不是 x 的函数，$\frac{\partial z}{\partial x}$ 只有一项.

$$\frac{\partial z}{\partial x} = \frac{\partial z}{\partial u}\frac{\partial u}{\partial x} = \frac{\partial z}{\partial u} y\cos xy;$$

$$\frac{\partial z}{\partial y} = \frac{\partial z}{\partial u}\frac{\partial u}{\partial y} + \frac{\partial z}{\partial v}\frac{dv}{dy} = \frac{\partial z}{\partial u} x\cos xy + \frac{\partial z}{\partial v}\frac{1}{1+y^2}.$$

例 7 设 $z = yf(x^2 - y^2)$，其中 f 是可微分函数，验证

$$\frac{1}{x}\frac{\partial z}{\partial x} + \frac{1}{y}\frac{\partial z}{\partial y} = \frac{z}{y^2}.$$

解 引进中间变量 $u = x^2 - y^2$，则

$$z = yf(u),$$

其中 $u = x^2 - y^2$，其复合关系如图 8-8 所示.

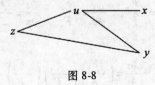

图 8-8

$$\frac{\partial z}{\partial x} = yf'(u)u_x' = 2xyf'(u),$$

$$\frac{\partial z}{\partial y} = f(u) + yf'(u)u_y' = f(u) - 2y^2 f'(u);$$

$$\frac{1}{x}\frac{\partial z}{\partial x}+\frac{1}{y}\frac{\partial z}{\partial y}=2yf'(u)+\frac{f(u)}{y}-2yf'(u)=\frac{f(u)}{y}=\frac{z}{y^2}.$$

8.3.4 隐函数的微分法

例 8 设 $\varphi(u)$ 是可微分函数,试证:由 $x-mz=\varphi(y-nz)$ 所确定的隐函数 $z=z(x,y)$ 满足

$$m\frac{\partial z}{\partial x}+n\frac{\partial z}{\partial y}=1.$$

证 令 $F=x-mz-\varphi(y-nz)$,就 F 分别对 x,y,z 求导,则有

$$F_x=1$$
$$F_y=-\varphi'(y-nz)$$
$$F_z=-m+n\varphi'(y-nz)$$

所以

$$\frac{\partial z}{\partial x}=-\frac{F_x}{F_z}=\frac{-1}{n\varphi'(y-nz)-m},$$

$$\frac{\partial z}{\partial y}=-\frac{F_y}{F_z}=\frac{\varphi'(y-nz)}{n\varphi'(y-nz)-m}.$$

$$m\frac{\partial z}{\partial x}+n\frac{\partial z}{\partial y}=\frac{-m}{n\varphi'(y-nz)-m}+\frac{n\varphi'(y-nz)}{n\varphi'(y-nz)-m}=1.$$

注:由 $F(x,y,z)=0$ 所确定的隐函数可以有三个:

$$z=z(x,y),\quad y=y(x,z),\quad x=x(y,z).$$

无论是哪一个隐函数,只有两个独立的自变量.由题目要求,需要求哪些偏导数,而确定某一个变量是其余两个变量的函数,由求导法则求出所求的偏导数.

例 9 设 $x=x(y,z),y=y(x,z),z=z(x,y)$ 都是由方程 $F(x,y,z)=0$ 所确定具有连续偏导数的函数,证明

$$\frac{\partial x}{\partial y}\cdot\frac{\partial y}{\partial z}\cdot\frac{\partial z}{\partial x}=-1.$$

证 因为

$$\frac{\partial x}{\partial y}=-\frac{F_y}{F_x},\quad \frac{\partial y}{\partial z}=-\frac{F_z}{F_y},\quad \frac{\partial z}{\partial x}=-\frac{F_x}{F_z}.$$

所以

$$\frac{\partial x}{\partial y}\cdot\frac{\partial y}{\partial z}\cdot\frac{\partial z}{\partial x}=\left(-\frac{F_y}{F_x}\right)\left(-\frac{F_z}{F_y}\right)\left(-\frac{F_x}{F_z}\right)=-1.$$

8.3.5 极值问题

例 10 试分别确定

(1) 函数 $u=(x-1)^2+y^2+(z-2)^2$ 的可能极值点;

(2) 函数 $u=(x-1)^2+y^2+(z-2)^2$ 在条件 $2x-y+z=1$ 下的可能极值点.

解 (1)因为将函数 $u=(x-1)^2+y^2+(z-2)^2$ 分别对 x,y,z 求偏导数组成的方程组为

$$\begin{cases} \dfrac{\partial u}{\partial x}=2(x-1)=0 \\ \dfrac{\partial u}{\partial y}=2y=0 \\ \dfrac{\partial u}{\partial z}=2(z-2)=0 \end{cases}$$

解方程组,得函数的可能极值点: $x=1,y=0,z=2$.

(2)**方法1** 用拉格朗日乘数法,设

$$F(x,y,z,\lambda)=(x-1)^2+y^2+(z-2)^2+\lambda(2x-y+z-1)$$

求其对 x,y,z 的偏导数,并使之为零,得方程组

$$\begin{cases} \dfrac{\partial F}{\partial x}=2(x-1)+2\lambda=0 \\ \dfrac{\partial F}{\partial y}=2y-\lambda=0 \\ \dfrac{\partial F}{\partial z}=2(z-2)+\lambda=0 \\ \dfrac{\partial F}{\partial \lambda}=2x-y+z-1=0 \end{cases}$$

由前三个方程解得: $x=1-\lambda,y=\dfrac{\lambda}{2},z=2-\dfrac{\lambda}{2}$ 代入第四个方程得

$$2(1-\lambda)-\dfrac{\lambda}{2}+2-\dfrac{\lambda}{2}=1$$

由此解得 $\lambda=1$. 再代入 $x=1-\lambda,y=\dfrac{\lambda}{2},z=2-\dfrac{\lambda}{2}$ 中有, $x=0,y=\dfrac{1}{2},z=\dfrac{3}{2}$ 为可能的极值点.

方法2 化为无条件极值.

由 $2x-y+z=1$,得 $z=1-2x+y$,代入 $u=(x-1)^2+y^2+(z-2)^2$ 中,得

$$u=(x-1)^2+y^2+(y-2x-1)^2$$

由方程组

$$\begin{cases} \dfrac{\partial u}{\partial x}=2(x-1)+2(y-2x-1)(-2)=0 \\ \dfrac{\partial u}{\partial y}=2y+2(y-2x-1)=0 \end{cases}$$

即 $\begin{cases} 5x-2y+1=0 \\ -2x+2y-1=0 \end{cases}$

解得 $x=0,y=\dfrac{1}{2},z=1-2x+y=\dfrac{3}{2}$,因此 $x=0,y=\dfrac{1}{2},z=\dfrac{3}{2}$.

§8.4 习题选解

[习题 8-1 5] (3) 求极限 $\lim\limits_{\substack{x\to 0\\y\to 0}}\dfrac{x^3-y^3}{x^2+y^2}$.

解
$$\frac{x^3-y^3}{x^2+y^2}=(x-y)\left(1+\frac{xy}{x^2+y^2}\right)$$

因 $0\leqslant\left|\dfrac{xy}{x^2+y^2}\right|=\dfrac{|xy|}{x^2+y^2}\leqslant\dfrac{\frac{1}{2}(x^2+y^2)}{x^2+y^2}=\dfrac{1}{2}$,

故 $\left|1+\dfrac{xy}{x^2+y^2}\right|\leqslant 1+\left|\dfrac{xy}{x^2+y^2}\right|\leqslant\dfrac{3}{2}$,即 $1+\dfrac{xy}{x^2+y^2}$ 有界;

而 $\lim\limits_{\substack{x\to 0\\y\to 0}}(x-y)=0$,即当 $(x,y)\to(0,0)$ 时,$(x-y)$ 为无穷小量,所以

$$\lim\limits_{\substack{x\to 0\\y\to 0}}\frac{x^3-y^3}{x^2+y^2}=0.$$

另解 引入极坐标:$x=r\cos\theta,y=r\sin\theta$.

$\lim\limits_{\substack{x\to 0\\y\to 0}}\dfrac{x^3-y^3}{x^2+y^2}=\lim\limits_{r\to 0}\dfrac{r^3\cos^3\theta-r^3\sin^3\theta}{r^2\cos^2\theta+r^2\sin^2\theta}=\lim\limits_{r\to 0}r(\cos^3\theta-\sin^3\theta)=0.$

[习题 8-2 3] 设 $z=\ln(\sqrt{x}+\sqrt{y})$,证明 $x\dfrac{\partial z}{\partial x}+y\dfrac{\partial z}{\partial y}=\dfrac{1}{2}$.

证 因
$$\frac{\partial z}{\partial x}=\frac{1}{\sqrt{x}+\sqrt{y}}\cdot\frac{1}{2\sqrt{x}}$$
$$\frac{\partial z}{\partial y}=\frac{1}{\sqrt{x}+\sqrt{y}}\cdot\frac{1}{2\sqrt{y}}$$

故
$$x\frac{\partial z}{\partial x}+y\frac{\partial z}{\partial y}=\frac{1}{2}\frac{\sqrt{x}+\sqrt{y}}{\sqrt{x}+\sqrt{y}}=\frac{1}{2}.$$

[习题 8-2 4] 设 $z=e^{\frac{x}{y^2}}$,证明 $2x\dfrac{\partial z}{\partial x}+y\dfrac{\partial z}{\partial y}=0$.

证 因
$$\frac{\partial z}{\partial x}=e^{\frac{x}{y^2}}\cdot\left(\frac{1}{y^2}\right)=\frac{1}{y^2}e^{\frac{x}{y^2}}$$
$$\frac{\partial z}{\partial y}=e^{\frac{x}{y^2}}\cdot\frac{-2x}{y^3}=-\frac{2x}{y^3}e^{\frac{x}{y^2}}$$

故
$$2x\frac{\partial z}{\partial x}+y\frac{\partial z}{\partial y}=\frac{2x}{y^2}e^{\frac{x}{y^2}}-\frac{2x}{y^2}e^{\frac{x}{y^2}}=0.$$

[习题 8-2 5] 设 $z=e^{-\left(\frac{1}{x}+\frac{1}{y}\right)}$,证明 $x^2\dfrac{\partial z}{\partial x}+y^2\dfrac{\partial z}{\partial y}=2z$.

证 $\dfrac{\partial z}{\partial x}=\mathrm{e}^{-\left(\frac{1}{x}+\frac{1}{y}\right)}\cdot\dfrac{1}{x^2}, \dfrac{\partial z}{\partial y}=\mathrm{e}^{-\left(\frac{1}{x}+\frac{1}{y}\right)}\cdot\dfrac{1}{y^2};$

$$\text{左边}=x^2\cdot\mathrm{e}^{-\left(\frac{1}{x}+\frac{1}{y}\right)}\cdot\dfrac{1}{x^2}+y^2\cdot\mathrm{e}^{-\left(\frac{1}{x}+\frac{1}{y}\right)}\cdot\dfrac{1}{y^2}$$

$$=2\mathrm{e}^{-\left(\frac{1}{x}+\frac{1}{y}\right)}=2z=\text{右边}.$$

[习题 8-3 1] 求下列函数的全微分

(4) $z=\ln\sqrt{x^2+y^2}$; (5) $u=\ln(x^2+y^2+z^2)$;

(6) $u=x^{yz}$.

解 (4) $z=\dfrac{1}{2}\ln(x^2+y^2),$

$$\mathrm{d}z=\dfrac{1}{2}\cdot\dfrac{1}{x^2+y^2}(2x\mathrm{d}x+2y\mathrm{d}y)=\dfrac{x\mathrm{d}x+y\mathrm{d}y}{x^2+y^2}.$$

(5) 因
$$\dfrac{\partial u}{\partial x}=\dfrac{2x}{x^2+y^2+z^2}$$

$$\dfrac{\partial u}{\partial y}=\dfrac{2y}{x^2+y^2+z^2}$$

$$\dfrac{\partial u}{\partial z}=\dfrac{2z}{x^2+y^2+z^2}$$

故 $\mathrm{d}u=\dfrac{\partial u}{\partial x}\mathrm{d}x+\dfrac{\partial u}{\partial y}\mathrm{d}y+\dfrac{\partial u}{\partial z}\mathrm{d}z=\dfrac{2}{x^2+y^2+z^2}(x\mathrm{d}x+y\mathrm{d}y+z\mathrm{d}z).$

(6) 因
$$\dfrac{\partial u}{\partial x}=yzx^{yz-1}$$

$$\dfrac{\partial u}{\partial y}=zx^{yz}\ln x$$

$$\dfrac{\partial u}{\partial z}=yx^{yz}\ln x$$

故 $\mathrm{d}u=\dfrac{\partial u}{\partial x}\mathrm{d}x+\dfrac{\partial u}{\partial y}\mathrm{d}y+\dfrac{\partial u}{\partial z}\mathrm{d}z=yzx^{yz-1}\mathrm{d}x+zx^{yz}\ln x\mathrm{d}y+yx^{yz}\ln x\mathrm{d}z.$

[习题 8-4 2] 证明函数 $z=x^2 f\left(\dfrac{y}{x^2}\right)$(其中 f 为任意可微函数)满足方程

$$x\dfrac{\partial z}{\partial x}+2y\dfrac{\partial z}{\partial y}=2z.$$

证 因 $\dfrac{\partial z}{\partial x}=2xf+x^2 f'\left(-\dfrac{2y}{x^3}\right)=2xf-\dfrac{2y}{x}f'$

$\dfrac{\partial z}{\partial y}=x^2 f'\cdot\left(\dfrac{1}{x^2}\right)=f'$

故 $x\dfrac{\partial z}{\partial x}+2y\dfrac{\partial z}{\partial y}=2x^2 f-2yf'+2yf'=2x^2 f=2z.$

[习题 8-4 4] 设 $2\sin(x+2y-3z)=x+2y-3z,$ 证明

$$\frac{\partial z}{\partial x}+\frac{\partial z}{\partial y}=1.$$

证 设 $F(x,y,z)=2\sin(x+2y-3z)-x-2y+3z$

因
$$F_x=2\cos(x+2y-3z)-1$$
$$F_y=4\cos(x+2y-3z)-2$$
$$F_z=-6\cos(x+2y-3z)+3$$

故
$$\frac{\partial z}{\partial x}=-\frac{F_x}{F_z}=\frac{2\cos(x+2y-3z)-1}{6\cos(x+2y-3z)-3}$$

$$\frac{\partial z}{\partial y}=-\frac{F_y}{F_z}=\frac{4\cos(x+2y-3z)-2}{6\cos(x+2y-3z)-3}$$

$$\frac{\partial z}{\partial x}+\frac{\partial z}{\partial y}=\frac{6\cos(x+2y-3z)-3}{6\cos(x+2y-3z)-3}=1.$$

[习题 8-5　5] 在半径为 a 的半球内求一个体积最大的内接长方体.

解 置球心于坐标原点 O,则该球面的方程为:$x^2+y^2+z^2=a^2$.
设内接长方体位于第一卦限,与球面的交点坐标为 (x,y,z),由题意知,长方体体积 V 为

$$V=4xyz\ (x>0,y>0,z>0)$$

且 (x,y,z) 满足方程 $x^2+y^2+z^2=a^2$.

令 $F(x,y,z)=4xyz-\lambda(x^2+y^2+z^2)$,则

$$F_x(x,y,z)=4yz-2\lambda x,$$
$$F_y(x,y,z)=4xz-2\lambda y,$$
$$F_z(x,y,z)=4xy-2\lambda z.$$

$$\begin{cases}F_x(x,y,z)=4yz-2\lambda x=0,&(8\text{-}3)\\ F_y(x,y,z)=4xz-2\lambda y=0,&(8\text{-}4)\\ F_z(x,y,z)=4xy-2\lambda z=0.&(8\text{-}5)\end{cases}$$

$x\cdot(1)+y\cdot(2)+z\cdot(3)$ 并注意到 $x^2+y^2+z^2=a^2$ 得

$$12xyz-2\lambda a^2=0,\quad(8\text{-}6)$$

由式 (8-3)、式 (8-6) 解得 $x=\dfrac{a}{\sqrt{3}}$;同理可得 $y=\dfrac{a}{\sqrt{3}},z=\dfrac{a}{\sqrt{3}}$. 即内接长方体上底面的四个顶点依次为

$$\left(\frac{a}{\sqrt{3}},\frac{a}{\sqrt{3}},\frac{a}{\sqrt{3}}\right),\left(-\frac{a}{\sqrt{3}},\frac{a}{\sqrt{3}},\frac{a}{\sqrt{3}}\right),\left(-\frac{a}{\sqrt{3}},-\frac{a}{\sqrt{3}},\frac{a}{\sqrt{3}}\right),\left(\frac{a}{\sqrt{3}},-\frac{a}{\sqrt{3}},\frac{a}{\sqrt{3}}\right)$$

过这四个点作与三坐标平面平行的平面,则其与水平面形成的六面体即为所求的体积最大的长方体. 长方体的底(长、宽)是边长为 $\dfrac{2a}{\sqrt{3}}$ 的正方形,高为 $\dfrac{a}{\sqrt{3}}$.

[习题 8-5　7] 抛物面 $z=x^2+y^2$ 被平面 $x+y+z=1$ 截成一个椭圆,求原点到该椭圆的最长和最短距离.

解 设 $P(x,y,z)$ 是椭圆上的任一点,则 P 到原点 $O(0,0,0)$ 的距离 d 满足
$$d^2 = x^2 + y^2 + z^2$$
且
$$z = x^2 + y^2 \tag{8-7}$$
$$x + y + z = 1 \tag{8-8}$$
其中,$z \geq 0, d \geq 0$.

欲求 P 到 O 的最长距离和最短距离,只需求 d^2 的最大值、最小值即可. 于是,本题的问题就是求解下列数学模型
$$\begin{cases} \max(\min) d^2 = x^2 + y^2 + z^2 \\ \text{s.t.} \quad z = x^2 + y^2 \quad (z \geq 0, d \geq 0) \\ x + y + z = 1 \end{cases}$$

记
$$F = x^2 + y^2 + z^2 + \lambda(x^2 + y^2 - z) + \mu(x + y + z - 1)$$
则
$$F_x = 2x + 2\lambda x + \mu, F_y = 2y + 2\lambda y + \mu, F_z = 2z - \lambda + \mu.$$
令
$$\begin{cases} 2x + 2\lambda x + \mu = 0 & (8-9) \\ 2y + 2\lambda y + \mu = 0 & (8-10) \\ 2z - \lambda + \mu = 0 & (8-11) \end{cases}$$
由式(8-9),式(8-10)得
$$(1 + \lambda)(x - y) = 0$$
$$\lambda = -1 \quad \text{或} \quad x = y.$$

当 $\lambda = -1$ 时,由式(8-9)知,$\mu = 0$;又由式(8-11)知 $z = -\dfrac{1}{2}$. 此时由式(8-7)有 $x^2 + y^2 = -\dfrac{1}{2}$,这是不可能的. 所以 $\lambda \neq -1$. 于是有 $x = y$.

当 $x = y$ 时,式(8-7)、式(8-8)变为
$$z = 2x^2 \tag{8-12}$$
$$2x + z = 1 \tag{8-13}$$
解式(8-12)、式(8-13)得
$$\begin{cases} x = y = \dfrac{-1 \pm \sqrt{3}}{2} \\ z = 2 \mp \sqrt{3} \end{cases}$$
于是,所求的点为 $\left(\dfrac{-1 \pm \sqrt{3}}{2}, \dfrac{-1 \pm \sqrt{3}}{2}, 2 \mp \sqrt{3}\right)$.

所以
$$d^2 = \left(\dfrac{-1 + \sqrt{3}}{2}\right)^2 + \left(\dfrac{-1 + \sqrt{3}}{2}\right)^2 + (2 - \sqrt{3})^2 = 9 - 5\sqrt{3}$$

或 $$d^2 = \left(\frac{-1-\sqrt{3}}{2}\right)^2 + \left(\frac{-1-\sqrt{3}}{2}\right)^2 + (2+\sqrt{3})^2 = 9+5\sqrt{3}.$$

因此,所求的最长距离为 $d_{\max} = \sqrt{9+5\sqrt{3}}$,最短距离为 $d_{\min} = \sqrt{9-5\sqrt{3}}$.

§8.5 综合练习

一、填空题

1. 函数 $z = \dfrac{1}{\sqrt{1-x^2-y^2}} + \ln(y^2-4x)$ 的定义域为_____.

2. $f(x,y) = \dfrac{2xy}{x^2+y^2}$,则 $f\left(1, \dfrac{y}{x}\right) =$ _____.

3. 设 $z = x+y+f(x-y)$,且当 $y=0$ 时,$z = x^2$,则函数 $f(x) =$ _____,$z =$ _____.

4. 函数 $z = e^{\frac{y}{x}}$,则 $dz =$ _____.

5. $\lim\limits_{(x,y)\to(0,0)} \dfrac{\tan(xy^2)}{y} =$ _____.

6. $\lim\limits_{\substack{x\to+\infty \\ y\to+\infty}} \dfrac{\sin(2xy)}{y} =$ _____.

7. 若函数 $z = x^y + y^x$,则 $\dfrac{\partial z}{\partial y} =$ _____.

8. 若 $f(x,y) = e^x \sin(x+2y)$,则 $\left.\dfrac{\partial^2 z}{\partial y \partial x}\right|_{\substack{x=0 \\ y=\frac{\pi}{4}}} =$ _____.

9. $z = xyf\left(\dfrac{y}{x}\right)$,$f(u)$ 可导,则 $x\dfrac{\partial z}{\partial x} + y\dfrac{\partial z}{\partial y} =$ _____.

10. 设 $z = \dfrac{y}{x}$,当 $x=2, y=1, \Delta x = 0.1, \Delta y = 0.2$ 时,$\Delta z =$ _____,$dz =$ _____.

11. $dz = y\cos x\, dx + \sin x\, dy$,则 $\dfrac{\partial z}{\partial x} =$ _____,$\dfrac{\partial z}{\partial y} =$ _____.

12. 已知可微函数 $z = f(x,y)$ 在点 (x_0, y_0) 处有极值,则 $[f_x'(x_0,y_0)]^2 + [f_y'(x_0,y_0)]^2 =$ _____.

二、选择题

1. 函数 $z = \arcsin\dfrac{1}{x^2+y^2} + \ln(1-x^2-y^2)$ 的定义域是( ).

    A. 空集 $\varnothing$ B. 区域 $D: x^2+y^2 \leqslant 1$ C. $\{(0,0)\}$ D. $\{(x,y) \mid x^2+y^2 = 1\}$

2. 设 $f(x,y)=\ln(x-\sqrt{x^2-y^2})$ $(x>y>0)$,则 $f(x+y,x-y)=$ (   ).

   A. $2\ln(\sqrt{x}-\sqrt{y})$ B. $\ln(x-y)$ C. $\dfrac{1}{2}(\ln x-\ln y)$ D. $2\ln(x-y)$

3. 若 $f(x,y)=f(-x,-y)$,且 $\lim\limits_{(x,y)\to(1,1)}f(x,y)=1$,则 $\lim\limits_{(x,y)\to(-1,-1)}f(x,y)=$ (   ).

   A. 0   B. 1   C. -1   D. 不确定

4. 函数 $z=f(x,y)$ 在点 $P(x_0,y_0)$ 处间断,则 $f(x,y)$ 在 P_0 处(   ).

   A. 一定无定义

   B. 极限一定不存在

   C. 可能有极限也可能有定义

   D. 一定有定义且有极限,但极限值不等于该点的函数值

5. 函数 $z=f(x,y)$ 在点 $P_0(x_0,y_0)$ 处有偏导数,是该函数在点 $P_0(x_0,y_0)$ 可微的(   ).

   A. 必要条件   B. 充分条件
   C. 充要条件   D. 既非充分条件也非必要条件

6. $\lim\limits_{\substack{x\to\infty\\y\to 0}}\left(1-\dfrac{1}{x}\right)^{\frac{x^2}{x+y}}=$ (   ).

   A. 0   B. 1   C. e   D. e^{-1}

7. 函数 $z=\sqrt{1+x^2+y^2}$,则 $dz|_{(1,1)}=$ (   ).

   A. $\sqrt{3}(dx+dy)$ B. $dx+dy$ C. $\dfrac{1}{\sqrt{3}}(dx+dy)$ D. $\dfrac{1}{2}(dx+dy)$

8. 设 $f(x,y)=\ln\left(x+\dfrac{y}{2x}\right)$,则 $f_y'(1,0)=$ (   ).

   A. 1   B. $\dfrac{1}{2}$ C. 2   D. 0

9. 已知 $f(x+y,x-y)=x^2-y^2$,则 $\dfrac{\partial f}{\partial x}+\dfrac{\partial f}{\partial y}$ 为(   ).

   A. $2x+2y$ B. $x-y$ C. $2x-2y$ D. $x+y$

10. 已知函数 $f(xy,x+y)=x^2+y^2+xy$,则 $\dfrac{\partial f}{\partial x},\dfrac{\partial f}{\partial y}$ 分别为(   ).

    A. $2x+y,2y+x$ B. $2y,-1$ C. $-1,2y$ D. $2y,2x$

11. $z=f(x,v),v=\varphi(x,y)$,则 $\dfrac{\partial z}{\partial x}=$ (   ).

    A. $\dfrac{\partial f}{\partial x}$ B. $\dfrac{\partial v}{\partial x}$ C. $\dfrac{\partial f}{\partial v}\cdot\dfrac{\partial v}{\partial x}$ D. $\dfrac{\partial f}{\partial x}+\dfrac{\partial f}{\partial v}\cdot\dfrac{\partial v}{\partial x}$

12. 设 $z=\varphi(x+y)+\psi(x-y)$,其中 φ,ψ 的二阶偏导数连续,则必有(   ).

    A. $\dfrac{\partial^2 z}{\partial x^2}+\dfrac{\partial^2 z}{\partial y^2}=0$ B. $\dfrac{\partial^2 z}{\partial x^2}-\dfrac{\partial^2 z}{\partial y^2}=0$ C. $\dfrac{\partial^2 z}{\partial x\partial y}=0$ D. $\dfrac{\partial^2 z}{\partial x\partial y}+\dfrac{\partial^2 z}{\partial x^2}=0$

13. 函数 $z=x^3+y^3-3xy$ 的驻点为( ).

  A. $(0,0)$ 和 $(-1,0)$ B. $(0,0)$ 和 $(1,1)$

  C. $(0,0)$ 和 $(2,2)$ D. $(0,1)$ 和 $(1,1)$

14. 函数 $z=x^2-y^2+1$ 的极值点为( ).

  A. $(0,0)$ B. $(0,1)$ C. $(1,0)$ D. 不存在

15. 若函数 $f(x,y)$ 在点 (x_0,y_0) 取得极小值,则 (x_0,y_0) 必是 $f(x,y)$ 的( ).

  A. 连续点   B. 定义域中的最小值点

  C. 驻点   D. 在 (x_0,y_0) 某小邻域内的最小值点

三、计算题

1. 求下列函数的定义域,并作出定义域的图形.

  (1) $z=\sqrt{\dfrac{1-y^2}{1-x^2}}$;   (2) $z=\arcsin\dfrac{x^2+y^2}{9}$;

  (3) $z=xy+\sqrt{\ln\dfrac{R^2}{x^2+y^2}}+\sqrt{x^2+y^2-R^2}$;   (4) $z=\dfrac{1}{\sqrt{1-x^2-y^2}}+\sqrt{x+y}$;

  (5) $z=\arcsin\dfrac{x^2+y^2}{4}+\sqrt{x-\sqrt{y}}$.

2. 求下列极限

  (1) $\lim\limits_{(x,y)\to(1,0)}\dfrac{\ln(x+e^y)}{\sqrt{x^2+y^2}}$;   (2) $\lim\limits_{(x,y)\to(0,0)}\dfrac{\sin(x^2+y^2)}{\sqrt{x^2+y^2+1}-1}$;

  (3) $\lim\limits_{(x,y)\to(0,0)}\dfrac{xy}{\sqrt{x^2+y^2}}$;   (4) $\lim\limits_{(x,y)\to(0,0)}\left[(1+xy)^{\frac{1}{x}}+x\cos\dfrac{1}{y}\right]$.

3. 求下列函数的偏导数

  (1) $z=\arctan\sqrt{x^y}$;   (2) $z=\dfrac{e^{xy}}{e^x+e^y}$;

  (3) $z=\arcsin\dfrac{x}{\sqrt{x^2+y^2}}$;   (4) $z=(1+xy)^x$;

  (5) $z=f(u,v)$, $u=\ln(x^2-y^2)$, $v=xy^2$;   (6) $z=f(u)$, $u=\cos(x+y)+\dfrac{y}{x}$;

  (7) $u=f(x,xy,xyz)$.

4. 设 $u=\dfrac{e^{ax}(y-z)}{a^2+1}$, $y=a\sin x$, $z=\cos x$, 求 $\dfrac{du}{dx}$.

5. $z=e^{x^2 y}$, 求全微分 dz.

6. $z=xf(x-y)$, 求 $\dfrac{\partial^2 z}{\partial x^2}$, $\dfrac{\partial^2 z}{\partial y^2}$, $\dfrac{\partial^2 z}{\partial x \partial y}$.

7. 求 $z=x^3-y^3+3x^2+3y^2-9x$ 的极值点.

8. 计算 $(10.1)^{2.001}$ 的近似值.

四、解答题

1. 从斜边长为 l 的所有直角三角形中求周长最大的直角三角形.

2. 如图 8-9 所示,有一块铁板,宽为 24cm,要把铁板的两边折起来做成一个梯形截面水槽. 为了使该槽中水的流量最大,即该槽的横截面最大,试求倾角 α 及 x.

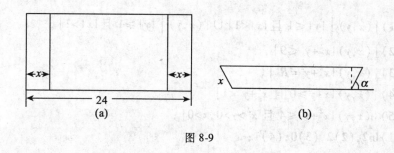

图 8-9

3. 设某工厂生产 A,B 两种产品,其销售价格分别为 $P_1=12,P_2=18$(单位:元)总成本 C(单位:万元)是两种产品产量 x_1 和 x_2(单位:千件)的函数,即
$$C(x_1,x_2)=2x_1^2+x_1x_2+2x_2^2,$$
当两种产品的产量为多少时,可获最大利润? 最大利润是多少?

4. 销售某产品需作两种方式的广告宣传,当广告宣传费分别为 x 和 y(单位:千元)时,销售量 Q(单位:件)是 x 和 y 的函数,即
$$Q=\frac{200x}{5+x}+\frac{100y}{10+y}.$$
若销售产品所得的利润是销售量的 $\frac{1}{5}$ 减去总的广告费,两种方式的广告费共 25 千元,应怎样分配两种方式的广告费才能使利润最大? 最大利润是多少?

5. 在椭圆 $x^2+4y^2=4$ 上求一点,使其到直线 $2x+3y-6=0$ 的距离最短.

综合练习答案

一、填空题

1. $\{(x,y)|x^2+y^2<1 \text{ 且 } y^2\leqslant 4x\}$;   2. $\dfrac{2xy}{x^2+y^2}$;   3. $x^2-x,2y+(x-y)^2$;

4. $\mathrm{e}^{\frac{y}{x}}\left(-\dfrac{y}{x^2}\mathrm{d}x+\dfrac{1}{x}\mathrm{d}y\right)$;   5. 0;   6. 0;   7. $x^y\ln x+xy^{x-1}$;   8. -2;   9. $2xyf\left(\dfrac{y}{x}\right)$;

10. $0.071, 0.075$;   11. $y\cos x, \sin x$;   12. 0.

二、选择题

1. A； 2. A； 3. B； 4. C； 5. A； 6. D； 7. C； 8. A； 9. C； 10. A；
11. D； 12. B； 13. B； 14. D； 15. D.

三、计算题

1. (1) $\{(x,y) \mid |y| \leq 1 \text{ 且 } |x| < 1\} \cup \{(x,y) \mid |y| \geq 1 \text{ 且 } |x| > 1\}$,

   (2) $\{(x,y) \mid x^2+y^2 \leq 9\}$,

   (3) $\{(x,y) \mid x^2+y^2 = R^2\}$,

   (4) $\{(x,y) \mid x+y \geq 0 \text{ 且 } x^2+y^2 < 1\}$,

   (5) $\{(x,y) \mid x^2+y^2 \leq 4 \text{ 且 } x^2 > y > 0, x > 0\}$;

2. (1) $\ln 2$, (2) 2, (3) 0, (4) 1;

3. (1) $\dfrac{\partial z}{\partial x} = \dfrac{y\sqrt{x^y}}{2x(1+x^y)}, \dfrac{\partial z}{\partial y} = \dfrac{\sqrt{x^y}\ln x}{2(1+x^y)}$,

   (2) $\dfrac{\partial z}{\partial x} = \dfrac{e^{xy}(ye^x+ye^y-e^x)}{(e^x+e^y)^2}, \dfrac{\partial z}{\partial y} = \dfrac{e^{xy}(xe^x+xe^y-e^y)}{(e^x+e^y)^2}$,

   (3) $\dfrac{\partial z}{\partial x} = \dfrac{|y|}{x^2+y^2}, \dfrac{\partial z}{\partial y} = -\dfrac{xy}{|y|(x^2+y^2)}$,

   (4) $\dfrac{\partial z}{\partial x} = (1+xy)^x \left[\ln(1+xy) + \dfrac{xy}{1+xy} \right]$,

   $\dfrac{\partial z}{\partial y} = x^2(1+xy)^{x-1}$,

   (5) $\dfrac{\partial z}{\partial x} = f'_u \cdot \dfrac{2x}{x^2-y^2} + f'_v \cdot y^2, \dfrac{\partial z}{\partial y} = f'_u \cdot \dfrac{-2y}{x^2-y^2} + f'_v \cdot 2xy$,

   (6) $\dfrac{\partial z}{\partial x} = f'_u \left[-\sin(x+y) - \dfrac{y}{x^2} \right]$,

   $\dfrac{\partial z}{\partial y} = f'_u \left[-\sin(x+y) + \dfrac{1}{x} \right]$;

4. $\dfrac{du}{dx} = e^{ax}\sin x$;

5. $\dfrac{\partial z}{\partial x} = e^{x^2 y} \cdot 2xy, \dfrac{\partial z}{\partial y} = e^{x^2 y} \cdot x^2, dz = e^{x^2 y}(2xy\,dx + x^2\,dy)$;

6. $\dfrac{\partial^2 z}{\partial x^2} = 2f'(u) + xf''(u), \dfrac{\partial^2 z}{\partial y^2} = xf''(u)$,

   $\dfrac{\partial^2 z}{\partial x \partial y} = -f'(u) - xf''(u)$, 其中 $u = x - y$;

7. 极小值点 $(1,0)$, 极大值点 $(-3,2)$;

8. 108. 908.

四、解答题

1. 两条直角边均为 $\dfrac{\sqrt{2}}{2}l$.

2. $\alpha = \dfrac{\pi}{3}, x = 8(\text{cm})$.

3. A, B 两种产品分别为 2 千件、4 千件时利润最大,最大利润为 48 万元;

4. $x = 15, y = 10$ 时利润最大;最大利润为 15 千元.

5. 点 $\left(\dfrac{8}{5}, \dfrac{3}{5}\right)$.

第9章 多元函数积分学

§9.1 内容提要

9.1.1 二重积分

1. 定义

$$\iint_D f(x,y)\,\mathrm{d}\sigma = \lim_{\lambda \to 0} \sum_{i=1}^n f(\xi_i, \eta_i)\Delta\sigma_i.$$

2. 性质

(1) 线性性 $\iint_D kf(x,y)\,\mathrm{d}\sigma = k\iint_D f(x,y)\,\mathrm{d}\sigma$（$k$ 为常数），

$$\iint_D [f(x,y) \pm g(x,y)]\,\mathrm{d}\sigma = \iint_D f(x,y)\,\mathrm{d}\sigma \pm \iint_D g(x,y)\,\mathrm{d}\sigma.$$

(2) 可加性 $\iint_D f(x,y)\,\mathrm{d}\sigma = \iint_{D_1} f(x,y)\,\mathrm{d}\sigma + \iint_{D_2} f(x,y)\,\mathrm{d}\sigma$

$$(D = D_1 + D_2).$$

(3) D 的面积 $\sigma = \iint_D \mathrm{d}\sigma.$

(4) 不等式 $f(x,y) \leqslant g(x,y) \Rightarrow \iint_D f(x,y)\,\mathrm{d}\sigma \leqslant \iint_D g(x,y)\,\mathrm{d}\sigma,$

$$(x,y) \in D.$$

(5) 绝对值不等式 $\left|\iint_D f(x,y)\,\mathrm{d}\sigma\right| \leqslant \iint_D |f(x,y)|\,\mathrm{d}\sigma.$

(6) 估值不等式 $m\sigma \leqslant \iint_D f(x,y)\,\mathrm{d}\sigma \leqslant M\sigma,$

其中 m 与 M 分别是 $f(x,y)$ 在 D 上的最小值与最大值.

(7) 中值定理 $\iint_D f(x,y)\,\mathrm{d}\sigma = f(\xi,\eta)\,\mathrm{d}\sigma,\ (\xi,\eta) \in D.$

3. 二重积分的计算公式

(1) 在直角坐标系中

$$\iint_D f(x,y)\,d\sigma = \int_a^b dx \int_{\psi_1(x)}^{\psi_2(x)} f(x,y)\,dy = \int_c^d dy \int_{\psi_1(y)}^{\psi_2(y)} f(x,y)\,dx.$$

(2) 在极坐标系中

$$\iint_D f(x,y)\,d\sigma = \iint_D f(r\cos\theta, r\sin\theta)\,rdrd\theta = \int_\alpha^\beta d\theta \int_{r_1(\theta)}^{r_2(\theta)} f(r\cos\theta, r\sin\theta)\,rdr.$$

4. 二重积分的应用

(1) 曲顶柱体的体积 $V = \iint_D |f(x,y)|\,d\sigma$.

(2) 平面薄片的质量 $m = \iint_D \rho(x,y)\,d\sigma$.

9.1.2 三重积分

1. 定义和性质

$$\iiint_\Omega f(x,y,z)\,dV = \lim_{\lambda \to 0} \sum_{i=1}^n f(\xi_i, \eta_i, \zeta_i)\Delta V_i,$$

三重积分有与二重积分完全类似的性质.

2. 三重积分的计算公式

(1) 在直角坐标系中

$$\iiint_\Omega f(x,y,z)\,dV = \iint_{D_{xy}} dxdy \int_{z_1(x,y)}^{z_2(x,y)} f(x,y,z)\,dz = \int_{c_1}^{c_2} dz \iint_{D_z} f(x,y,z)\,dxdy$$

其中 D_{xy} 是 Ω 在 xOy 平面上的投影,D_z 是竖坐标为 z 的平面截 Ω 所得的平面闭区域.

(2) 在柱面坐标系中

$$\iiint_\Omega f(x,y,z)\,dV = \iiint_\Omega f(r\cos\theta, r\sin\theta, z)\,rdrd\theta dz.$$

(3) 在球面坐标系中

$$\iiint_\Omega f(x,y,z)\,dV = \iiint_\Omega f(r\sin\varphi\cos\theta, r\sin\varphi\sin\theta, r\cos\varphi)\,r^2\sin\varphi\,drd\varphi d\theta.$$

9.1.3 曲线积分

1. 曲线积分的概念

(1) 对弧长的曲线积分(第一类)

$$\int_L f(x,y)\,ds = \lim_{\lambda \to 0} \sum_{i=1}^n f(\xi_i, \eta_i)\Delta s_i.$$

(2) 对坐标的曲线积分(第二类)

$$\int_L P(x,y)\,dx + Q(x,y)\,dy = \lim_{\lambda \to 0} \sum_{i=1}^n [P(\xi_i, \eta_i)\Delta x_i + Q(\xi_i, \eta_i)\Delta y_i].$$

2. 曲线积分的性质

两类曲线积分都有与重积分类似的可加性、线性性等性质,第二类曲线积分还有

方向性,即
$$\int_L P\mathrm{d}x + Q\mathrm{d}y = -\int_{-L} P\mathrm{d}x + Q\mathrm{d}y.$$

3. 曲线积分的计算公式

(1) 第一类曲线积分

1) 设 $L:x = \varphi(t), y = \psi(t)(\alpha \leqslant t \leqslant \beta)$,则
$$\int_L f(x,y)\mathrm{d}s = \int_\alpha^\beta f[\varphi(t),\psi(t)]\sqrt{\varphi'^2(t)+\psi'^2(t)}\,\mathrm{d}t \quad (\alpha<\beta).$$

2) 设 $L:y = \varphi(x), a \leqslant x \leqslant b$,则
$$\int_L f(x,y)\mathrm{d}s = \int_a^b f[x,\varphi(x)]\sqrt{1+\varphi'^2(x)}\,\mathrm{d}x.$$

3) 设 $L:x = \psi(y), c \leqslant y \leqslant d$,则
$$\int_L f(x,y)\mathrm{d}s = \int_c^d f[\psi(y),y]\sqrt{1+\varphi'^2(y)}\,\mathrm{d}y.$$

(2) 第二类曲线积分

1) $\int_L P\mathrm{d}x + Q\mathrm{d}y = \int_\alpha^\beta \{P[\varphi(t),\psi(t)]\varphi'(t) + Q[\varphi(t),\psi(t)]\psi'(t)\}\mathrm{d}t$

其中 $L:x = \varphi(t), y = \psi(t)$,$L$ 的起点对应 $t = \alpha$,终点对应 $t = \beta$.

2) $\int_L P\mathrm{d}x + Q\mathrm{d}y = \int_a^b \{P[x,\varphi(x)] + Q[x,\varphi(x)]\varphi'(x)\}\mathrm{d}x$

其中 $L:y = \varphi(x)$,起点对应 $x = a$,终点对应 $x = b$.

3) $\int_L P\mathrm{d}x + Q\mathrm{d}y = \int_c^d \{P[\psi(y),y]\psi'(y) + Q[\psi(y),y]\}\mathrm{d}y$

其中 $L:x = \psi(y)$,起点对应 $y = c$,终点对应 $y = d$.

三元函数在空间曲线 Γ 上的两类曲线积分的定义、性质、计算方法等,完全类似于二元函数在平面曲线 L 上的两类曲线积分.

9.1.4 曲面积分

1. 对面积的曲面积分

(1) 概念 $\iint\limits_\Sigma f(x,y,z)\mathrm{d}S = \lim\limits_{\lambda \to 0}\sum\limits_{i=1}^n f(\xi_i,\eta_i,\zeta_i)\Delta S_i$,其中 λ 是 n 块小曲面的最大直径.

(2) 性质 与第一类曲线积分类似.

(3) 计算方法 若曲面 Σ 的方程为 $z = z(x,y)$,D_{xy} 为 Σ 在 xOy 平面上的投影区域,则
$$\iint\limits_\Sigma f(x,y,z)\mathrm{d}S = \iint\limits_{D_{xy}} f[x,y,z(x,y)]\sqrt{1-z_x^2-z_y^2}\,\mathrm{d}x\mathrm{d}y.$$

2. 对坐标的曲面积分

(1) 概念.

(2) 性质　与第二类曲线积分类似.
(3) 计算方法

$$\iint_{\Sigma} P(x,y,z) \mathrm{d}y\mathrm{d}z = \pm \iint_{D_{yz}} P[x(y,z),y,z] \mathrm{d}y\mathrm{d}z$$

$$\iint_{\Sigma} Q(x,y,z) \mathrm{d}z\mathrm{d}x = \pm \iint_{D_{zx}} Q[x,y(x,z),z] \mathrm{d}z\mathrm{d}x$$

$$\iint_{\Sigma} R(x,y,z) \mathrm{d}x\mathrm{d}y = \pm \iint_{D_{xy}} R[x,y,z(x,y)] \mathrm{d}x\mathrm{d}y.$$

其中正负号的选取,由有向曲面 Σ 的法向量 n 与坐标轴的夹角为锐角还是钝角而定.

(4) 高斯公式　设空间闭区域 Ω 是由分片光滑的闭区域 Σ 围成,函数 $P(x,y,z), Q(x,y,z), R(x,y,z)$ 在 Ω 上具有连续的偏导数,则

$$\iiint_{\Omega} \left(\frac{\partial P}{\partial x} + \frac{\partial Q}{\partial y} + \frac{\partial R}{\partial z} \right) \mathrm{d}V = \oiint_{\Sigma} P\mathrm{d}y\mathrm{d}z + Q\mathrm{d}z\mathrm{d}x + R\mathrm{d}x\mathrm{d}y$$

其中 Σ 是 Ω 的整个边界曲面的外侧.

§9.2　疑难解析

9.2.1　二重积分的几何意义

二重积分 $I = \iint_{D} f(x,y) \mathrm{d}\sigma$ 的几何意义是:当 $f(x,y) \geq 0$ 时, I 表示以区域 D 为底、曲面 $z = f(x,y)$ 为顶的曲顶柱体的体积. 当 $f(x,y) < 0$ 时,曲面 $z = f(x,y)$ 在 xOy 平面的下方, I 表示以区域 D 为底,曲面 $z = f(x,y)$ 为顶的曲顶柱体体积的负值. 当 $f(x,y)$ 有正有负时,二重积分 I 就等于这些曲顶柱体体积的代数和.

9.2.2　二重积分化为累次积分时每个积分的下限和上限

在定积分定义中, Δx_i 可正可负,故定积分的上限可以不大于下限. 但在二重积分定义中, $\Delta \sigma_i$ 是面积,故只能为正,所以化二重积分为累次积分时,每个积分的上限都只能大于下限.

类似地,在三重积分中,因为 ΔV_i 是体积,只能为正,故将三重积分化为累次积分时每个积分的上限也只能大于下限.

9.2.3　选择恰当的坐标系计算二重积分和三重积分

选择坐标系的目的是为了简化计算. 这种简化包括对积分区域进行简化和对被积函数进行简化两个方面,当二者不能兼顾时,一般优先考虑简化积分区域.

对于二重积分,当 D 为圆形、扇形、环形以及它们的部分区域时,或被积函数为 $f(x^2 + y^2), f\left(\frac{y}{x}\right)$ 等形式时,一般选用极坐标系进行计算;当积分区域 D 为其他形

状时,一般选用直角坐标系进行计算.

对于三重积分,当被积函数形式为 $\varphi(x^2+y^2+z^2)$ 时,一般选用球面坐标进行计算;形如 $\psi(x^2+y^2)$ 时,一般选用柱面坐标进行计算.用球面坐标进行计算时要注意 φ 为有向线段 OM 与 Oz 轴正向所夹的角,而不是 OM 与 xOy 平面所夹的角.

积分区域与坐标系的一般适配原则以及三类坐标系中的三重积分计算公式如表 9-1 所示.

表 9-1

坐标系	适用范围	体积元素 dV	变量代换	积分公式
直角坐标	长方体 四面体 任意形体	$dxdydz$	$x=x,$ $y=y,$ $z=z$	$\iiint\limits_{\Omega}f(x,y,z)dxdydz$
柱面坐标	柱形体域 锥形体域 抛物体域	$rdrd\theta dz$	$x=r\cos\theta,$ $y=r\sin\theta,$ $z=z$	$\iiint\limits_{\Omega}f(r\cos\theta,r\sin\theta,z)$ $\cdot rdrd\theta dz$
球面坐标	球形体域 或其一部分	$r^2\sin\varphi drd\varphi d\theta$	$x=r\sin\varphi\cos\theta,$ $y=r\sin\varphi\sin\theta,$ $z=r\cos\varphi$	$\iiint\limits_{\Omega}f(r\sin\varphi\cos\theta,$ $r\sin\varphi\sin\theta,r\cos\varphi)$ $\cdot r^2\sin\varphi drd\varphi d\theta$

9.2.4 定积分 $\int_a^b f(x)dx$ 可以看做曲线积分

若把 $\int_a^b f(x)dx$ 看做对弧长的曲线积分,则要求 $a<b$. 也可以把 $\int_a^b f(x)dx$ 看做对坐标的曲线积分 $\int_L P(x,y)dx+Q(x,y)dy$,其中 L 是 Ox 轴上以 a,b 为端点的线段,$Q(x,y)$ 是任意二元连续函数.

9.2.5 两类曲线积分值的有关因素

两类曲线积分值都与被积函数和积分路径有关.另外,第二类曲线积分值还与路径的方向有关.

例如,有 $\int_L xyds$,L 为 $x^2+y^2=a^2$ 在第一象限的部分,L 的参数方程为

$$x=a\cos\theta,\quad y=a\sin\theta\quad\left(0\leqslant\theta\leqslant\frac{\pi}{2}\right).$$

以下计算是错误的

$$\int_L xyds=\int_{\frac{\pi}{2}}^0 a^2\sin\theta\cos\theta\sqrt{a^2\sin^2\theta+a^2\cos^2\theta}d\theta=-\frac{a^3}{2}$$

因为第一类曲线积分与路径的方向无关,故在化为定积分计算时,下限一定要小于上限. 正确结果应为 $\dfrac{a^3}{2}$.

9.2.6 格林公式及其成立的条件和意义

格林公式为

$$\oint_L P(x,y)\mathrm{d}x + Q(x,y)\mathrm{d}y = \iint_D \left(\dfrac{\partial Q}{\partial x} - \dfrac{\partial P}{\partial y}\right) \mathrm{d}x\mathrm{d}y.$$

格林公式成立的条件是:
(1) D 是由光滑或分段光滑的曲线 L 围成的连通有界闭区域;
(2) 函数 $P(x,y), Q(x,y)$ 在 D 上有一阶连续的偏导数;
(3) 积分路径 L 取正方向.

格林公式的意义是:该公式建立了平面闭区域 D 上的二重积分与 D 的边界 L 上的曲线积分之间的联系,从而把平面区域的内部问题转化为边界问题.

§9.3 范 例 讲 评

9.3.1 二重积分

1. 二重积分的概念和性质

例1 估计下列二重积分的值

(1) $I = \iint\limits_D (x+y+1)\mathrm{d}\sigma, D: (x-2)^2 + (y-1)^2 \leqslant 2$;

(2) $I = \iint\limits_D (x^2 - y^2)\mathrm{d}\sigma, D: x^2 + y^2 \leqslant 4$.

解 (1) 积分区域 D 如图 9-1 所示. 设 $f(x,y) = x + y + 1$,因为 $z'_x = z'_y = 1$,所以 $z = f(x,y)$ 的最值在 D 的边界 $(x-2)^2 + (y-1)^2 = 2$ 上取得. 由图 9-1 可见,在 D 上 $1 \leqslant x+y \leqslant 5$,从而 $2 \leqslant x+y+1 \leqslant 6$,又 D 的面积 $\sigma = 2\pi$,故有 $4\pi \leqslant I \leqslant 12\pi$.

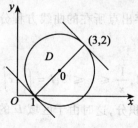

图 9-1

(2) 设 $z = x^2 - y^2$,因为 $z'_x = 2x, z'_y = -2y$,故点 $(0,0)$ 为 D 内唯一驻点,$z\big|_{(0,0)} = 0$. 在边界 $x^2 + y^2 = 4$ 上,$z = 2(x^2 - 2)(-2 \leq x \leq 2)$,故 z 在 $(\pm 2, 0)$ 处取最大值 4, 在点 $(0, \pm 2)$ 处取最小值 -4. 又因 D 的面积 $\sigma = 4\pi$,故 $-16\pi \leq I \leq 16\pi$.

解这类题目的关键是求出被积函数 $z = f(x,y)$ 在 D 上的最值,结合图形用初等数学知识求 z 的最值是常用方法. 题(2)是一般方法.

例 2 设 $f(x,y)$ 为连续函数,且
$$f(x,y) = xy + \iint_D f(u,v)\,\mathrm{d}u\,\mathrm{d}v$$
其中 $D: 0 \leq x \leq 2, 0 \leq y \leq 1$,求 $f(x,y)$.

解 设 $\iint_D f(u,v)\,\mathrm{d}u\,\mathrm{d}v = A$,依题意,有 $f(x,y) = A + xy$,对上式两边在 D 上取二重积分,有
$$A = \iint_D f(x,y)\,\mathrm{d}x\,\mathrm{d}y = \iint_D (A + xy)\,\mathrm{d}x\,\mathrm{d}y$$
$$= \int_0^2 \mathrm{d}x \int_0^1 (A + xy)\,\mathrm{d}y = \int_0^2 \left(\frac{1}{2}xy^2 + Ay\right)\bigg|_0^1 \mathrm{d}x = \int_0^2 \left(\frac{x}{2} + A\right)\,\mathrm{d}x = 1 + 2A$$

得 $A = -1$,因此 $f(x,y) = -1 + xy$.

由二重积分的定义,可知二重积分是数值,且与积分变量的符号无关,设 $\iint_D f(u,v)\,\mathrm{d}u\,\mathrm{d}v = A$ 是求解这类题目的关键.

2. 二重积分的计算

例 3 将二重积分 $I = \iint_D f(x,y)\,\mathrm{d}\sigma$ 化成累次积分,其积分区域 D 分别为:

(1) 由 $y = \dfrac{1}{x}, y = 2, x = 1, x = 2$ 所围成的闭区域;

(2) 闭区域 $|x| + |y| \leq 1$.

解 (1) D 为如图 9-2 所示阴影区域,选取先对 y 积分再对 x 积分的方式,将 D 向 Ox 轴上投影,得 $0 \leq x \leq 2$,在 $(1,2)$ 内任取一点 x,过点 x 沿 Oy 轴正向穿过区域 D 的直线与边界的交点,穿入点和穿出点所在的曲线方程分别为 $y = \dfrac{1}{x}$ 和 $y = 2$,即 $\dfrac{1}{x} \leq y \leq 2$,于是
$$D: 1 \leq x \leq 2, \frac{1}{x} \leq y \leq 2, \quad I = \int_1^2 \mathrm{d}x \int_{\frac{1}{x}}^2 f(x,y)\,\mathrm{d}y.$$

若选取先对 x 积分再对 y 积分,这时由于区域 D 的左侧边界曲线方程形式不同,所以将 D 分成 D_1, D_2 两个区域
$$D_1: \frac{1}{2} \leq y \leq 1, \frac{1}{y} \leq x \leq 2, \quad D_2: 1 \leq y \leq 2, 1 \leq x \leq 2$$

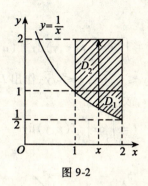

图 9-2

于是 $$I = \iint_{D_1} + \iint_{D_2} = \int_{\frac{1}{2}}^{1} dy \int_{\frac{1}{y}}^{2} f(x,y) dx + \int_{1}^{2} dy \int_{1}^{2} f(x,y) dx.$$

(2) D 为图 9-3 所示菱形，若先对 y 积分再对 x 积分，则以 Oy 轴为分界线将 D 分成左、右两个区域 D_1 和 D_2，且

$$D_1: -1 \leq x \leq 0, -1-x \leq y \leq 1+x$$
$$D_2: 0 \leq x \leq 1, -1+x \leq y \leq 1-x$$

此时 $$I = \int_{-1}^{0} dx \int_{-1-x}^{1+x} f(x,y) dy + \int_{0}^{1} dx \int_{-1+x}^{1-x} f(x,y) dy.$$

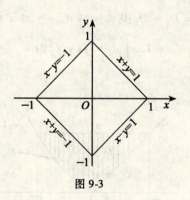

图 9-3

若选取先对 x 积分再对 y 积分，则以 Ox 轴为分界线将 D 分成上、下两个区域 D_3 和 D_4，且

$$D_3: 0 \leq y \leq 1, y-1 \leq x \leq 1-y$$
$$D_4: -1 \leq y \leq 0, -1-y \leq x \leq 1+y$$

此时 $$I = \int_{0}^{1} dy \int_{y-1}^{1-y} f(x,y) dx + \int_{-1}^{0} dy \int_{-1-y}^{1+y} f(x,y) dx.$$

分析：确定积分限的常用方法是看图定限。一般先考察积分区域的形状，然后决定适当的积分次序，尽可能少或不对 D 分块。

例 4 交换下列累次积分的次序

(1) $I = \int_0^1 dy \int_y^{\sqrt{y}} f(x,y) dx$;

(2) $I = \int_{-a}^0 dx \int_{-x}^a f(x,y) dy + \int_0^{\sqrt{a}} dx \int_{x^2}^a f(x,y) dy \quad (a > 0)$.

解 (1) 由题设, $D: 0 \leq y \leq 1, y \leq x \leq \sqrt{y}$, 作出 D 的图形, 如图 9-4 所示, 将 D 表示成: $0 \leq x \leq 1, x^2 \leq y \leq x$, 故

$$I = \int_0^1 dx \int_{x^2}^x f(x,y) dy.$$

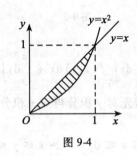

图 9-4

(2) 如图 9-5 所示, $D_1: -a \leq x \leq 0, -x \leq y \leq a$

$D_2: 0 \leq x \leq \sqrt{a}, x^2 \leq y \leq a$

$D = D_1 + D_2: 0 \leq y \leq a, -y \leq x \leq \sqrt{y}$

故

$$I = \int_0^a dy \int_{-y}^{\sqrt{y}} f(x,y) dx.$$

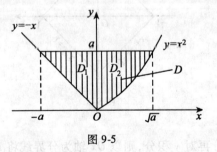

图 9-5

解这类题目的一般步骤是: 先写出表示 D 的不等式组, 然后根据不等式组绘制出 D 的草图, 并根据新的积分次序写出表示 D 的不等式组和积分表达式.

例 5 计算 $I = \int_0^1 dy \int_y^1 \cos \frac{y}{x} dx$.

解 $\int \cos \frac{y}{x} dx$ 积不出来, 故考虑交换积分次序. D 如图 9-6 所示, $D: 0 \leq y \leq 1$, $y \leq x \leq 1$, 于是

$$I = \int_0^1 dx \int_0^x \cos\frac{y}{x} dy = \frac{1}{2}\sin 1.$$

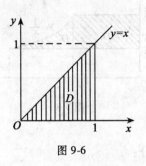

图 9-6

例 6 证明狄利克雷公式：$\int_a^b dx \int_a^x f(y) dy = \int_a^b f(y)(b-y) dy$.

证 如图 9-7 所示，左式二重积分的积分区域可以表示为：$D: a \leq y \leq b, y \leq x \leq b$，所以

$$I = \int_a^b dy \int_y^b f(y) dx = \int_a^b f(y)(b-y) dy.$$

交换积分次序的目的是为了把一个累次积分化为另一个计算较为方便的累次积分.

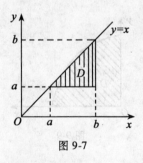

图 9-7

例 7 计算 $I = \iint_D xe^{xy} d\sigma$，其中 D 是由 $x=0, y=1, y=\frac{1}{2}, y=\frac{1}{x}$ 所围成的闭区域.

解 若先对 x 积分要用到分部积分法，计算量会大一些，故先对 y 积分，D 如图 9-8 所示，有

$$I = \iint_{D_1} + \iint_{D_2} = \int_0^1 dx \int_{\frac{1}{2}}^1 xe^{xy} dy + \int_1^2 dx \int_{\frac{1}{2}}^{\frac{1}{x}} xe^{xy} dy$$

$$= \int_0^1 e^{xy} \Big|_{\frac{1}{2}}^1 dx + \int_1^2 e^{xy} \Big|_{\frac{1}{2}}^{\frac{1}{x}} dx = 1.$$

分析：选取先对哪个变量积分，或是否对区域进行分块，要结合被积函数的表达式全面考虑.

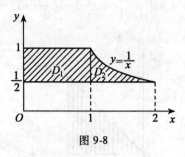

图 9-8

例 8 计算下列二重积分:

(1) $I = \iint\limits_{D} \dfrac{1 - x^2 - y^2}{1 + x^2 + y^2} d\sigma$, D 为闭区域 $x^2 + y^2 \leq 1, x \geq 0, y \geq 0$;

(2) $I = \iint\limits_{D} y d\sigma$, D 是由 $x = -2, y = 0, y = 2$ 以及 $x = -\sqrt{2y - y^2}$ 所围成的闭区域.

解 (1) 如图 9-9 所示,选用极坐标计算,$D: 0 \leq \theta \leq \dfrac{\pi}{2}, 0 \leq r \leq 1$,所以

$$I = \int_0^{\frac{\pi}{2}} d\theta \int_0^1 \dfrac{1-r^2}{1+r^2} r dr = \dfrac{\pi}{2} \int_0^1 \left(\dfrac{2}{1+r^2} - 1 \right) r dr = \dfrac{\pi}{2} \left(\ln 2 - \dfrac{1}{2} \right).$$

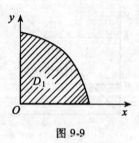

图 9-9

(2) 如图 9-10 所示,由二重积分性质可知

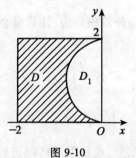

图 9-10

$$I = \iint\limits_{D+D_1} y\,d\sigma - \iint\limits_{D_1} y\,d\sigma = I_1 - I_2$$

I_1 的积分区域为正方形域 $D + D_1$,宜选用直角坐标系计算,即

$$I_1 = \int_{-2}^{0} dx \int_{0}^{2} y\,dy = 4.$$

I_2 的积分区域为半圆,宜选用极坐标计算. 因为 $D_1 : \dfrac{\pi}{2} \leq \theta \leq \pi, 0 \leq r \leq 2\sin\theta$,所以

$$I_2 = \int_{\frac{\pi}{2}}^{\pi} d\theta \int_{0}^{2\sin\theta} r\sin\theta \cdot r\,dr = \frac{8}{3}\int_{\frac{\pi}{2}}^{\pi} \sin^4\theta\,d\theta$$
$$= \frac{2}{3}\int_{\frac{\pi}{2}}^{\pi} \left(1 - 2\cos 2\theta + \frac{1 + \cos 4\theta}{2}\right) d\theta = \frac{\pi}{2}$$

于是
$$I = I_1 - I_2 = 4 - \frac{\pi}{2}.$$

分析:同一个题目中采用两种不同的积分方法以简化运算,是一种值得学习的技巧.

9.3.2 三重积分

1. 积分限的确定

例 9 $I = \iiint\limits_{\Omega} x\sin^2 y\,dV$, Ω 由平面 $y = -x, y = x, y + z = 1$ 及 $z = 0$ 所围成,把 I 化成不同次序的累次积分,并任选其中一种次序计算 I.

解 如图 9-11 所示,先对 z 积分时,将 Ω 投影到 xOy 平面上,

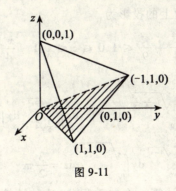

图 9-11

则
$$I = \iint\limits_{D_{xy}} dx\,dy \int_{0}^{1-y} x\sin^2 y\,dz = \int_{0}^{1} dy \int_{-y}^{y} dx \int_{0}^{1-y} x\sin^2 y\,dz$$

或
$$I = \int_{-1}^{0} dx \int_{-x}^{1} dy \int_{0}^{1-y} x\sin^2 y\,dz + \int_{0}^{1} dx \int_{x}^{1} dy \int_{0}^{1-y} x\sin^2 y\,dz$$

其中 D_{xy} 为 Ω 在平面 xOy 上的投影.

先对 x 积分时,将 Ω 投影到 yOz 平面上,得投影区域为 D_{yz},此时

$$I = \int_0^1 dz \int_0^{1-z} dy \int_{-y}^{y} x\sin^2 y dx = \int_0^1 dy \int_0^{1-y} dz \int_{-y}^{y} x\sin^2 y dx$$

或

$$I = \int_0^1 dy \int_{-y}^{y} dx \int_0^{1-y} x\sin^2 y dz = \int_0^1 (1-y)\sin^2 y dy \int_{-y}^{y} x dx = 0.$$

积分难易程度与积分的次序有很大关系,读者可以自行写出先对 y 积分时 I 的表达式. 由于 Ω 关于 yOz 平面对称,$f(x,y,z) = x\sin^2 y$ 是关于变量 x 的奇函数,所以由对称性可以直接得出 $I = 0$.

2. 直角坐标系中三重积分的计算

例 10 计算 $I = \iiint_\Omega z dV$,Ω 为 $\dfrac{x^2}{4} + \dfrac{y^2}{9} + z^2 \leq 1$ 的上半部分.

解 如图 9-12 所示,可以用两种方法计算.

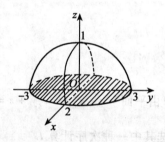

图 9-12

方法 1 Ω 在 xOy 平面上的投影为

$$D_{xy}: \frac{x^2}{4} + \frac{y^2}{9} \leq 1, 0 \leq z \leq \sqrt{1 - \frac{x^2}{4} - \frac{y^2}{9}}$$

则

$$I = \iint_{D_{xy}} dxdy \int_0^{\sqrt{1-\frac{x^2}{4}-\frac{y^2}{9}}} zdz = \int_{-2}^{2} dx \int_{-\frac{3}{2}\sqrt{4-x^2}}^{\frac{3}{2}\sqrt{4-x^2}} dy \int_0^{\sqrt{1-\frac{x^2}{4}-\frac{y^2}{9}}} zdz$$

$$= 4 \int_0^2 dx \int_0^{\frac{3}{2}\sqrt{4-x^2}} dy \int_0^{\sqrt{1-\frac{x^2}{4}-\frac{y^2}{9}}} zdz = \frac{3}{2}\pi.$$

先计算一个定积分,再计算一个二重积分,这种计算三重积分的方法通常叫做"先一后二"法.

方法 2 因 $f(x,y,z) = z$ 只依赖一个变元,故考虑先计算一个二重积分,再计算一个定积分.

竖坐标为 z 的平面截 Ω 得椭圆面 $D_z: \dfrac{x^2}{4} + \dfrac{y^2}{9} = 1 - z^2$,由定积分知识可知 D_z 的面积为 $\sigma = 6\pi(1-z^2)$. 于是

$$I = \int_0^1 z\mathrm{d}z\iint_{D_z}\mathrm{d}x\mathrm{d}y = \int_0^1 6\pi z(1-z^2)\mathrm{d}z = \frac{3\pi}{2}.$$

上述方法通常称为"先二后一"法. 当 $f(x,y,z)$ 表达式中只含一个变量或 Ω 为旋转体时,用"先二后一"法计算三重积分较方便.

3. 用柱面坐标计算三重积分

例 11 计算 $I = \iiint\limits_{\Omega}(x^2+y^2)\mathrm{d}V$,其中 Ω 是由曲线 $y^2 = 2z(x=0)$ 绕 Oz 轴旋转一周而成的曲面与两平面 $z=2, z=8$ 所围成的闭区域.

解 如图 9-13 所示,旋转曲面方程为 $x^2+y^2 = 2z$,因为 Ω 在 xOy 平面上的投影为圆域,所以用柱坐标计算较方便.

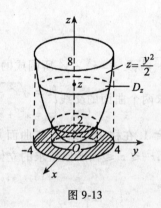

图 9-13

在柱面坐标中,旋转曲面的方程为 $z = \frac{r^2}{2}$,则

$$I = \iiint\limits_{\Omega} r^2 \cdot r\mathrm{d}r\mathrm{d}\theta\mathrm{d}z = \int_0^{2\pi}\mathrm{d}\theta\int_0^2 r^3\mathrm{d}r\int_2^8\mathrm{d}z + \int_0^{2\pi}\mathrm{d}\theta\int_2^4 r^3\mathrm{d}r\int_{\frac{r^2}{2}}^8\mathrm{d}z$$
$$= 48\pi + 288\pi = 336\pi.$$

4. 用球面坐标计算三重积分

例 12 计算 $I = \iiint\limits_{\Omega}\sqrt{x^2+y^2+z^2}\mathrm{d}V$,$\Omega$ 为球面 $x^2+y^2+z^2 = z$ 所围成的闭区域.

解 如图 9-14 所示,Ω 为球形域,宜用球面坐标计算. 因为 $\Omega: 0 \leq r \leq \cos\varphi, 0 \leq \varphi \leq \frac{\pi}{2}, 0 \leq \theta \leq 2\pi$,所以

$$I = \int_0^{2\pi}\mathrm{d}\theta\int_0^{\frac{\pi}{2}}\mathrm{d}\varphi\int_0^{\cos\varphi} r \cdot r^2\sin\varphi\mathrm{d}r = 2\pi\int_0^{\frac{\pi}{2}}\sin\varphi \cdot \frac{1}{4}\cos^4\varphi\mathrm{d}\varphi$$
$$= -\frac{\pi}{2} \cdot \frac{1}{5}\cos^5\theta\Big|_0^{\frac{\pi}{2}} = \frac{\pi}{10}.$$

分析:用球面坐标计算三重积分时,关键是定出 r, θ, φ 的积分限,因此一定要弄

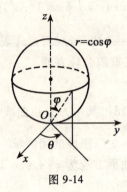

图 9-14

清 r,θ,φ 的几何意义.

5. 计算立体的体积

例 13 计算由 $z = \sqrt{x^2 + y^2}$ 及 $z = x^2 + y^2$ 所围成的立体体积.

解 如图 9-15 所示,先求两个曲面的交线 $\begin{cases} z = \sqrt{x^2 + y^2} \\ z = x^2 + y^2 \end{cases}$,由此可得 $z = 1$,曲面在 xOy 平面上的投影为 $x^2 + y^2 \leq 1$. 在柱坐标系中,二曲面方程分别为 $z = r$ 及 $z = r^2$. 因为 $\Omega: 0 \leq \theta \leq 2\pi, 0 \leq r \leq 1, r^2 \leq z \leq r$,所以所求的立体体积为

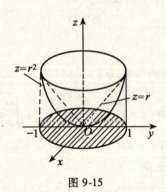

图 9-15

$$V = \iiint_\Omega dV = \int_0^{2\pi} d\theta \int_0^1 dr \int_{r^2}^r r dz = \frac{\pi}{6}.$$

9.3.3 曲线积分

例 14 下列计算错在哪里?请写出正确解答.

计算 $\int_L |y| ds$,其中 L 是从点 $A(0,1)$ 到点 $C\left(\frac{1}{2}, -\frac{\sqrt{3}}{2}\right)$ 的单位圆弧(见图 9-16),其解法是:L 的方程为

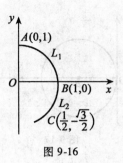

图 9-16

$$y = \sqrt{1 - x^2}$$

所以
$$\int_L |y| \, ds = \int_0^{\frac{1}{2}} \sqrt{1 - x^2} \cdot \frac{dx}{\sqrt{1 - x^2}} = \int_0^{\frac{1}{2}} dx = \frac{1}{2}.$$

解 错误在于：当动点沿单位圆弧从点 A 运动至点 C 时，$\widehat{AB}$ 和 $\widehat{BC}$ 关于 x 的方程不一样，实际上，$\widehat{AB}: y = \sqrt{1 - x^2}$，$\widehat{BC}: y = -\sqrt{1 - x^2}$。正确的解法是

$$\int_L |y| \, ds = \int_{L_1} |y| \, ds + \int_{L_2} |y| \, ds = \int_0^1 \sqrt{1 - x^2} \cdot \frac{1}{\sqrt{1 - x^2}} dx + \int_{\frac{1}{2}}^1 \sqrt{1 - x^2} \cdot \frac{dx}{\sqrt{1 - x^2}}$$
$$= \int_0^1 dx + \int_{\frac{1}{2}}^1 dx = \frac{3}{2}.$$

也可以这样求解：因为
$$\widehat{AC}: x = \sqrt{1 - y^2} \left(-\frac{\sqrt{3}}{2} \leq y \leq 1 \right)$$

所以
$$\int_L |y| \, ds = \int_L |y| \cdot \sqrt{1 + x_y'^2} \, dy = \int_L \frac{|y|}{\sqrt{1 - y^2}} dy$$
$$= \int_{-\frac{\sqrt{3}}{2}}^0 \frac{-y}{\sqrt{1 - y^2}} dy + \int_0^1 \frac{y}{\sqrt{1 - y^2}} dy$$
$$= \sqrt{1 - y^2} \Big|_{-\frac{\sqrt{3}}{2}}^0 - \sqrt{1 - y^2} \Big|_0^1 = \frac{3}{2}.$$

计算第一类曲线积分时，如果 L 被分成若干段，一定要正确写出各弧段的曲线方程，而在化成定积分时，特别要注意下限只能小于上限。

例 15 计算 $I = \oint_L (x^2 + y^2) \, ds$，$L: x^2 + y^2 = 2ax (a > 0)$。

解 **方法 1** 如图 9-17 所示，L 的极坐标方程为
$$r = 2a\cos\theta$$

L 的参数方程为
$$x = r\cos\theta = 2a\cos^2\theta$$

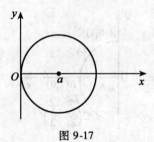

图 9-17

$$y = r\sin\theta = a\sin 2\theta \left(-\frac{\pi}{2} \leq \theta \leq \frac{\pi}{2}\right)$$

又
$$x^2 + y^2 = 2ax = 4a^2\cos^2\theta$$
$$ds = \sqrt{x'^2_\theta + y'^2_\theta}d\theta = 2ad\theta$$

所以
$$I = \oint_L (x^2 + y^2)ds = \int_{-\frac{\pi}{2}}^{\frac{\pi}{2}} 8a^3\cos^2\theta d\theta = 16a^3 \int_0^{\frac{\pi}{2}} \frac{1 + \cos 2\theta}{2}d\theta = 4a^3\pi.$$

方法 2 $L:(x-a)^2 + y^2 = a^2$,取 L 的参数方程为
$$x = a + a\cos\varphi, y = a\sin\varphi \quad (0 \leq \varphi \leq 2\pi)$$

则
$$x^2 + y^2 = 2ax = 2a^2(1 + \cos\varphi)$$
$$ds = \sqrt{x'^2_\varphi + y'^2_\varphi}d\varphi = ad\varphi,$$

故
$$I = \oint_L (x^2 + y^2)ds = \int_0^{2\pi} 2a^3(1 + \cos\varphi)d\varphi = 4a^3\pi.$$

本例说明,在计算第一类曲线积分时,恰当地选择曲线的参数方程形式,可以使计算简便.

例 16 计算 $I = \int_\Gamma x^2 yz ds$,$\Gamma$ 为折线 $ABCD$,这里 A,B,C,D 依次为点 $(0,0,0),(0,0,2),(1,0,2),(1,3,2)$.

解 如图 9-18 所示,有
$$\overline{AB}:x = 0, y = 0, z = t \quad (0 \leq t \leq 2)$$
$$ds = \sqrt{0^2 + 0^2 + 1^2}dt = dt$$
$$\overline{BC}:x = t, y = 0, z = 2 \quad (0 \leq t \leq 1)$$
$$ds = \sqrt{1^2 + 0^2 + 0^2}dt = dt$$
$$\overline{CD}:x = 1, y = t, z = 2 \quad (0 \leq t \leq 3)$$
$$ds = \sqrt{0^2 + 1^2 + 0^2}dt = dt$$

所以
$$I = \int_0^2 0 dt + \int_0^1 0 dt + \int_0^3 2t dt = t^2 \Big|_0^3 = 9.$$

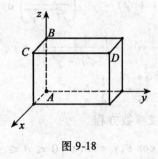

图 9-18

对空间曲线的第一类曲线积分,其计算方法完全类似于对平面曲线的第一类曲线积分.

例 17 计算 $\int_L (x+y)dx + xdy$,L 是单位圆 $x^2 + y^2 = 1$ 上点 $A(1,0)$ 到 $B(0,1)$ 的一段弧(见图 9-19).

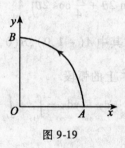

图 9-19

解 方法 1 把 L 的方程写成 $y = \sqrt{1-x^2}$ $(0 \leq x \leq 1)$,则 $dy = -\dfrac{x}{\sqrt{1-x^2}}dx$,于是

$$\int_L (x+y)dx + xdy = \int_1^0 (x + \sqrt{1-x^2})dx + x \cdot \dfrac{-x}{\sqrt{1-x^2}}dx$$

$$= \int_1^0 xdx + \int_1^0 \sqrt{1-x^2}dx - \int_1^0 \dfrac{x^2}{\sqrt{1-x^2}}dx$$

$$= \dfrac{x^2}{2}\Big|_1^0 + x\sqrt{1-x^2}\Big|_1^0 - \int_1^0 \dfrac{-x^2}{\sqrt{1-x^2}}dx - \int_1^0 \dfrac{x^2}{\sqrt{1-x^2}}dx$$

$$= -\dfrac{1}{2}.$$

注意:将第二类曲线积分化为定积分计算时,定积分的下限和上限分别对应曲线 L 的起点和终点对应的函数,不一定要下限小于上限.

方法 2 把 L 的方程写成 $x = \sqrt{1-y^2}$ $(0 \leq y \leq 1)$,则 $dx = -\dfrac{y}{\sqrt{1-y^2}}dy$,于是

$$\int_L (x+y)\mathrm{d}x + x\mathrm{d}y = \int_0^1 (y + \sqrt{1-y^2})\left(\frac{-y}{\sqrt{1-y^2}}\right)\mathrm{d}y + \sqrt{1-y^2}\,\mathrm{d}y$$

$$= \int_0^1 -y\mathrm{d}y - \int_0^1 \frac{y^2}{\sqrt{1-y^2}}\mathrm{d}y + y\sqrt{1-y^2}\Big|_0^1 - \int_0^1 y\frac{-y}{\sqrt{1-y^2}}\mathrm{d}y$$

$$= -\frac{y^2}{2}\Big|_1^0 = -\frac{1}{2}.$$

方法 3 把 L 的方程写成参数方程

$$x = \cos\theta, y = \sin\theta \left(0 \leqslant \theta \leqslant \frac{\pi}{2}\right)$$

对坐标的曲线积分的计算方法可以理解为将参数方程直接代入积分式,所以

$$\int_L (x+y)\mathrm{d}x + x\mathrm{d}y = \int_{\frac{\pi}{2}}^0 (\cos\theta + \sin\theta)\mathrm{d}(\cos\theta) + \cos\theta\mathrm{d}(\sin\theta)$$

$$= \int_0^{\frac{\pi}{2}} \left(\cos 2\theta - \frac{1}{2}\sin 2\theta\right)\mathrm{d}\theta$$

$$= \left(\frac{1}{2}\sin 2\theta + \frac{1}{4}\cos 2\theta\right)\Big|_0^{\frac{\pi}{2}} = -\frac{1}{2}.$$

例 18 计算 $\int_{\widehat{ABC}} x\mathrm{d}y - y\mathrm{d}x$,其中 $A(-1,0), B(0,1), C(1,0)$,$\widehat{AB}$ 为 $x^2 + y^2 = 1$ 的上半圆的弧段,$\widehat{BC}$ 为 $y = 1 - x^2$ 上的弧段.

解 如图 9-20 所示,有 $\int_{\widehat{ABC}} x\mathrm{d}y - y\mathrm{d}x = \int_{L_1} + \int_{L_2}$

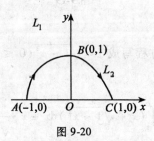

图 9-20

$L_1 : x = \cos\theta, y = \sin\theta$,点 A 对应 $\theta = \pi$,点 B 对应 $\theta = \frac{\pi}{2}$,

$L_2 : y = 1 - x^2$,x 由 0 变到 1,所以

$$\int_{\widehat{ABC}} x\mathrm{d}y - y\mathrm{d}x = \int_\pi^{\frac{\pi}{2}} \cos\theta\mathrm{d}\sin\theta - \sin\theta\mathrm{d}(\cos\theta) + \int_0^1 x\mathrm{d}(1-x^2) - (1-x^2)\mathrm{d}x$$

$$= \int_\pi^{\frac{\pi}{2}} \mathrm{d}\theta + \int_0^1 (-x^2 - 1)\mathrm{d}x = -\frac{\pi}{2} - \frac{4}{3}.$$

对于不同的积分路径,灵活选用不同的计算法可以简化计算.

例 19 计算 $\oint_L \dfrac{\mathrm{d}x + \mathrm{d}y}{|x| + |y|}$,其中 L 是取逆时针方向的正方形回路 $|x| + |y| = 1$.

解 如图 9-21 所示,因为 $|x| + |y| = 1$,所以

$$\oint_L \frac{\mathrm{d}x + \mathrm{d}y}{|x| + |y|} = \oint_L \mathrm{d}x + \mathrm{d}y$$

又

$\overline{AB}: x + y = 1, \mathrm{d}x + \mathrm{d}y = 0$

$\overline{BC}: y - x = 1, \mathrm{d}y = \mathrm{d}x$

$\overline{CD}: x + y = -1, \mathrm{d}x + \mathrm{d}y = 0$

$\overline{DA}: x - y = 1, \mathrm{d}y = \mathrm{d}x$

于是

$$\oint_L \frac{\mathrm{d}x + \mathrm{d}y}{|x| + |y|} = \oint_L \mathrm{d}x + \mathrm{d}y = \int_{\overline{AB}} + \int_{\overline{BC}} + \int_{\overline{CD}} + \int_{\overline{DA}}$$

$$= 0 + \int_0^{-1} 2\mathrm{d}x + 0 + \int_0^1 2\mathrm{d}x = 0.$$

利用已知条件 $|x| + |y| = 1$ 是简化计算的关键.

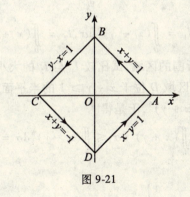

图 9-21

例 20 计算曲线积分 $\int_\Gamma (y^2 - z^2)\mathrm{d}x + 2yz\mathrm{d}y - x^2\mathrm{d}z$,其中曲线 $\Gamma: y = x^2, z = x^3$,为从点 $A(0,0,0)$ 到点 $B(1,1,1)$ 的弧段.

解 空间曲线弧上对坐标的曲线积分与平面上曲线弧对坐标的曲线积分,计算的基本思想是一样的. 以 x 为参数,则点 A 对应 $x = 0$,点 B 对应 $x = 1$,因此

$$\int_\Gamma (y^2 - z^2)\mathrm{d}x + 2yz\mathrm{d}y - x^2\mathrm{d}z = \int_0^1 (x^4 - x^6)\mathrm{d}x + 2x^2 \cdot x^3 \mathrm{d}x^2 - x^2 \mathrm{d}x^3$$

$$= \int_0^1 (3x^6 - 2x^4)\mathrm{d}x = \left(\frac{3}{7}x^7 - \frac{2}{5}x^5\right)\bigg|_0^1 = \frac{1}{35}.$$

§9.4 习 题 选 解

[**习题 9-1 2**] 设平面区域 D 由直线 $x = 0, y = 0, x + y = \dfrac{1}{2}, x + y = 1$ 所围成,

$I_1 = \iint\limits_{D} [\ln(x+y)^3] d\sigma, I_2 = \iint\limits_{D} [\sin(x+y)^3] d\sigma$ 试比较 I_1 和 I_2 的大小。

解 由平面区域 D 可知有如下不等式成立,对于任意的点 $(x,y) \in D$,都有
$$\frac{1}{2} \leq x+y \leq 1$$
显然有
$$\frac{1}{8} \leq (x+y)^3 \leq 1$$
进而有
$$0 < \sin\frac{1}{8} \leq \sin(x+y)^3 \leq \sin 1$$
$$-3\ln 2 \leq \ln(x+y)^3 \leq 0$$
即
$$\sin(x+y)^3 > \ln(x+y)^3$$
所以
$$I_1 = \iint\limits_{D} [\ln(x+y)^3] d\sigma < \iint\limits_{D} [\sin(x+y)^3] d\sigma = I_2.$$

[习题 9-1 3] 设 $I_1 = \iint\limits_{D} (x+y)^5 d\sigma, I_2 = \iint\limits_{D} (x+y)^6 d\sigma$,其中 D 为圆周 $(x-2)^2 + (y-1)^2 = 2$ 所围的区域,试比较 I_1 与 I_2 的大小.

解 如图 9-22 所示,区域 D 位于 $x+y \geq 1$ 的半平面内. 对于 $(x,y) \in D$,都有 $x+y \geq 1$,即 $(x+y)^5 \leq (x+y)^6$,于是得
$$I_1 = \iint\limits_{D} (x+y)^5 d\sigma \leq \iint\limits_{D} (x+y)^6 d\sigma = I_2.$$

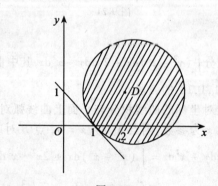

图 9-22

[习题 9-1 4] 用二重积分的性质估计下列积分值所在区间:

(1) $I_1 = \iint\limits_{D} (x+y+10) d\sigma$,其中 D 是圆形区域 $x^2+y^2 \leq 4$;

(2) $I_2 = \iint\limits_D (3x^2 + 4y^2 + 5)\,\mathrm{d}\sigma$,其中 D 是椭圆形区域 $\dfrac{x^2}{4} + \dfrac{y^2}{3} \leq 1$.

解 (1) 因 D 的面积 $\sigma = 4\pi$,求函数 $f(x,y) = x + y + 10$ 在 D 上的最大值 M 和最小值 m 有三种方法.

方法 1 条件极值法

构造拉格朗日函数
$$L = x + y + 10 + \lambda(x^2 + y^2 - 4)$$
解联立方程组
$$\begin{cases} L_x = 1 + 2x\lambda = 0 \\ L_y = 1 + 2y\lambda = 0 \\ x^2 + y^2 = 4 \end{cases}$$
得
$$x = y = \pm 2\sqrt{2}$$
即
$$M = x + y + 10 = 2(5 + \sqrt{2}) \qquad m = 2(5 - \sqrt{2})$$
所以有
$$m\sigma \leq \iint\limits_D (x + y + 10)\,\mathrm{d}\sigma \leq M\sigma$$
$$8(5 - \sqrt{2})\pi \leq \iint\limits_D (x + y + 10)\,\mathrm{d}\sigma \leq 8(5 + 2)\pi.$$

方法 2 将 $y = \pm\sqrt{4 - x^2}$ 代入函数式 $f(x,y) = x + y + 10$ 中得到一元函数 $f(x,y) = x \pm \sqrt{4 - x^2} + 10$,用一元函数求极值的方法,求得驻点 $x = \pm\sqrt{2}$,与定义域 $[-2,2]$ 端点处的值整合. 得到如下数据:
$$f(-2) = 8, f(-\sqrt{2}) = 10 - 2\sqrt{2} = 2(5 - \sqrt{2}), f(\sqrt{2}) = 2(5 + \sqrt{2}), f(2) = 12.$$
比较得 $M = 2(5 + \sqrt{2}), m = 2(5 - \sqrt{2})$

所以有
$$8(5 - \sqrt{2})\pi \leq \iint\limits_D (x + y + 10)\,\mathrm{d}\sigma \leq 2(5 + \sqrt{2})\pi.$$

方法 3 图解法,如图 9-23 所示,D 处在两直线 $x + y = 2\sqrt{2}$ 和 $x + y = -2\sqrt{2}$ 之间,所以对于点 $(x,y) \in D$,都有下列不等式成立
$$-2\sqrt{2} \leq x + y \leq 2\sqrt{2}$$
$$2(5 - \sqrt{2}) \leq x + y + 10 \leq 2(5 + \sqrt{2})$$
即
$$\iint\limits_D 2(5 - \sqrt{2})\,\mathrm{d}\sigma \leq \iint\limits_D (x + y + 10)\,\mathrm{d}\sigma \leq \iint\limits_D 2(5 + \sqrt{2})\,\mathrm{d}\sigma$$
故
$$8(5 - \sqrt{2})\pi \leq \iint\limits_D (x + y + 10)\,\mathrm{d}\sigma \leq 8(5 + \sqrt{2})\pi.$$

(2) 由 $D: \dfrac{x^2}{4} + \dfrac{y^2}{3} \leq 1$ 得 $0 \leq 3x^2 + 4y^2 \leq 12$

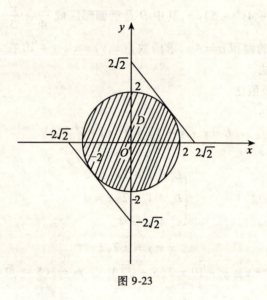

图 9-23

从而有
$$5 \leqslant 3x^2 + 4y^2 + 5 \leqslant 17$$

即
$$5\iint_D d\sigma \leqslant \iint_D (3x^2 + 4y^2 + 5) d\sigma \leqslant 17\iint_D d\sigma$$
$$5\sigma \leqslant \iint_D (3x^2 + 4y^2 + 5) d\sigma \leqslant 17\sigma.$$

又因为 D 的面积为 $\sigma = \pi ab = \pi \cdot 2 \cdot \sqrt{3} = 2\sqrt{3}\pi$，所以有
$$10\sqrt{3}\pi \leqslant \iint_D (3x^2 + 4y^2 + 5) d\sigma \leqslant 34\sqrt{3}\pi.$$

[习题 9-2　1]　计算二重积分 $I = \iint_D xy d\sigma$，其中 D 是抛物线 $y^2 = x$ 与直线 $y = x - 2$ 所围成的区域，如图 9-24 所示.

解　由 $\begin{cases} y^2 = x \\ y = x - 2 \end{cases}$ 得交点 $(1, -1), (4, 2)$，于是 D 可以表示为
$$-1 \leqslant y \leqslant 2$$
$$y^2 \leqslant x \leqslant y + 2$$

所以二重积分可以化为累次积分
$$I = \iint_D xy d\sigma = \int_{-1}^{2} dy \int_{y^2}^{y+2} xy dx = \int_{-1}^{2} \left[\frac{x^2 y}{2}\right]_{y^2}^{y+2} dy = \frac{1}{2}\int_{-1}^{2} [y(y+2)^2 - y^5] dy$$
$$= \frac{1}{2}\left[\frac{y^4}{4} + \frac{4}{3}y^3 + 2y^2 - \frac{1}{5}y^5\right]_{-1}^{2} = \frac{45}{8}.$$

[习题 9-2　3]　计算下列二重积分

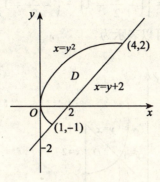

图 9-24

(1) $\iint_D \cos(x+y) \mathrm{d}x\mathrm{d}y$,其中 D 由 $x=0, y=\pi, y=x$ 所围成;

(2) $\iint_D \dfrac{x^2}{y^2} \mathrm{d}x\mathrm{d}y$,其中 D 由 $x=2, y=x, xy=1$ 所围成;

(3) $\iint_D \dfrac{x}{y+1} \mathrm{d}x\mathrm{d}y$,其中 D 由 $y=x^2+1, y=2x, x=0$ 所围成;

(4) $\iint_D |x-y| \mathrm{d}x\mathrm{d}y$,其中 D 由 $y=0, x=0, y=1, x=1$ 所围成.

解 (1) 如图 9-25 所示,D 可以表示为

$$0 \leqslant y \leqslant \pi$$
$$0 \leqslant x \leqslant y$$

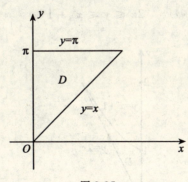

图 9-25

故
$$\iint_D \cos(x+y) \mathrm{d}x\mathrm{d}y = \int_0^\pi \mathrm{d}y \int_0^y \cos(x+y) \mathrm{d}x = \int_0^\pi \left[\sin(x+y)\right]_0^y \mathrm{d}y$$
$$= \int_0^\pi [\sin(2y) - \sin y] \mathrm{d}y = \left[-\dfrac{1}{2}\cos(2y) + \cos y\right]_0^\pi$$

$$= \left[\left(-\frac{1}{2}-1\right)-\left(-\frac{1}{2}+1\right)\right] = -2.$$

(2) 如图 9-26 所示，D 可以表示为

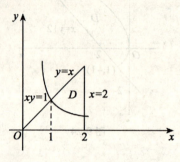

图 9-26

$$1 \leqslant x \leqslant 2$$
$$\frac{1}{x} \leqslant y \leqslant x$$

所以有

$$\iint_D \frac{x^2}{y^2}\mathrm{d}x\mathrm{d}y = \int_1^2 \mathrm{d}x \int_{\frac{1}{x}}^{x} \frac{x^2}{y^2}\mathrm{d}y = \int_1^2 \left[-\frac{x^2}{y}\right]_{\frac{1}{x}}^{x}\mathrm{d}x$$

$$= \int_1^2 [x^3 - x]\mathrm{d}x = \left[\frac{x^4}{4} - \frac{x^2}{2}\right]_1^2 = \frac{9}{4}.$$

(3) 如图 9-27 所示，D 可以表示为

$$0 \leqslant x \leqslant 1$$
$$2x \leqslant y \leqslant x^2 + 1$$

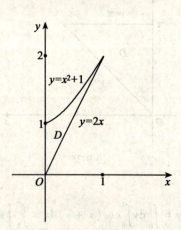

图 9-27

所以有

$$\iint_D \frac{x}{y+1}dxdy = \int_0^1 dx \int_{2x}^{x^2+1} \frac{x}{y+1}dy = \int_0^1 \left[x\ln(y+1)\right]_{2x}^{x^2+1} dx$$

$$= \int_0^1 \left[x\ln(x^2+2) - x\ln|2x+1|\right]dx$$

$$= \frac{3}{2}\ln 3 - \ln 2 - \frac{1}{2} - \frac{1}{2}\ln 3 + \frac{1}{8}\ln 3$$

$$= \frac{9}{8}\ln 3 - \ln 2 - \frac{1}{2}.$$

（4）如图 9-28 所示，D 可以表示为

$$0 \le x \le 1$$
$$0 \le y \le 1$$

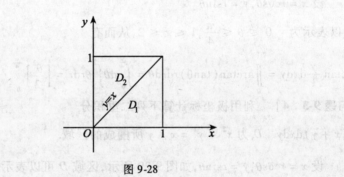

图 9-28

将区域 D 用直线 $y = x$ 分为两个小区域 D_1, D_2，则

$$D_1: \begin{matrix} 0 \le x \le 1 \\ 0 \le y \le x \end{matrix}, \quad D_2: \begin{matrix} 0 \le y \le 1 \\ 0 \le x \le y \end{matrix}$$

由可加性有

$$\iint_D |x-y|dxdy = \iint_{D_1}(x-y)dxdy + \iint_{D_2}(y-x)dxdy$$

$$= \int_0^1 dx \int_0^x (x-y)dy + \int_0^1 dy \int_0^y (y-x)dx$$

$$= \int_0^1 \left[xy - \frac{1}{2}y^2\right]_0^x dx + \int_0^1 \left[xy - \frac{1}{2}x^2\right]_0^y dy$$

$$= \int_0^1 \frac{1}{2}x^2 dx + \int_0^1 \frac{1}{2}y^2 dy = \frac{1}{2}\left[\frac{x^3}{3}\right]_0^1 + \frac{1}{2}\left[\frac{y^3}{3}\right]_0^1 = \frac{1}{3}.$$

注：在 D_1 上：$x \ge y \Rightarrow x - y \ge 0$，所以有 $|x-y| = x - y$；在 D_2 上：$x \le y \Rightarrow x - y \le 0$，所以有 $|x-y| = -(x-y) = y - x$.

[习题 9-3 2] 利用极坐标计算下列二重积分

$$\iint_D \sin\sqrt{x^2+y^2}\,dxdy \quad D: \pi^2 \leqslant x^2+y^2 \leqslant 4\pi^2$$

解 令 $x = r\cos\theta, y = r\sin\theta$

则 D 可以表示为 $D: 0 \leqslant \theta \leqslant 2\pi, \pi \leqslant r \leqslant 2\pi$,从而有

$$\iint_D \sin\sqrt{x^2+y^2}\,dxdy = \iint_D \sin r \cdot rdrd\theta = \int_0^{2\pi}d\theta\int_\pi^{2\pi} r\sin r\,dr$$
$$= 2\pi\left[-r\cos r + \sin r\right]_\pi^{2\pi} = -6\pi^2.$$

[习题 9-3 3] 利用极坐标计算下列二重积分

$\iint_D \arctan\dfrac{y}{x}dxdy$,$D$ 为圆 $x^2+y^2=4$,$x^2+y^2=1$ 及直线 $y=x$,$y=0$ 所围的在第一象限的区域.

解 设 $x = r\cos\theta, y = r\sin\theta$

则 D 可以表示为 $0 \leqslant \theta \leqslant \dfrac{\pi}{4}, 1 \leqslant r \leqslant 2$,从而有

$$\iint_D \arctan\frac{y}{x}dxdy = \iint_D \arctan(\tan\theta)rdrd\theta = \int_0^{\frac{\pi}{4}}d\theta\int_1^2 \theta r\,dr = \left[\frac{\theta^2}{2}\right]_0^{\frac{\pi}{4}} \cdot \left[\frac{r^2}{2}\right]_1^2 = \frac{3}{64}\pi^2.$$

[习题 9-3 4] 利用极坐标计算下列二重积分

$\iint_D (x+y)dxdy$ D 为 $x^2+y^2 = x+y$ 所围成的区域.

解 设 $x = r\cos\theta, y = r\sin\theta$,如图 9-29 所示,区域 D 可以表示为

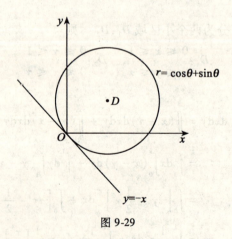

图 9-29

$$D: -\frac{\pi}{4} \leqslant \theta \leqslant \frac{3\pi}{4}, 0 \leqslant r \leqslant \cos\theta + \sin\theta$$

从而有

$$\iint\limits_{D}(x+y)\,\mathrm{d}x\mathrm{d}y = \int_{-\frac{\pi}{4}}^{\frac{3}{4}\pi}\mathrm{d}\theta\int_{0}^{\cos\theta+\sin\theta}r^{2}(\cos\theta+\sin\theta)\,\mathrm{d}r = \int_{-\frac{\pi}{4}}^{\frac{3}{4}\pi}\left[(\cos\theta+\sin\theta)\frac{r^{3}}{3}\right]_{0}^{\cos\theta+\sin\theta}\mathrm{d}\theta$$

$$=\frac{1}{3}\int_{-\frac{\pi}{4}}^{\frac{3}{4}\pi}(\cos\theta+\sin\theta)^{4}\mathrm{d}\theta = \frac{1}{3}\int_{-\frac{\pi}{4}}^{\frac{3}{4}\pi}(1+2\sin 2\theta+\sin^{2}2\theta)\mathrm{d}\theta$$

$$=\frac{1}{3}\int_{-\frac{\pi}{4}}^{\frac{3}{4}\pi}\left(1+2\sin 2\theta+\frac{1}{2}-\frac{1}{2}\cos 4\theta\right)\mathrm{d}\theta$$

$$=\frac{1}{3}\left[\frac{3}{2}\theta-\cos 2\theta-\frac{1}{8}\sin 4\theta\right]_{-\frac{\pi}{4}}^{\frac{3}{4}\pi} = \frac{1}{3}\cdot\left[\frac{9\pi}{8}-\left(-\frac{3\pi}{8}\right)\right]$$

$$=\frac{1}{3}\cdot\frac{12\pi}{8}=\frac{\pi}{2}.$$

[习题 9-5 1] 计算下列第一型曲线积分：

(1) 计算 $\oint_{L}(x+y)\,\mathrm{d}s$，其中 L 是以 $O(0,0),A(1,0),B(0,1)$ 为顶点的三角形；

(2) 计算 $\int_{L}y\,\mathrm{d}s$，其中 L 是抛物线 $y^{2}=4x$ 从点 $O(0,0)$ 到点 $B(1,2)$ 的一段弧；

(3) 计算 $\int_{L}\sqrt{x^{2}+y^{2}}\,\mathrm{d}s$，其中 L 是圆周 $x^{2}+y^{2}=2x$；

(4) 计算 $\int_{L}y^{2}\,\mathrm{d}s$，其中 L 是摆线 $x=a(t-\sin t),y=a(1-\cos t)\,(0\leqslant t\leqslant 2\pi)\,(a>0)$.

解 (1) 如图 9-30 所示，显然有 $L_{1}:y=0,L_{2}:x+y=1,L_{3}:x=0$.

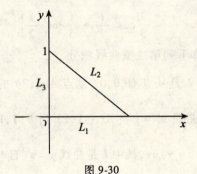

图 9-30

$$\oint_{L}(x+y)\,\mathrm{d}s = \int_{L_{1}}\mathrm{d}s+\int_{L_{2}}\mathrm{d}s+\int_{L_{3}}\mathrm{d}s = \int_{0}^{1}x\,\mathrm{d}x+\int_{0}^{1}\sqrt{2}\,\mathrm{d}x+\int_{0}^{1}y\,\mathrm{d}y$$

$$=\frac{1}{2}+\sqrt{2}+\frac{1}{2}=1+\sqrt{2}.$$

(2) $\int_{L}y\,\mathrm{d}s = \int_{0}^{2}y\sqrt{1+\left(\frac{y}{2}\right)^{2}}\,\mathrm{d}y = \int_{0}^{2}y\sqrt{1+\frac{y^{2}}{4}}\,\mathrm{d}y = 2\int_{0}^{2}\sqrt{1+\frac{y^{2}}{4}}\,\mathrm{d}\left(1+\frac{y^{2}}{4}\right)$

$$= \frac{4}{3}\left(1+\frac{y^2}{4}\right)^{\frac{3}{2}}\Big|_0^2 = \frac{4}{3}(2\sqrt{2}-1).$$

(3) 由 $y = \pm\sqrt{2x-x^2}$ 与对称性知

$$y = \sqrt{2x-x^2}, \quad 0 \le x \le 2$$

$$ds = \sqrt{1+y'^2}\,dx = \sqrt{1+\frac{(1-x)^2}{2x-x^2}}\,dx = \frac{dx}{\sqrt{2x-x^2}}$$

从而有

$$\int_L \sqrt{x^2+y^2}\,ds = 2\int_0^2 \sqrt{2x}\,\frac{dx}{\sqrt{2x-x^2}} = 2\sqrt{2}\int_0^2 \frac{dx}{\sqrt{2-x}}$$

$$= -2\sqrt{2}\int_0^2 (2-x)^{-\frac{1}{2}}\,d(2-x)$$

$$= -4\sqrt{2}(2-x)^{\frac{1}{2}}\Big|_0^2 = 0 - [-4\sqrt{2}\cdot\sqrt{2}] = 8.$$

(4) $\int_L y^2\,ds = \int_0^{2\pi} a^2(1-\cos t)^2\sqrt{(1-\cos t)^2 a^2 + (a\sin t)^2}\,dt$

$$= a^3\int_0^{2\pi}(1-\cos t)^2\sqrt{2(1-\cos t)}\,dt = 8a^3\int_0^{2\pi}\sin^5\frac{t}{2}\,dt$$

$$= -16a^3\int_0^{2\pi}\left(1-\cos^2\frac{t}{2}\right)^2 d\left(\cos\frac{t}{2}\right)$$

$$= -16a^3\int_0^{2\pi}\left(1-2\cos^2\frac{t}{2}+\cos^4\frac{t}{2}\right)d\left(\cos\frac{t}{2}\right)$$

$$= -16a^3\left[\cos\frac{t}{2}-\frac{2}{3}\cos^3\frac{t}{2}+\frac{1}{5}\cos^5\frac{t}{2}\right]_0^{2\pi} = \frac{256}{15}a^3.$$

[习题 9-6 1] 计算下列第二型曲线积分

(1) $\int_L x\,dy + y\,dx$,其中 L 是从点 $O(0,0)$ 到点 $A(1,2)$ 的直线段.

(2) $\int_L xy\,dy$,其中 L 是曲线 $x^2 = y$ 自 $A(-1,1)$ 到 $B(1,1)$ 的一段弧.

(3) $\int_L (x^2-y)\,dx + (x^2+y)\,dy$,其中 L 是曲线 $y = x^2$ 自 $A(1,1)$ 到 $B(2,4)$ 的一段弧.

(4) $\int_L (2a-y)\,dx + x\,dy$,其中 L 为摆线 $x = a(t-\sin t), y = a(1-\cos t)$ 上由 $t_1 = 0$ 到 $t_2 = 2\pi$ 的一段弧.

解 (1) 直线方程为 $y = 2x$, $0 \le x \le 1$, $dy = 2dx$
从而有

$$\int_L x\,dy + y\,dx = \int_0^1 [2x+2x]\,dx = [2x^2]_0^1 = 2.$$

(2) 由 $y = x^2$ $-1 \le x \le 1$, $dy = 2x\,dx$

从而有
$$\int_L xy\,dy = \int_{-1}^1 x \cdot x^2 \cdot 2x\,dx = 2\int_{-1}^1 x^4\,dx = 2\left[\frac{x^5}{5}\right] = \frac{4}{5}.$$

(3) 由 $x^2 = y$ $dy = 2x\,dx$ $1 \leqslant x \leqslant 2$

从而有
$$\int_L (x^2 - y)\,dx + (x^2 + y)\,dy = \int_1^2 [(x^2 - x^2) + (x^2 + x^2)2x]\,dx$$
$$= \int_1^2 4x^3\,dx = [x^4]_1^2 = 15.$$

(4) $\int_L (2a - y)\,dx + x\,dy$

$$= \int_0^{2\pi} \{[2a - a(1 - \cos t)]a(1 - \cos t) + [a(t - \sin t)a\sin t]\}\,dt$$
$$= \int_0^{2\pi} a_2[(1 - \cos^2 t) + t\sin t - \sin^2 t]\,dt$$
$$= a^2\int_0^{2\pi} t\sin t\,dt = -a^2[t\cos t]_0^{2\pi} + a^2\int_0^{2\pi} \cos t\,dt$$
$$= -2\pi a^2 + a^2[\sin t]_0^{2\pi} = -2\pi a^2.$$

[**习题 9-7 1**] 应用格林公式计算下列曲线积分

(1) $\oint_C xy^2\,dy - x^2y\,dx, C: x^2 + y^2 = a^2 (a > 0)$;

(2) $\oint_C (x^2 + y^2)\,dx + (y^2 - x^2)\,dy, C:$ 由 $y = 0, x = 1, y = x$ 围成.

解 (1) 因为 $P = -x^2 y, \quad Q = xy^2$
$$\frac{\partial P}{\partial y} = -x^2 \qquad \frac{\partial Q}{\partial x} = y^2$$

从而由格林公式有
$$\oint_C xy^2\,dy - x^2 y\,dx = \iint_D \left(\frac{\partial Q}{\partial x} - \frac{\partial P}{\partial y}\right)dx\,dy = \iint_D (y^2 + x^2)\,dx\,dy = \int_0^{2\pi} d\theta \int_0^a r^3\,dr = \frac{\pi a^4}{2}.$$

(2) 这里 $P = x^2 + y^2, \quad Q = y^2 - x^2$
$$\frac{\partial P}{\partial y} = 2y \qquad \frac{\partial Q}{\partial x} = -2x$$

从而由格林公式便有
$$\oint_C (x^2 + y^2)\,dx + (y^2 - x^2)\,dy = \iint_D \left(\frac{\partial Q}{\partial x} - \frac{\partial P}{\partial y}\right)dx\,dy = -\iint_D 2(x + y)\,dx\,dy$$

而区域 D 可以表示为 $D: 0 \leqslant x \leqslant 1, 0 \leqslant y \leqslant x.$

所以有
$$\oint_C (x^2 + y^2)\,dx + (y^2 - x^2)\,dy = -\int_0^1 dx \int_0^x 2(x + y)\,dy$$
$$= -2\int_0^1 \left[xy + \frac{y^2}{2}\right]_0^x dx = -3\int_0^1 x^2\,dx = [-x^3]_0^1 = -1.$$

[**习题 9-7 2**] 应用格林公式计算 $\int_C (2xy + y)\mathrm{d}x + (x^2 - y^2)\mathrm{d}y$,其中 C 为曲线 $y = 1 - |1 - x|$ $(0 \leqslant x \leqslant 2)$ 从点 $(0,0)$ 经过点 $(1,1)$ 到点 $(2,0)$.

解 方法 1 如图 9-31 所示,补充直线 $y = 0$,使 C 成为一封闭曲线 C',又如图 9-31 所示积分沿围成的三角形边线顺时针方向取为负向. 又因为

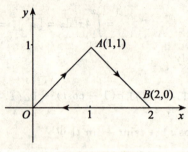

图 9-31

$$P = 2xy + y, \quad Q = x^2 - y^2$$
$$\frac{\partial P}{\partial y} = 2x + 1, \quad \frac{\partial Q}{\partial x} = 2x$$

从而由格林公式有

$$\oint_{C'} (2xy + y)\mathrm{d}x + (x^2 - y^2)\mathrm{d}y = -\iint_D \left(\frac{\partial Q}{\partial x} - \frac{\partial P}{\partial y}\right)\mathrm{d}x\mathrm{d}y = \iint_D (2x + 1 - 2x)\mathrm{d}x\mathrm{d}y$$
$$= \iint_D \mathrm{d}x\mathrm{d}y = \frac{1}{2} \times 1 \times 2 = 1$$

所以有

$$\int_C (2xy + y)\mathrm{d}x + (x^2 - y^2)\mathrm{d}y = \oint_{C'} (2xy + y)\mathrm{d}x + (x^2 - y^2)\mathrm{d}y - \int_{\overline{BO}} (2xy + y)\mathrm{d}x +$$
$$(x^2 - y^2)\mathrm{d}y$$
$$= 1 - 0 = 1.$$

方法 2 直接求解

设 $I = \int_C (2xy + y)\mathrm{d}x + (x^2 - y^2)\mathrm{d}y$ 如图 9-31 所示.

$I = I_1 + I_2$,其中

$$I_1 = \int_{\overline{OA}} (2xy + y)\mathrm{d}x + (x^2 - y^2)\mathrm{d}y$$
$$I_2 = \int_{\overline{AB}} (2xy + y)\mathrm{d}x + (x^2 - y^2)\mathrm{d}y$$

因为 $OA: y = x \quad (0 \leqslant x \leqslant 1) \quad \mathrm{d}y = \mathrm{d}x$

故 $I_1 = \int_0^1 [2x^2 + x] dx = \left[\frac{2}{3}x^3 + \frac{x^2}{2}\right]_0^1 = \frac{2}{3} + \frac{1}{2} = \frac{7}{6}$

又因为 $\overline{AB}: y = 2 - x \quad (1 \le x \le 2) \quad dy = -dx$

故
$$I_2 = \int_1^2 [2x(2-x) + (2-x) - x^2 + (2-x)^2] dx$$
$$= \int_1^2 [4x - 2x^2 + 2 - x - x^2 + 4 - 4x + x^2] dx$$
$$= \int_1^2 (-2x^2 - x + 6) dx = \left[-\frac{2}{3}x^3 - \frac{x^2}{2} + 6x\right]_1^2$$
$$= \left(-\frac{16}{3} - 2 + 12\right) - \left(-\frac{2}{3} - \frac{1}{2} + 6\right) = -\frac{1}{6}$$

所以有 $I = I_1 + I_2 = \frac{7}{6} + \left(-\frac{1}{6}\right) = 1.$

§9.5 综合练习

一、填空题

1. 设二重积分 $I = \int_1^{e^2} dx \int_0^{\ln x} f(x, y) dy$，交换积分次序，则
$$I = \underline{\qquad\qquad}.$$

2. 设二重积分 $I = \int_0^2 dx \int_{\frac{x}{2}}^{3-x} f(x, y) dy$，交换积分次序，则
$$I = \underline{\qquad\qquad}.$$

3. 设 D 为矩形区域：$a \le x \le b, A \le y \le B$，$f(x,y) = \frac{\partial^2 F}{\partial x \partial y}$，则二重积分 $\iint_D f(x,y) d\sigma = \underline{\qquad\qquad}$.

4. 二重积分 $\int_{-a}^a dx \int_{a-\sqrt{a^2-x^2}}^{a+\sqrt{a^2-x^2}} f(x,y) dy$ 在极坐标系下的累次积分为 _____.

5. 若区域 $D: a^2 \le x^2 + y^2 \le b^2 (0 < a < b)$，则二重积分 $\iint_D f(x,y) dxdy$ 在极坐标系下的累次积分为 _____.

6. 若区域 $D: 0 \le x \le 1, 0 \le y \le 2$，则 $\iint_D |y^2 - 4x| dxdy$ 的累次积分表达式是 _____.

7. 若 Ω 由曲面 $z^2 = 3(x^2 + y^2)$ 和 $x^2 + y^2 + z^2 = 16 (z \ge 0)$ 所围成，则三重积分 $\iiint_\Omega f(x,y,z) dV$ 在直角坐标系下的三次积分是_____；在柱面坐标系下的三次积分是_____；在球面坐标系下的三次积分是_____.

8. $\int_L f(x,y) dS = \int_c^d f(x(y),y) \underline{\qquad} dy (c \leq y \leq d)$.

9. $\iint_\Sigma f(x,y,z) dS = \iint_{D_{xz}} f(x,y(x,z),z) \underline{\qquad} dxdz$.

10. $\iint_\Sigma P(x,y,z) dydz = \underline{\qquad} \iint_{D_{yz}} P(x(y,z),y,z) dydz$.

11. 若 L 是不过原点的任意一条简单的正向闭曲线，则
$$\oint_L \frac{ydx - xdy}{x^2 + y^2} = \underline{\qquad}.$$

12. 若 Σ 为球面 $x^2 + y^2 + z^2 = a^2$ 的外侧，则
$$\iint_\Sigma 2(y-z) dydz + 2(z-x) dzdx + 2(x-y) dxdy = \underline{\qquad}.$$

13. 设 Σ 为圆柱面 $x^2 + y^2 \leq R^2 (0 \leq z \leq H)$ 的外侧，则
$$\iint_\Sigma xdydz + ydzdx + zdxdy = \underline{\qquad}.$$

14. 设 L 是以点 $A(1,1), B(2,2), C(1,3)$ 为顶点的三角形沿正向的围线，则
$$\oint_L 2(x^2 + y^2) dx + (x+y)^2 dy = \underline{\qquad}.$$

二、选择题

1. 二重积分 $\iint_D f(x,y) d\sigma$ 在有界闭域 D 上存在的充分必要条件是 $f(x,y)$ 在 D 上 (　　).

　　A. 有界　　　　B. 连续　　　　C. 处处有定义　　　　D. 前面都不对

2. 不计算积分，下列不等式正确的是 (　　).

　　A. $I = \iint\limits_{\substack{|x| \leq 1 \\ |y| \leq 1}} (x-1) d\sigma > 0$ 　　　B. $I = \iint\limits_{x^2+y^2 \leq 1} (x^2 + y^2) d\sigma > 0$

　　C. $I = \iint\limits_{\substack{|x| \leq 1 \\ |y| \leq 1}} (y-1) d\sigma > 0$ 　　　D. $I = \iint\limits_{\substack{|x| \leq 1 \\ |y| \leq 1}} (x+1) d\sigma > 0$

3. 设 D 是 xOy 平面上以点 $(1,1), (-1,1), (-1,-1)$ 为顶点的三角形区域，D_1 为 D 在第一象限部分，则
$$I = \iint_D (xy + \sin y \cos x) d\sigma = (\quad).$$

　　A. $2 \iint_{D_1} \sin y \cos x d\sigma$　　　　B. $2 \iint_{D_1} xy d\sigma$

　　C. $4 \iint_{D_1} (xy + \sin y \cos x) d\sigma$　　　　D. 0

4. 设二元函数 $f(x,y)$ 是连续的,则二重积分
$$I = \int_0^1 dx \int_0^x f(x,y) dy + \int_1^2 dx \int_0^{2-x} f(x,y) dy = (\quad).$$

A. $\int_0^1 dy \int_0^y f(x,y) dx + \int_1^2 dy \int_0^{2-y} f(x,y) dx$

B. $\int_0^1 dy \int_{2-y}^y f(x,y) dx$

C. $\int_0^1 dy \int_y^{2-y} f(x,y) dx$

D. $\int_1^2 dy \int_y^{2-y} f(x,y) dx$

5. 设 $I = \iint_D |xy| d\sigma$,其中 $D: x^2 + y^2 \leq a^2 (a>0)$,则 $I = (\quad)$.

A. $\dfrac{a^4}{4}$ B. $\dfrac{a^4}{3}$ C. $\dfrac{a^4}{2}$ D. a^4

6. 设 $D: \pi^2 \leq x^2 + y^2 \leq a\pi^2$,当 $\iint_D \sin\sqrt{x^2+y^2} dx dy = -6\pi^2$ 时,$a = (\quad)$.

A. 1   B. $\dfrac{\sqrt{3}}{8}$ C. $3\sqrt{\dfrac{3}{4}}$ D. 4

7. 设 $I = \int_0^4 dx \int_{-\sqrt{4x-x^2}}^0 f(x,y) dy$,交换积分次序,则 $I = (\quad)$.

A. $\int_{-2}^0 dy \int_{1-\sqrt{1-y^2}}^{1+\sqrt{1-y^2}} f(x,y) dx$ B. $\int_{-2}^2 dy \int_{2-\sqrt{4-y^2}}^{2+\sqrt{4-y^2}} f(x,y) dx$

C. $\int_{-2}^0 dy \int_{2-\sqrt{4-y^2}}^0 f(x,y) dx$ D. $\int_{-2}^0 dy \int_{2-\sqrt{4-y^2}}^{2+\sqrt{4-y^2}} f(x,y) dx$

8. $I = \iiint_\Omega \dfrac{dx dy dz}{x^2+y^2}$,其中 Ω 为平面 $x=1, x=2, z=0, y=x$ 与 $z=y$ 所围成的闭区域,则 $I = (\quad)$.

A. $\ln 2$ B. $\dfrac{1}{2}\ln 2$ C. 2   D. $2\ln 2$

9. $I = \iiint_\Omega (x^2+y^2) dV = (\quad)$,其中 Ω 为曲面 $2(x^2+y^2) = z$ 与平面 $z=4$ 所围成的闭区域.

A. $\dfrac{4}{3}\pi$ B. 4π C. $\dfrac{8}{3}\pi$ D. $\dfrac{2}{3}\pi$

10. $I = \iiint_\Omega z dV$,其中 $\Omega: \dfrac{x^2}{a^2} + \dfrac{y^2}{b^2} + \dfrac{z^2}{c^2} \leq 1, z \geq 0$,则 $I = (\quad)$.

A. $\dfrac{\pi abc^2}{4}$ B. $\dfrac{\pi abc}{2}$ C. $\dfrac{abc^2}{4}$ D. πabc^2

11. $I = \iiint_\Omega z dV$,其中 Ω 为 $z^2 = x^2+y^2, z=4$ 围成的立体,则 I 可化为(   ).

A. $I = \int_0^{2\pi} d\theta \int_0^4 r dr \int_r^4 z dz$ 　　　　B. $I = \int_0^{2\pi} d\theta \int_0^4 r dr \int_0^4 z dz$

C. $I = \int_0^{2\pi} d\theta \int_0^4 z dz \int_r^4 r dr$ 　　　　D. $I = \int_0^2 dz \int_0^{2\pi} d\theta \int_0^z z r dr$

12. $I = \int_L 2(x+y) ds$，其中 L 是以点 $O(0,0), A(0,1), B(1,0)$ 为顶点的三角形，则 $I = (\quad)$.

　　A. 1　　　　B. $1 + \sqrt{2}$　　　　C. $2\sqrt{2} + 2$　　　　D. $\sqrt{2}$

13. $I = \oint_L \sqrt{x^2 + y^2} ds$，其中 L 为圆周 $x^2 + y^2 = ax (a > 0)$，则 $I = (\quad)$.

　　A. a^2　　　　B. $2a^2$　　　　C. $a^2 - 1$　　　　D. $\dfrac{3}{2} a^2$

14. L 为摆线 $x = t - \sin t, y = 1 - \cos t (0 \le t \le 2\pi)$ 沿 t 增加方向的一段，则 $I = \int_L (2-y) dx + dy = (\quad)$.

　　A. π　　　　B. $\dfrac{1}{3} \pi$　　　　C. π　　　　D. 2π

15. 下列格林公式写法正确的是（　　）.

　　A. $\iint_D \left(\dfrac{\partial Q}{\partial x} - \dfrac{\partial P}{\partial y} \right) dx dy = \oint_L P dy + Q dx$

　　B. $\iint_D \left(\dfrac{\partial P}{\partial x} - \dfrac{\partial Q}{\partial y} \right) dx dy = \oint_L P dx + Q dy$

　　C. $\iint_D \left(\dfrac{\partial Q}{\partial x} + \dfrac{\partial P}{\partial y} \right) dx dy = \oint_L P dy + Q dx$

　　D. $\iint_D \begin{vmatrix} \dfrac{\partial}{\partial x} & \dfrac{\partial}{\partial y} \\ P & Q \end{vmatrix} dx dy = \oint_L P dx + Q dy$

16. 由星形线 $x = \cos^3 t, y = b \sin^3 t (0 \le t \le 2\pi)$ 所围成的面积为（　　）.

　　A. $\dfrac{3}{4} \pi ab$　　　　B. πab　　　　C. $3 \pi ab$　　　　D. $\dfrac{3}{8} \pi ab$

17. 设 $D \subset \mathbf{R}^2$ 是单连通闭区域，若函数 $P(x,y), Q(x,y)$ 在闭区域 D 内连续且有一阶连续偏导数，则下面哪个条件与在 D 内每一点处有 $\dfrac{\partial P}{\partial y} = \dfrac{\partial Q}{\partial x}$ 等价（　　）.

　　A. 沿 D 中任一分段光滑的闭曲线 L，有 $\oint_L P dx + Q dy = 0$

　　B. 沿 D 中任一分段光滑的曲线 L，曲线积分 $\oint_L P dx + Q dy$ 不仅与 L 的起点有关，而且与路径有关

　　C. 沿 D 中任一分段光滑的曲线 L，有 $\oint_L P dx + Q dy = 0$

D. $Pdx + Qdy$ 是 D 内某一函数 U 的全微分，即在 D 内有 $dU = Qdx + Pdy$

18. Σ 是上半球面 $x^2 + y^2 + z^2 = a^2, z \geq 0$，则

$$I = \iint_{\Sigma} (x + y + z) dA = (\qquad).$$

A. πa^3 B. $2\pi a^3$ C. $\dfrac{1}{2}\pi a^3$ D. $2a^3$

19. $I = \oiint_{\Sigma} yzdydz + zxdzdx + xydxdy$，其中 Σ 是单位球面 $x^2 + y^2 + z^2 = 1$ 的外侧，则 $I = (\qquad).$

A. 1   B. $2\pi^2$ C. 0   D. π

20. $I = \oiint_{\Sigma} x^2 dydz + y^2 dzdx + z^2 dxdy$，其中 Σ 是立方体 $0 \leq x, y, z \leq a$ 的外侧，则 $I = (\qquad).$

A. a^4 B. $3a^4$ C. $\dfrac{1}{2}a^2$ D. $4a^4$

三、综合训练题

1. 利用二重积分求由下列曲线所围成的图形的面积

(1) $y = x, y = 5x, x = 1$；

(2) $y^2 = \dfrac{b^2}{a}x, y = \dfrac{b}{a}x$；

(3) $y^2 = 2px + p^2, y^2 = -2qx + q^2 \quad (p > 0, q > 0)$；

(4) $x + y = a, x + y = b, y = kx, y = mx$
$(0 < a < b, 0 < k < m).$

2. 利用二重积分求下列曲面所围成的立体的体积

(1) $z = 1 - 4x^2 - y^2, z = 0$；

(2) 坐标平面，平面 $x = 4, y = 4$ 及抛物面 $z = x^2 + y^2 + 1$；

(3) 抛物柱面 $z = 4 - x^2$，坐标平面和平面 $2x + y = 4$ 在第一卦限的部分；

(4) 旋转抛物面 $z = x^2 + y^2$，坐标平面和平面 $x + y = 1$；

(5) 抛物柱面 $2y^2 = x$，平面 $\dfrac{x}{4} + \dfrac{y}{2} + \dfrac{z}{2} = 1, z = 0$.

3. 将三重积分 $\iiint_{\Omega} f(x, y, z) dV$ 化成累次积分（先对 z，次对 y，再对 x），其积分区域给定如下：

(1) $\Omega: 3x^2 + y^2 = z, z = 1 - x^2$ 所围成的闭区域；

(2) $\Omega: z^2 = 3x^2 + y^2, z = 2$ 所围成的闭区域.

4. 计算下列曲线积分

(1) $\displaystyle\int_{L} \sqrt{y} ds, L$ 是曲线 $x = a(t - \sin t), y = a(1 - \cos t)$

$(0 \leq t \leq 2\pi)$；

(2) $\int_L x \mathrm{d}y$，L 为坐标轴与直线 $\dfrac{x}{2} + \dfrac{y}{3} = 1$ 构成的正三角形回路；

(3) $\int_{AOB} (x+y)^2 \mathrm{d}x + (-x^2 - y^2 \sin y) \mathrm{d}y$，其中：积分路线 AOB 为抛物线 $y = x^2$ 上的弧段，起点 $A(-1,1)$，终点 $B(1,1)$，O 为原点 $(0,0)$；

(4) $\oint_L x^2 y z \mathrm{d}x + (x^2 + y^2) \mathrm{d}y + (x+y+1) \mathrm{d}z$，其中 L 为曲面 $z = x^2 + y^2 + 1$ 和 $x^2 + y^2 + z^2 = 5$ 的交线.

5. 求下列曲面积分

(1) $I = \iint_\Sigma \sin\sqrt{a^2 - x^2 - y^2} \mathrm{d}A$，$\Sigma$ 是球面 $x^2 + y^2 + z^2 = a^2 (a > 0)$ 在第一卦限的部分；

(2) $\iint_\Sigma xz \mathrm{d}x\mathrm{d}y + xy \mathrm{d}y\mathrm{d}z + yz \mathrm{d}z\mathrm{d}x$，$\Sigma$ 是旋转抛物面 $z = \dfrac{1}{2}(x^2+y^2)$ 与平面 $z = 2$ 所围立体表面的外侧.

综合练习答案

一、填空题

1. $\int_0^2 \mathrm{d}y \int_e^{e^2} f(x,y) \mathrm{d}x$； 2. $\int_0^1 \mathrm{d}y \int_0^{2y} f(x,y) \mathrm{d}x + \int_1^3 \mathrm{d}y \int_0^{3-y} f(x,y) \mathrm{d}x$；

3. $F(A,B) - F(A,b) - F(a,B) + F(a,b)$； 4. $\int_0^\pi \mathrm{d}\theta \int_0^{2a\sin\theta} f(r\cos\theta, r\sin\theta) r \mathrm{d}r$；

5. $\int_0^{2\pi} \mathrm{d}\theta \int_a^b f(r\cos\theta, r\sin\theta) r \mathrm{d}r$； 6. $\int_0^2 \mathrm{d}y \int_0^{\frac{y^2}{4}} (y^2 - 4x) \mathrm{d}x + \int_0^2 \mathrm{d}y \int_{\frac{y^2}{4}}^1 (4x - y^2) \mathrm{d}x$；

7. $\int_{-2}^2 \mathrm{d}x \int_{-\sqrt{4-x^2}}^{\sqrt{4-x^2}} \mathrm{d}y \int_{\sqrt{3(x^2+y^2)}}^{\sqrt{16-x^2-y^2}} f(x,y,z) \mathrm{d}z$，$\int_0^{2\pi} \mathrm{d}\theta \int_0^2 r \mathrm{d}r \int_{\sqrt{3}r}^{\sqrt{16-r^2}} f(r\cos\theta, r\sin\theta, z) \mathrm{d}z$，

$\int_0^{2\pi} \mathrm{d}\theta \int_0^{\frac{\pi}{6}} \mathrm{d}\varphi \int_0^4 f(r\sin\varphi\cos\theta, r\sin\varphi\sin\theta, r\cos\varphi) r^2 \sin\varphi \mathrm{d}r$；

8. $\sqrt{1 + [x'(y)]^2}$； 9. $\sqrt{1 + \left(\dfrac{\partial y}{\partial x}\right)^2 + \left(\dfrac{\partial y}{\partial z}\right)^2}$； 10. $\pm$；

11. $\begin{cases} 0, & L \text{ 不包含原点} \\ 2\pi, & L \text{ 包含原点} \end{cases}$； 12. 0； 13. $\pi R^2 H$； 14. $-\dfrac{4}{3}$.

二、选择题

1. B； 2. D； 3. A； 4. C； 5. C； 6. D； 7. D； 8. B； 9. C； 10. A； 11. A；

第9章 多元函数积分学

12. C; 13. B; 14. A; 15. D; 16. D; 17. A; 18. A; 19. D; 20. B.

三、综合训练题

1. (1) 2, (2) $\dfrac{ab}{6}$, (3) $\dfrac{2}{3}(p+q)\sqrt{pq}$, (4) $\dfrac{b^2-a^2}{2} \dfrac{m-k}{(m+1)(k+1)}$;

2. (1) $\dfrac{\pi}{4}$,

(2) $186\dfrac{2}{3}$(提示:体积 $V = \iint\limits_{D}(x^2+y^2+1)dxdy$,其中 D 是正方形区域;$0 \leq x \leq 4$, $0 \leq y \leq 4$),

(3) $13\dfrac{1}{3}$(提示:体积 $V = \iint\limits_{D}(4-x^2)dxdy$,其中 D 是由 $x=0, y=0$ 及 $2x-y=4$ 所围成的三角形),

(4) $\dfrac{1}{6}$(提示:体积 $V = \iint\limits_{D}(x^2+y^2)dxdy$,其中 D 是由 $x=0, y=0$ 及 $x+y=1$ 所围成的三角形),

(5) $\dfrac{81}{10}$;

3. (1) $\int_{-\frac{1}{2}}^{\frac{1}{2}}dx\int_{-\sqrt{1-4x^2}}^{\sqrt{1-4x^2}}dy\int_{3x^2+y^2}^{1-x^2}f(x,y,z)dz$,

(2) $\int_{-\frac{2}{\sqrt{3}}}^{\frac{2}{\sqrt{3}}}dx\int_{-\sqrt{4-3x^2}}^{\sqrt{4-3x^2}}dy\int_{\sqrt{3x^2+y^2}}^{2}f(x,y,z)dz$;

4. (1) $\int_L \sqrt{y}ds = \int_0^{2\pi}\sqrt{a(1-\cos t)}\sqrt{a^2(1-\cos t)^2+a^2\sin^2 t}dt = (2a)^{\frac{3}{2}}\pi$,

(2) 3, (3) $\dfrac{16}{15}$, (4) $-\dfrac{\pi}{2}$;

5. (1) $\dfrac{\pi}{2}a(1-\cos a)$ $(D:x\geq 0, y\geq 0, x^2-y^2\leq a^2)$,

(2) $\dfrac{16\pi}{3}$.

第10章 无穷级数

§10.1 内容提要

10.1.1 数项级数

1. 数项级数的概念

设有数列 $u_1, u_2, \cdots, u_n, \cdots$，其表达式 $u_1 + u_2 + \cdots + u_n + \cdots$ 称为无穷级数，简记为 $\sum_{n=1}^{\infty} u_n$，即 $\sum_{n=1}^{\infty} u_n = u_1 + u_2 + u_3 + \cdots + u_n + \cdots$.

无穷级数 $\sum_{n=1}^{\infty} u_n$ 的前 n 项和 $S_n = u_1 + u_2 + u_3 + \cdots + u_n$，称为级数的部分和，以 S_n 为通项的数列 $\{S_n\}$ 称为级数的部分和数列.

2. 级数的收敛与发散

若级数 $\sum_{n=1}^{\infty} u_n$ 的部分和数列 $\{S_n\}$ 的极限存在，即 $\lim_{n\to\infty} S_n = S$，则称级数 $\sum_{n=1}^{\infty} u_n$ 是收敛的，且其和为 S，记为 $S = \sum_{n=1}^{\infty} u_n$. 否则，就称级数 $\sum_{n=1}^{\infty} u_n$ 是发散的.

3. 级数的基本性质（见教材）

4. 级数收敛的必要条件

如果级数 $\sum_{n=1}^{\infty} u_n$ 收敛，则 $\lim_{n\to\infty} u_n = 0$；如果 $\lim_{n\to\infty} u_n \neq 0$，则级数 $\sum_{n=1}^{\infty} u_n$ 发散.

几何级数 $\sum_{n=0}^{\infty} aq^n (a \neq 0)$ 当 $|q| < 1$ 时收敛，其和 $S = \dfrac{a}{1-q}$；当 $|q| \geq 1$ 时发散.

10.1.2 正项级数敛散性的判别法

1. 比较判别法

设有两个正项级数 $\sum_{n=1}^{\infty} u_n$ 与 $\sum_{n=1}^{\infty} v_n$，满足 $u_n \leq v_n (n = 1, 2, \cdots)$，那么

1) 若 $\sum_{n=1}^{\infty} v_n$ 收敛，则 $\sum_{n=1}^{\infty} u_n$ 也收敛（大敛，小亦敛）；

2) 若 $\sum_{n=1}^{\infty} u_n$ 发散,则 $\sum_{n=1}^{\infty} v_n$ 也发散(小散,大亦散).

调和级数 $\sum_{n=1}^{\infty} \dfrac{1}{n}$ 是发散的.

p—级数 $\sum_{n=1}^{\infty} \dfrac{1}{n^p}$ 当 $p > 1$ 时收敛,当 $p \leqslant 1$ 时发散.

2. 比值判别法

设 $\sum_{n=1}^{\infty} u_n$ 为正项级数,且 $\lim\limits_{n\to\infty} \dfrac{u_{n+1}}{u_n} = \rho$,则

1) 当 $\rho < 1$ 时,级数 $\sum_{n=1}^{\infty} u_n$ 收敛;

2) 当 $\rho > 1$ 时 $\left(\text{或} \lim\limits_{n\to\infty} \dfrac{u_{n+1}}{u_n} = +\infty\right.$ 时$\left.\right)$ 级数 $\sum_{n=1}^{\infty} u_n$ 发散;

3) 当 $\rho = 1$ 时,该方法失效.

10.1.3 任意项级数

1. 条件收敛与绝对收敛

设 $\sum_{n=1}^{\infty} u_n$ 为任意项级数,那么,

(1) 如果级数 $\sum_{n=1}^{\infty} |u_n|$ 收敛,则级数 $\sum_{n=1}^{\infty} u_n$ 也收敛;

(2) 如果级数 $\sum_{n=1}^{\infty} |u_n|$ 收敛,则级数 $\sum_{n=1}^{\infty} u_n$ 绝对收敛;

(3) 如果级数 $\sum_{n=1}^{\infty} u_n$ 收敛,而级数 $\sum_{n=1}^{\infty} |u_n|$ 发散,则级数 $\sum_{n=1}^{\infty} u_n$ 条件收敛.

2. 交错级数敛散性的判别法

如果交错级数 $\sum_{n=1}^{\infty} (-1)^{n-1} u_n (u_n \geqslant 0)$ 满足条件

1) $u_n \geqslant u_{n+1}(n = 1,2,\cdots)$, 2) $\lim\limits_{n\to\infty} u_n = 0$,

则该级数收敛.

这种判别交错级数敛散性的方法叫做莱布尼兹判别法.

10.1.4 幂级数的概念

1. 定义

形如
$$\sum_{n=0}^{\infty} a_n x^n = a_0 + a_1 x + a_2 x^2 + \cdots + a_n x^n + \cdots \tag{10-1}$$

的级数称为 x 的幂级数,其中 $a_i(i = 1,2,\cdots)$ 是其系数.

2. 收敛半径与收敛区间

设 $\lim\limits_{n\to\infty}\left|\dfrac{a_{n+1}}{a_n}\right|=\rho\neq 0$，则称 $R=\dfrac{1}{\rho}$ 为收敛半径，$(-R,R)$ 称为级数(10-1)的收敛区间(当 $x=\pm R$ 时不讨论).

10.1.5 幂级数的基本性质

性质 1 设幂级数 $\sum\limits_{n=0}^{\infty}a_nx^n$ 在区间 $(-R,R)$ 内收敛，则其和函数 $S(x)$ 是连续函数.

性质 2 幂级数在其收敛区间 $(-R,R)$ 内可以逐项微分，即
$$S'(x)=\sum_{n=0}^{\infty}(a_nx^n)'=\sum_{n=0}^{\infty}na_nx^{n-1}\quad(-R,R).$$

性质 3 幂级数在其收敛区间 $(-R,R)$ 内可以逐项积分，即
$$\int_0^x S(x)\,dx=\sum_{n=0}^{\infty}\int_0^x a_nx^n\,dx=\sum_{n=0}^{\infty}\dfrac{a_n}{n+1}x^{n+1}\quad(-R,R).$$

性质 4 若 $\sum\limits_{n=0}^{\infty}a_nx^n$ 与 $\sum\limits_{n=0}^{\infty}b_nx^n$ 的收敛半径分别为 R_1,R_2，则有
$$\sum_{n=0}^{\infty}a_nx^n\pm\sum_{n=0}^{\infty}b_nx^n=\sum_{n=0}^{\infty}(a_n\pm b_n)x^n$$
且代数和级数的收敛半径为 $R\geq\min\{R_1,R_2\}$.

10.1.6 将函数展开为幂级数

常用到的 x 的幂级数展开式有

1) $\dfrac{1}{1-x}=1+x+x^2+\cdots+x^n+\cdots\quad(-1<x<1)$;

2) $\dfrac{1}{1+x}=1-x+x^2-x^3+\cdots+(-1)^{n-1}x^{n-1}+\cdots\quad(-1<x<1)$;

3) $e^x=1+x+\dfrac{x^2}{2!}+\cdots+\dfrac{x^n}{n!}+\cdots=\sum\limits_{n=0}^{\infty}\dfrac{x^n}{n!}\quad(|x|<+\infty)$;

4) $\sin x=x-\dfrac{x^3}{3!}+\dfrac{x^5}{5!}+\cdots+(-1)^n\dfrac{x^{2n+1}}{(2n+1)!}+\cdots$
$=\sum\limits_{n=0}^{\infty}(-1)^n\dfrac{x^{2n+1}}{(2n+1)!}\quad(|x|<+\infty)$;

5) $\cos x=1-\dfrac{x^2}{2!}+\dfrac{x^4}{4!}-\cdots+(-1)^n\dfrac{x^{2n}}{(2n)!}+\cdots$
$=\sum\limits_{n=0}^{\infty}(-1)^n\dfrac{x^{2n}}{(2n)!}\quad(|x|<+\infty)$;

6) $\ln(1+x)=x-\dfrac{x^2}{2}+\dfrac{x^3}{3}-\dfrac{x^4}{4}+\cdots+(-1)^{n+1}\dfrac{x^n}{n}+\cdots$

$$= \sum_{n=1}^{\infty} (-1)^{n+1} \frac{x^n}{n} \quad (-1 < x \leq 1)$$

7) $(1+x)^m = 1 + mx + \frac{m(m-1)}{2!}x^2 + \cdots + \frac{m(m-1)\cdots(m-n+1)}{n!}x^n + \cdots$

$$= \sum_{n=0}^{\infty} \frac{m(m-1)\cdots(m-n+1)}{n!} x^n \quad (|x| < 1).$$

利用上述公式可将较简单的初等函数展开为 x 的幂级数.

10.1.7 傅里叶级数

(1) 将以 2π 为周期的函数展开为傅里叶级数

$$f(x) = \frac{a_0}{2} + \sum_{n=1}^{\infty} (a_n \cos nx + b_n \sin nx) \quad (在连续点处),$$

其中 $a_n = \frac{1}{\pi} \int_{-\pi}^{\pi} f(x) \cos nx \, dx \quad (n = 0, 1, 2, \cdots),$

$b_n = \frac{1}{\pi} \int_{-\pi}^{\pi} f(x) \sin nx \, dx \quad (n = 1, 2, \cdots).$

若 $f(x)$ 为奇函数,则 $f(x) = \sum_{n=1}^{\infty} b_n \sin nx$ （在连续点处）,

其中 $b_n = \frac{2}{\pi} \int_0^{\pi} f(x) \sin nx \, dx, \quad (n = 1, 2, \cdots).$

若 $f(x)$ 为偶函数,则 $f(x) = \frac{a_0}{2} + \sum_{n=1}^{\infty} a_n \cos nx$ （在连续点处）,

其中 $a_n = \frac{2}{\pi} \int_0^{\pi} f(x) \cos nx \, dx \quad (n = 0, 1, 2, \cdots),$

若 $f(x)$ 为非周期函数,则要进行周期延拓,使 $f(x)$ 成为以 2π 为周期的函数,然后按上述方法展开成傅里叶级数.

(2) 以 $2l$ 为周期的函数 $f(x)$ 展开为傅里叶级数

$$f(x) = \frac{a_0}{2} + \sum_{n=1}^{\infty} \left(a_n \cos \frac{n\pi x}{l} + b_n \sin \frac{n\pi x}{l} \right), \quad (在连续点处),$$

其中 $a_n = \frac{1}{l} \int_{-l}^{l} f(x) \cos \frac{n\pi x}{l} dx \quad (n = 0, 1, 2, \cdots);$

$b_n = \frac{1}{l} \int_{-l}^{l} f(x) \sin \frac{n\pi x}{l} dx \quad (n = 1, 2, \cdots).$

§10.2 疑难解析

1. 级数的三种和及其关系

初学者往往对级数的和、部分和、余和（也称为余项）三种和区分不清,事实上,级数的和及其关系如图 10-1 所示.

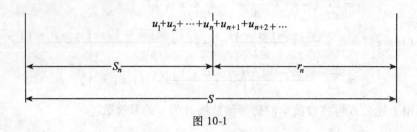

图 10-1

这三种和的关系是 $S = S_n + r_n$(级数收敛),其中 S_n 为部分和(也称前 n 项和),为有限项的和,以 S_n 为一般项,得部分和数列 $S_1, S_2, \cdots, S_n$,其中

$$S_1 = u_1,$$
$$S_2 = u_1 + u_2,$$
$$\cdots\cdots$$
$$S_n = u_1 + u_2 + u_3 + \cdots + u_n,$$
$$\cdots\cdots$$

注意 S_n 与 r_n 的区别是:余和 r_n 为无限项的和,$r_n = S - S_n$,有时用这个公式估计误差.

S 称为和(也叫所有项的和、无穷项的和、各项和),S 只有在级数收敛时才存在.

2. 级数 $\sum\limits_{n=1}^{\infty} u_n$ 收敛,$\sum\limits_{n=1}^{\infty} v_n$ 发散,则 $\sum\limits_{n=1}^{\infty} (u_n + v_n)$ 一定发散

因为,如果 $\sum\limits_{n=1}^{\infty} (u_n + v_n)$ 收敛,由于 $\sum\limits_{n=1}^{\infty} u_n$ 收敛,那么根据收敛级数的性质得出 $\sum\limits_{n=1}^{\infty} v_n = \sum\limits_{n=1}^{\infty} [(u_n + v_n) - u_n]$ 也收敛,这与 $\sum\limits_{n=1}^{\infty} v_n$ 发散的假设相矛盾,故级数 $\sum\limits_{n=1}^{\infty} (u_n + v_n)$ 一定发散. 如果级数 $\sum\limits_{n=1}^{\infty} u_n$ 与 $\sum\limits_{n=1}^{\infty} v_n$ 都发散,那么级数 $\sum\limits_{n=1}^{\infty} (u_n + v_n)$ 是否一定发散呢? 回答是"不一定". 例如:级数 $\sum\limits_{n=1}^{\infty} (-1)^n$ 与级数 $\sum\limits_{n=1}^{\infty} (-1)^{n-1}$ 都是发散的,但 $\sum\limits_{n=1}^{\infty} [(-1)^n + (-1)^{n-1}] = \sum\limits_{n=1}^{\infty} 0$ 却是收敛的.

3. 判别一个正项级数的收敛性,一般可按如下程序选择审敛法

(1) 检查一般项,若 $\lim\limits_{n\to\infty} u_n \neq 0$,可以判定级数发散.

(2) 若 $\lim\limits_{n\to\infty} u_n = 0$,用比值审敛法判定.

(3) 倘若 $\lim\limits_{n\to\infty} \dfrac{u_{n+1}}{u_n} = 1$ 或极限不存在,则用比较审敛法.

(4) 若无法找到适用的参照级数,则检查正项级数的部分和 S_n 是否有界或判别 S_n 是否有极限.

4. 适用比较审敛法的技巧

用比较判别法判别级数的敛散性是一个难点,所谓"比较",必须有两个以上的级数才能比较,而往往判别级数敛散性时是针对某一个具体的级数.这就要找另外一个级数,而这个级数又是已经会判别或已熟知敛散性的级数.这里面就有一定的技巧.

首先,选择用来比较的级数是:调和级数 $\sum_{n=1}^{\infty} \frac{1}{n}$ 发散;几何级数 $\sum_{n=0}^{\infty} aq^n (a \neq 0)$ 当 $|q| < 1$ 时收敛,当 $|q| \geq 1$ 时发散;p—级数 $\sum_{n=1}^{\infty} \frac{1}{n^p}$ 当 $p > 1$ 时收敛,当 $p \leq 1$ 时发散.

其次,要估计 $\sum_{n=1}^{\infty} u_n$ 是收敛还是发散,比如:$\sum_{n=1}^{\infty} \frac{n}{n^2+1}$ 估计是发散的,因为分母与分子多项式次数的差为 1,而级数 $\sum_{n=1}^{\infty} \frac{1}{n^2+1}$ 估计是收敛的.对于前者,要判断其是发散的,将 $u_n = \frac{n}{n^2+1} \geq \frac{n}{n^2+n} = \frac{1}{n+1}$,而级数 $\sum_{n=1}^{\infty} \frac{1}{n+1}$ 发散,所以原级数发散.对于后者,可以将 $u_n = \frac{1}{n^2+1} < \frac{1}{n^2}$,$\sum_{n=1}^{\infty} \frac{1}{n^2}$ 收敛,所以原级数收敛.

5. 任意项级数

对任意项级数 $\sum_{n=1}^{\infty} u_n$ 而言,如果 $\lim_{n \to \infty} \left| \frac{u_{n+1}}{u_n} \right| = \rho > 1 \left(或 \lim_{n \to \infty} \left| \frac{u_{n+1}}{u_n} \right| = +\infty \right)$ 则任意项级数 $\sum_{n=1}^{\infty} u_n$ 一定发散.

因为在 $\lim_{n \to \infty} \left| \frac{u_{n+1}}{u_n} \right| = \rho > 1 \left(或 \lim_{n \to \infty} \left| \frac{u_{n+1}}{u_n} \right| = +\infty \right)$ 时,根据极限的定义,存在正整数 N,只要 $n \geq N$ 后,就有 $\left| \frac{u_{n+1}}{u_n} \right| > 1$,即有 $|u_{n+1}| > |u_n| > \cdots > |u_N|$,这说明 $n \to \infty$,级数 $\sum_{n=1}^{\infty} u_n$ 的一般项不趋于零,因此级数 $\sum_{n=1}^{\infty} u_n$ 发散.

6. 证明任意项级数的绝对收敛定理

假定级数 $\sum_{n=1}^{\infty} |u_n|$ 收敛,要证明原级数 $\sum_{n=1}^{\infty} u_n$ 也收敛,可令

$$v_n = \frac{1}{2}(u_n + |u_n|) \quad (n = 1, 2, \cdots)$$

对于任意实数 u_n,总有 $u_n \leq |u_n|$,于是有 $u_n + |u_n| \geq 0$,$\frac{1}{2}(u_n + |u_n|) \geq 0$,所以有 $v_n \geq 0$.

又由 $u_n \leq |u_n|$ 推出 $u_n + |u_n| \leq 2|u_n|$，即 $\frac{1}{2}(u_n + |u_n|) \leq |u_n|$，所以得到 $v_n \leq |u_n|$ $(n = 1, 2, \cdots)$.

对于两个正项级数 $\sum\limits_{n=1}^{\infty} v_n$ 与 $\sum\limits_{n=1}^{\infty} |u_n|$，由比较判别法知级数 $\sum\limits_{n=1}^{\infty} |u_n|$ 收敛，必有 $\sum\limits_{n=1}^{\infty} v_n$ 收敛.

又因为 $u_n = 2v_n - |u_n|$，即 $\sum\limits_{n=1}^{\infty} u_n = \sum\limits_{n=1}^{\infty} (2v_n - |u_n|)$，

已知 $\sum\limits_{n=1}^{\infty} v_n$ 收敛，又假定 $\sum\limits_{n=1}^{\infty} |u_n|$ 收敛，由收敛级数的性质，所以级数 $\sum\limits_{n=1}^{\infty} u_n$ 也收敛.

7. 幂级数

当幂级数 $\sum\limits_{n=0}^{\infty} a_n x^n$ 与 $\sum\limits_{n=0}^{\infty} b_n x^n$ 的收敛半径分别为 R_1 与 R_2 时，幂级数 $\sum\limits_{n=0}^{\infty} (a_n \pm b_n) x^n$ 的收敛半径 $R \geq \min\{R_1, R_2\}$.

例如，设 $\sum\limits_{n=0}^{\infty} a_n x^n = \sum\limits_{n=0}^{\infty} (-1)^{n-1} x^n (R_1 = 1)$，$\sum\limits_{n=0}^{\infty} b_n x^n = \sum\limits_{n=0}^{\infty} (-1)^n x^n (R_2 = 1)$，这时 $\sum\limits_{n=0}^{\infty} (a_n + b_n) x^n = \sum\limits_{n=0}^{\infty} 0 x^n = 0$，收敛半径 $R = +\infty$.

8. 泰勒级数

函数 $f(x)$ 的"泰勒级数"与函数 $f(x)$ 的"泰勒展开式"不是一个概念.

事实上，若函数 $f(x)$ 在点 x_0 的某个邻域内有任意阶导数 $f^{(n)}(x)$，那么级数 $\sum\limits_{n=0}^{\infty} \frac{f^{(n)}(x_0)}{n!}(x - x_0)^n$ 就是 $f(x)$ 的泰勒级数. 但是，该级数是否在 x_0 的邻域内收敛？若收敛，其和函数 $S(x)$ 是否是 $f(x)$？还需要用收敛定理来检验. 只有当级数 $\sum\limits_{n=0}^{\infty} \frac{f^{(n)}(x_0)}{n!}(x - x_0)^n$ 在点 x_0 的某个邻域内收敛于 $f(x)$ 时，才可以说 $f(x)$ 在点 x_0 的某个领域内可以展开成泰勒级数，并可以把 $f(x)$ 和其泰勒级数用等号连接起来

$$f(x) = \sum_{n=0}^{\infty} \frac{f^{(n)}(x_0)}{n!}(x - x_0)^n$$

x 属于点 x_0 的某个邻域，这就是 $f(x)$ 的泰勒展开式.

下面我们用一个经典的例子进一步说明.

设函数 $f(x) = \begin{cases} e^{-\frac{1}{x^2}}, & x \neq 0 \\ 0, & x = 0 \end{cases}$

在 $x_0 = 0$ 处各阶导数都存在，且等于零. 因此 $f(x)$ 在 $x_0 = 0$ 处的泰勒级数为 $\sum\limits_{n=0}^{\infty} \frac{0}{n!} x^n$. 因为该级数处处收敛于零，故它的和函数 $S(x) \equiv 0$，然而 $f(x) \neq S(x)$，即等式 $f(x) = \sum\limits_{n=0}^{\infty} \frac{0}{n!} x^n$ (x 属于点 x_0 的某个邻域) 不成立. 所以 $f(x)$ 的泰勒级数与 $f(x)$

的泰勒展开式不是一个概念.

9. 傅里叶级数

将函数展开为傅里叶级数的几种情况及收敛区间的变化,这里的函数 $f(x)$ 分为如下几种情况:

(1) $f(x)$ 为以 2π 为周期的周期函数,给出 $f(x)$ 在一个周期 $[-\pi,\pi)$ 上的表达式,此时按步骤将函数 $f(x)$ 展开为傅里叶级数. 如果 $f(x)$ 为偶函数,展开式为余弦级数;如果是奇函数,展开式为正弦级数. 收敛区间为 $(-\infty < x < +\infty, x \neq$ 间断点$)$.

(2) $f(x)$ 为非周期函数,给出在 $[-\pi,\pi)$ 上的表达式,此时对函数进行拓广,使之成为以 2π 为周期的函数,然后展开为傅里叶级数. 此时收敛区间应为 $(-\pi,\pi)$, 如果端点处连续,则为 $[-\pi,\pi]$.

(3) 将 $f(x)$ 在 $[0,\pi]$ 上展开为正弦或余弦级数,对 $f(x)$ 要进行奇延拓或偶延拓,然后展开为傅里叶级数,收敛区间为 $(0,\pi)$. 如果端点处连续,则为 $[0,\pi]$.

(4) $f(x)$ 为周期函数,但不以 2π 为周期,而是以 $2l$ 为周期的周期函数,此时作个简单变换,然后仿照前面三条将 $f(x)$ 展开为傅里叶级数.

§10.3 范例讲评

10.3.1 判别级数的敛散性

例1 判别级数 $\sum\limits_{n=1}^{\infty} \dfrac{n+1}{2n+1}$ 的敛散性.

解 因为 $u_n = \dfrac{n+1}{2n+1}, \lim\limits_{n\to\infty} u_n = \lim\limits_{n\to\infty} \dfrac{n+1}{2n+1} = \dfrac{1}{2} \neq 0$,

所以由级数收敛的必要条件知级数发散.

例2 判别级数 $\sum\limits_{n=0}^{\infty} \dfrac{9 \times 6^n}{5 \times 7^n}$ 的敛散性.

解 方法1 用级数收敛的定义判别. 因为 $S_n = \dfrac{9}{5} \times \dfrac{1-\left(\dfrac{6}{7}\right)^n}{1-\dfrac{6}{7}}$, 由 $\lim\limits_{n\to\infty} S_n =$

$\dfrac{9}{5} \lim\limits_{n\to\infty} \dfrac{1-\left(\dfrac{6}{7}\right)^n}{1-\dfrac{6}{7}} = \dfrac{63}{5}$, 所以级数收敛,且其和为 $\dfrac{63}{5}$.

方法2 原级数可变为几何级数 $\dfrac{9}{5} \sum\limits_{n=1}^{\infty} \left(\dfrac{6}{7}\right)^n$, 公比 $\left|\dfrac{6}{7}\right| < 1$, 该级数收敛,其和

为 $S = \dfrac{9}{5} \times \dfrac{1}{1 - \dfrac{6}{7}} = \dfrac{63}{5}$.

例 3 判别级数 $\sum\limits_{n=1}^{\infty} \dfrac{1}{(n+1)(n+2)}$ 的敛散性.

解 因为 $\dfrac{1}{(n+1)(n+2)} = \dfrac{1}{n+1} - \dfrac{1}{n+2}$,所以级数的部分和 S_n 为

$$S_n = \dfrac{1}{2\cdot 3} + \dfrac{1}{3\cdot 4} + \cdots + \dfrac{1}{(n+1)(n+2)} = \dfrac{1}{2} - \dfrac{1}{3} + \dfrac{1}{3} - \dfrac{1}{4} + \cdots + \dfrac{1}{n+1} - \dfrac{1}{n+2}$$

$$= \dfrac{1}{2} - \dfrac{1}{n+2},$$

于是 $\lim\limits_{n\to\infty} S_n = \lim\limits_{n\to\infty}\left(\dfrac{1}{2} - \dfrac{1}{n+2}\right) = \dfrac{1}{2}$. 所以级数收敛,其和为 $\dfrac{1}{2}$.

分析 (1) 用定义判别级数敛散性的第一步是求部分和 S_n,这一步很关键. 求部分和的方法是用等差、等比数列求和公式求出 S_n,再判断 S_n 的极限是否存在,或者分解级数的一般项 u_n,再通过正负项互相抵消或用相应的求和公式分别求和.

(2) 记住一些常用级数的敛散性:

几何级数 $\sum\limits_{n=0}^{\infty} aq^n = \begin{cases} \dfrac{a}{1-q}, & |q|<1, \text{收敛}, \\ \text{发散}, & |q| \geq 1. \end{cases}$ $(a \neq 0)$;

调和级数 $\sum\limits_{n=1}^{\infty} \dfrac{1}{n}$ 发散;

p—级数 $\sum\limits_{n=1}^{\infty} \dfrac{1}{n^p}$ 当 $p>1$ 时收敛,当 $p \leq 1$ 时发散.

(3) 级数收敛的必要条件 若 $\sum\limits_{n=1}^{\infty} u_n$ 收敛,则必有 $\lim\limits_{n\to\infty} u_n = 0$;若 $\lim\limits_{n\to\infty} u_n \neq 0$ 或不存在,则级数 $\sum\limits_{n=1}^{\infty} u_n$ 必发散.

例 4 判别级数 $\sum\limits_{n=1}^{\infty} \dfrac{1+n}{1+n^2}$ 的敛散性.

解 由于 $(1+n)^2 = 1 + 2n + n^2 > 1 + n^2 (n \geq 1)$,所以

$$u_n = \dfrac{1+n}{1+n^2} > \dfrac{1+n}{(1+n)^2} = \dfrac{1}{1+n} = v_n$$

而级数 $\sum\limits_{n=1}^{\infty} v_n$ 发散,由比较法知级数 $\sum\limits_{n=1}^{\infty} \dfrac{1+n}{1+n^2}$ 发散.

例 5 判别级数 $\sum\limits_{n=1}^{\infty} \dfrac{2n-1}{2^n}$ 的敛散性.

解 因为 $\rho = \lim\limits_{n\to\infty} \dfrac{u_{n+1}}{u_n} = \lim\limits_{n\to\infty} \dfrac{\dfrac{2(n+1)-1}{2\cdot 2^n}}{\dfrac{2n-1}{2^n}} = \dfrac{1}{2} \lim\limits_{n\to\infty} \dfrac{2n+1}{2n-1} = \dfrac{1}{2} < 1$,所以由比

值判别法知级数收敛.

例 6 判别级数 $\sum_{n=1}^{\infty} \dfrac{1}{1+n} \sin \dfrac{1}{n}$ 的敛散性.

解 因为 $\dfrac{1}{1+n} < \dfrac{1}{n}, \sin \dfrac{1}{n} < \dfrac{1}{n}(n=1,2,\cdots)$ 所以

$$u_n = \dfrac{1}{1+n} \sin \dfrac{1}{n} < \dfrac{1}{n^2} = v_n, (n=1,2,\cdots)$$

又因为 $\sum_{n=1}^{\infty} v_n = \sum_{n=1}^{\infty} \dfrac{1}{n^2}$ 收敛,所以由比较判别法知级数收敛.

例 7 判别级数 $\sum_{n=1}^{\infty} (-1)^n \dfrac{1}{\ln n}$ 的敛散性.

解 因为 $u_{n+1} = \dfrac{1}{\ln(n+1)} < \dfrac{1}{\ln n} = u_n$,且 $\lim\limits_{n \to \infty} \dfrac{1}{\ln n} = 0$,所以由莱布尼兹判别法知级数收敛.

又因为 $\sum_{n=1}^{\infty} \left| (-1)^n \dfrac{1}{\ln n} \right| = \sum_{n=1}^{\infty} \dfrac{1}{\ln n}$ 发散,所以该级数为条件收敛.

10.3.2 幂级数的有关概念

例 8 求幂级数 $\dfrac{x}{1 \cdot 3} + \dfrac{x^2}{2 \cdot 3^2} + \dfrac{x^3}{3 \cdot 3^3} + \dfrac{x^4}{4 \cdot 3^4} + \cdots$ 的收敛半径、收敛区间.

解 $\lim\limits_{n \to \infty} \left| \dfrac{a_{n+1}}{a_n} \right| = \lim\limits_{n \to \infty} \dfrac{\dfrac{1}{(n+1) \cdot 3^{n+1}}}{\dfrac{1}{n \cdot 3^n}} = \lim\limits_{n \to \infty} \dfrac{1}{3} \cdot \dfrac{n}{n+1} = \dfrac{1}{3} = \rho$,所以收敛半径 $R = 3$.

对于端点 $x = -3$,级数成为 $-1 + \dfrac{1}{2} - \dfrac{1}{3} + \dfrac{1}{4} - \cdots$. 根据交错级数的莱布尼兹判别法,该级数收敛. 对于端点 $x = 3$,级数成为 $1 + \dfrac{1}{2} + \dfrac{1}{3} + \dfrac{1}{4} + \cdots$,它是发散的. 因此,原级数的收敛区间是 $[-3, 3)$.

例 9 求幂级数 $\sum_{n=0}^{\infty} 2^n x^{2n-1}$ 的收敛半径.

解 该级数为缺少偶次幂项的级数,不能直接应用定理,应根据比值法求解. 因为

$$\lim\limits_{n \to \infty} \left| \dfrac{u_{n+1}}{u_n} \right| = \lim\limits_{n \to \infty} \left| \dfrac{2^{n+1} x^{2n+1}}{2^n x^{2n-1}} \right| = \lim\limits_{n \to \infty} 2|x|^2 = 2|x|^2$$

当 $2|x|^2 < 1$,即 $|x| < \dfrac{\sqrt{2}}{2}$ 时,所给级数绝对收敛;当 $2|x|^2 > 1$,即 $|x| > \dfrac{\sqrt{2}}{2}$ 时,所给级数发散,因此所给级数的收敛半径 $R = \dfrac{\sqrt{2}}{2}$.

10.3.3 将函数展开为幂级数

例 10 将函数 $f(x) = \dfrac{1}{3-x}$ 展开为 x 的幂级数.

解 因为 $f(x) = \dfrac{1}{3-x} = \dfrac{1}{3} \times \dfrac{1}{1-\dfrac{x}{3}}$，所以由已知展开式

$$\frac{1}{1-x} = 1 + x + x^2 + \cdots + x^n + \cdots, |x| < 1$$

得所求函数展开式为

$$f(x) = \frac{1}{3-x} = \frac{1}{3}\left[1 + \frac{x}{3} + \left(\frac{x}{3}\right)^2 + \cdots + \left(\frac{x}{3}\right)^n + \cdots\right]$$

$$= \frac{1}{3}\sum_{n=0}^{\infty}\left(\frac{x}{3}\right)^n \quad (-3, 3).$$

例 11 将函数 $f(x) = \dfrac{1}{4-x}$ 展开为 $(x-2)$ 的幂级数.

解 因为 $f(x) = \dfrac{1}{4-x} = \dfrac{1}{2-(x-2)} = \dfrac{1}{2} \times \dfrac{1}{1-\dfrac{x-2}{2}}$ 由已知的展开式

$\dfrac{1}{1-x} = 1 + x + x^2 + \cdots + x^n + \cdots, |x| < 1$，得

$$f(x) = \frac{1}{2}\left[1 + \left(\frac{x-2}{2}\right) + \left(\frac{x-2}{2}\right)^2 + \cdots + \left(\frac{x-2}{2}\right)^n + \cdots\right]$$

$$\left(\left|\frac{x-2}{2}\right| < 1\right) = \frac{1}{2}\sum_{n=0}^{\infty}\left(\frac{x-2}{2}\right)^n \quad (0 < x < 4).$$

例 12 将函数 $f(x) = \dfrac{1}{x^2 + 5x + 6}$ 展开为 x 的幂级数.

解 因为

$$f(x) = \frac{1}{x^2+5x+6} = \frac{1}{(x+2)(x+3)} = \frac{1}{x+2} - \frac{1}{x+3} = \frac{1}{2} \times \frac{1}{1+\dfrac{x}{2}} - \frac{1}{3} \times \frac{1}{1+\dfrac{x}{3}},$$

由已知的展开式 $\dfrac{1}{1+x} = \sum_{n=0}^{\infty}(-1)^n x^n, |x| < 1$，得

$$f(x) = \frac{1}{2}\sum_{n=0}^{\infty}(-1)^n\left(\frac{x}{2}\right)^n - \frac{1}{3}\sum_{n=0}^{\infty}(-1)^n\left(\frac{x}{3}\right)^n$$

$$= \frac{1}{6}\left\{\sum_{n=0}^{\infty}(-1)^n\left[3\left(\frac{x}{2}\right)^n - 2\left(\frac{x}{3}\right)^n\right]\right\}. \text{又因为} \frac{1}{1+\dfrac{x}{2}} = \sum_{n=0}^{\infty}(-1)^n\left(\frac{x}{2}\right)^n \text{的收敛区}$$

间为 $\left|\dfrac{x}{2}\right| < 1$，即 $|x| < 2$，$\dfrac{1}{1+\dfrac{x}{3}} = \sum\limits_{n=0}^{\infty}(-1)^n\left(\dfrac{x}{3}\right)^n$ 的收敛区间为 $\left|\dfrac{x}{3}\right| < 1$，即 $|x| < 3$，所以原级数的收敛区间为 $(-2,2)$.

例 13 求级数 $\sum\limits_{n=1}^{\infty}\dfrac{n}{3}\left(\dfrac{x}{3}\right)^{n-1}$ 在收敛区间内的和函数，并求级数 $\sum\limits_{n=1}^{\infty}\dfrac{n}{3^n}$ 的和.

解 因为原级数可变为 $\sum\limits_{n=1}^{\infty}\dfrac{n}{3^n}x^{n-1}$，并设 $S(x) = \sum\limits_{n=1}^{\infty}\dfrac{n}{3^n}x^{n-1}$，逐项积分，得

$$\int_0^x S(x)\mathrm{d}x = \int_0^x\left(\sum\limits_{n=1}^{\infty}\dfrac{n}{3^n}x^{n-1}\right)\mathrm{d}x = \sum\limits_{n=1}^{\infty}\int_0^x\dfrac{n}{3^n}x^{n-1}\mathrm{d}x = \sum\limits_{n=1}^{\infty}\left(\dfrac{x}{3}\right)^n = \dfrac{x}{3-x} \quad (-3 < x < 3)$$

所以 $S(x) = \left(\dfrac{x}{3-x}\right)' = \dfrac{3}{(3-x)^2}$ 即为所求的和函数.

令 $x = 1$，$S(1) = \dfrac{3}{4}$，则原级数变为 $\sum\limits_{n=1}^{\infty}\dfrac{n}{3^n}$，故 $\sum\limits_{n=1}^{\infty}\dfrac{n}{3^n} = \dfrac{3}{4}$.

10.3.4 将函数展开为傅里叶级数

例 14 将以 2π 为周期的函数 $f(x)$ 展开为傅里叶级数，它在 $[-\pi,\pi)$ 上的表达式为 $f(x) = \pi^2 - x^2 \quad (-\pi \leqslant x < \pi)$.

解 因为 $f(x)$ 为偶函数，所以 $b_n = 0 (n = 1,2,\cdots)$. 又因

$$a_0 = \dfrac{2}{\pi}\int_0^\pi(\pi^2 - x^2)\mathrm{d}x = \dfrac{2}{\pi}\left(\pi^2 x - \dfrac{x^3}{3}\right)\bigg|_0^\pi = \dfrac{4\pi^2}{3}$$

$$a_n = \dfrac{2}{\pi}\int_0^\pi(\pi^2 - x^2)\cos nx\,\mathrm{d}x$$

$$= \dfrac{2}{\pi}\left(\dfrac{n^2\sin nx}{n} - \dfrac{nx^2\cos nx + 2x\cos nx}{n^2} + \dfrac{2\sin nx}{n^3}\right)\bigg|_0^\pi \dfrac{2}{\pi}\left(-\dfrac{2\pi\cos n\pi}{n^2}\right)$$

$$= \dfrac{(-1)^{n+1}4}{n^2} \quad (n = 1,2,\cdots)$$

所以 $f(x) = \dfrac{2\pi^2}{3} + 4\sum\limits_{n=1}^{\infty}\dfrac{(-1)^{n+1}}{n^2}\cos nx \quad (-\infty < x < +\infty)$

§10.4 习题选解

[习题 10-1 4] 用比较审敛法判别下列级数的敛散性

(5) $\sum\limits_{n=1}^{\infty}\dfrac{1}{1+a^n} \quad (a > 0)$.

解 当 $0 < a \leqslant 1$ 时，$u_n = \dfrac{1}{1+a^n} \geqslant \dfrac{1}{1+1^n} = \dfrac{1}{2}$，而 $\sum\limits_{n=1}^{\infty}\dfrac{1}{2}$ 发散，由比较判别法知，原级数发散.

当 $a > 1$ 时,$u_n = \dfrac{1}{1+a^n} < \dfrac{1}{a^n} = \left(\dfrac{1}{a}\right)^n$,因 $a > 1$,级数 $\sum\limits_{n=1}^{\infty}\left(\dfrac{1}{a}\right)^n$ 是收敛的,所以原级数收敛.

[习题 10-1　5] 用比值法判别下列级数的敛散性

(3) $\sum\limits_{n=1}^{\infty}\dfrac{3^n \cdot n!}{n^n}$;　　(4) $\sum\limits_{n=1}^{\infty} n\tan\dfrac{\pi}{2^{n+1}}$.

解　(3) $\lim\limits_{n\to\infty}\dfrac{u_{n+1}}{u_n} = \lim\limits_{n\to\infty}\dfrac{\dfrac{3^{n+1}\cdot(n+1)!}{(n+1)^{n+1}}}{\dfrac{3^n\cdot n!}{n^n}} = \lim\limits_{n\to\infty}\dfrac{3}{\left(1+\dfrac{1}{n}\right)^n} = \dfrac{3}{\mathrm{e}} > 1.$

所以原级数发散.

(4) $\lim\limits_{n\to\infty}\dfrac{u_{n+1}}{u_n} = \lim\limits_{n\to\infty}\dfrac{(n+1)\tan\dfrac{\pi}{2^{n+2}}}{n\tan\dfrac{\pi}{2^{n+1}}} = \lim\limits_{n\to\infty}\dfrac{n+1}{n}\cdot\dfrac{1-\tan^2\dfrac{\pi}{2^{n+2}}}{2} = \dfrac{1}{2} < 1.$

所以原级数收敛.

[习题 10-1　6] 判别下列级数的敛散性

(2) $\sum\limits_{n=1}^{\infty}(-1)^{n-1}\dfrac{n}{3^{n-1}}$.

解　$\lim\limits_{n\to\infty}\dfrac{u_{n+1}}{u_n} = \lim\limits_{n\to\infty}\dfrac{\dfrac{n+1}{3^n}}{\dfrac{n}{3^{n-1}}} = \lim\limits_{n\to\infty}\dfrac{n+1}{3n} = \dfrac{1}{3} < 1.$

所以原级数绝对收敛.

[习题 10-2　1] 求下列幂级数的收敛半径与收敛区间

(6) $\sum\limits_{n=1}^{\infty}\dfrac{2n-1}{2^n}x^{2n-2}$.

解　方法 1　这是缺(奇次幂)项的级数,把 $\dfrac{2n-1}{2^n}x^{2n-2}$ 视为数项级数的一般项 u_n,由于

$$\lim_{n\to\infty}\dfrac{|u_{n+1}|}{|u_n|} = \lim_{n\to\infty}\left(\dfrac{1}{2}+\dfrac{1}{2n-1}\right)x^2 = \dfrac{1}{2}x^2 = \dfrac{1}{2}|x|^2$$

当 $|x| < \sqrt{2}$ 时,级数绝对收敛;当 $|x| > \sqrt{2}$ 时,因一般项 $u_n \not\to 0(n\to\infty)$,级数发散,故原级数收敛半径为 $\sqrt{2}$.

在 $x = \sqrt{2}$ 处,级数 $\sum\limits_{n=1}^{\infty}\dfrac{2n-1}{2}$ 发散;在 $x = -\sqrt{2}$ 处,级数 $\sum\limits_{n=1}^{\infty}(-1)^{n-1}\dfrac{2n-1}{2}$ 也是发散的,因此原级数的收敛区间为 $(-\sqrt{2},\sqrt{2})$.

方法 2　令 $t = x^2$,先讨论 $\sum\limits_{n=1}^{\infty}\dfrac{2n-1}{2^n}t^{n-1}$ 的收敛半径和收敛区间

$$\lim_{n\to\infty}\frac{|a_{n+1}|}{|a_n|}=\lim_{n\to\infty}\frac{1}{2}\cdot\frac{2n+1}{2n-1}=\frac{1}{2}$$

故该级数的收敛半径为 2,并在 $t=2$ 处级数 $\sum_{n=1}^{\infty}\frac{2n-1}{2}$ 发散.因此,原级数的收敛半径为 $\sqrt{2}$,并在 $x=\pm\sqrt{2}$ 处级数发散,即原级数的收敛区间为 $(-\sqrt{2},\sqrt{2})$.

[习题 10-2　2] 利用逐项求导或逐项积分,求下列幂级数在收敛区间内的和函数

(1) $\sum_{n=0}^{\infty}(n+1)x^n\quad(-1<x<1)$;

(5) $\sum_{n=1}^{\infty}\frac{x^n}{n}$,$|x|<1$,并求级数 $\sum_{n=1}^{\infty}\frac{1}{n3^n}$ 的和.

解 (1) 因为 $\int_0^x\left[\sum_{n=0}^{\infty}(n+1)x^n\right]dx=\sum_{n=0}^{\infty}x^{n+1}=\frac{x}{1-x}$,

所以 $$\sum_{n=0}^{\infty}(n+1)x^n=\left(\frac{x}{1-x}\right)'=\frac{1}{(1-x)^2}.$$

(5) 因为 $\frac{d}{dx}\sum_{n=1}^{\infty}\frac{x^n}{n}=\sum_{n=1}^{\infty}x^{n-1}=\frac{1}{1-x}$,所以 $\sum_{n=1}^{\infty}\frac{x^n}{n}=\int_0^x\frac{1}{1-x}dx=\ln\frac{1}{1-x}$. 将 $x=\frac{1}{3}$ 代入上式两边,得

$$\sum_{n=1}^{\infty}\frac{1}{n3^n}=\ln\frac{1}{1-\frac{1}{3}}=\ln\frac{3}{2}.$$

[习题 10-3　1] 将下列函数展开成 x 的幂级数,并写出展开式成立的区间
(4) $\sin^2 x$.

解 $$\sin^2 x=\frac{1-\cos 2x}{2}=\frac{1}{2}-\frac{1}{2}\sum_{n=0}^{\infty}(-1)^n\frac{(2x)^{2n}}{(2n)!}$$
$$=\frac{1}{2}-\frac{1}{2}-\frac{1}{2}\sum_{n=1}^{\infty}(-1)^n\frac{(2x)^{2n}}{(2n)!}$$
$$=\sum_{n=1}^{\infty}\frac{(-1)^{n-1}(2x)^{2n}}{2\cdot(2n)!}\quad(-\infty<x<+\infty).$$

[习题 10-4　1] 下列函数 $f(x)$ 的周期为 2π,试将它们展开为傅里叶级数,其中 $f(x)$ 在 $[-\pi,\pi)$ 上的表达式为
(2) $f(x)=2x^2$

解 所给函数满足收敛定理条件,且该函数在每一点 x 处都连续.傅里叶系数如下

$$a_0=\frac{1}{\pi}\int_{-\pi}^{\pi}2x^2dx=\frac{2}{\pi}\left(\frac{x^3}{3}\right)\bigg|_{-\pi}^{\pi}=\frac{4\pi^2}{3}$$

$$a_n=\frac{1}{\pi}\int_{-\pi}^{\pi}2x^2\cos nx\,dx=\frac{2}{\pi}\left(\frac{x^2\sin nx}{n}+\frac{2x\cos nx}{n^2}-\frac{2\sin nx}{n^3}\right)\bigg|_{-\pi}^{\pi}$$

$$= \frac{8\cos n\pi}{n^2} = \frac{(-1)^n \cdot 8}{n^2} \quad (n=1,2,\cdots)$$

$$b_n = \frac{1}{\pi}\int_{-\pi}^{\pi} 2x^2 \sin nx\, dx = 0 \quad (n=1,2,\cdots)$$

所以 $2x^2 = \frac{2\pi^2}{3} + 8\sum_{n=1}^{\infty} \frac{(-1)^n}{n^2}\cos nx \quad (-\infty < x < +\infty)$.

[习题 10-5 2] 将下列函数展开成正弦级数或余弦级数

(2) $f(x) = \begin{cases} x, & 0 \le x \le 1; \\ 2-x, & 1 < x \le 2. \end{cases}$

解 展开为正弦级数：

将 $f(x)$ 作奇延拓 $F_1(x)$，又将 $F_1(x)$ 作周期延拓得 $F(x)$，则 $F(x)$ 是以 4 为周期的奇函数，$F(x)$ 处处连续，又满足收敛定理的条件，且在 $[0,2]$ 上，$F(x) \equiv f(x)$.

$$a_n = 0 \quad (n=0,1,2,\cdots);$$

$$b_n = \int_0^1 x\sin\frac{n\pi x}{2}dx + \int_1^2 (2-x)\sin\frac{n\pi x}{2}dx$$

在上式第二个积分中令 $2-x = t$，则有

$$\int_1^2 (2-x)\sin\frac{n\pi x}{2}dx = -\int_0^1 t\cos n\pi \sin\frac{n\pi t}{2}dt = (-1)^{n-1}\int_0^1 t\sin\frac{n\pi t}{2}dt.$$

于是 $$b_n = [1+(-1)^{n-1}]\int_0^1 x\sin\frac{n\pi x}{2}dx$$

当 $n=2k$ 时，$b_{2k}=0$；当 $n=2k-1$ 时

$$b_{2k-1} = 2\int_0^1 x\sin\frac{(2k-1)\pi x}{2}dx = \frac{8}{(2k-1)^2\pi^2} \quad (k=1,2,\cdots)$$

故 $$f(x) = \frac{8}{\pi^2}\sum_{k=1}^{\infty} \frac{(-1)^{k-1}}{(2k-1)^2}\sin\frac{(2k-1)\pi x}{2}, \quad x \in [0,2].$$

展开为余弦级数：

将 $f(x)$ 作偶延拓得 $g(x)$，再将 $g(x)$ 作周期延拓得 $G(x)$，则 $G(x)$ 是以 4 为周期的周期函数，$G(x)$ 处处连续又满足收敛定理的条件，且在 $[0,2]$ 上 $G(x) \equiv f(x)$.

$$a_0 = \int_0^1 x\, dx + \int_1^2 (2-x)\, dx = 1;$$

$$a_n = \int_0^1 x\cos\frac{n\pi x}{2}dx + \int_1^2 (2-x)\cos\frac{n\pi x}{2}dx$$

在上式第二个积分中令 $2-x = t$，则有

$$\int_1^2 (2-x)\cos\frac{n\pi x}{2}dx = (-1)^n \int_0^1 t\cos\frac{n\pi t}{2}dt$$

于是 $$a_n = [1+(-1)^n]\int_0^1 x\cos\frac{n\pi x}{2}dx$$

$$= [1+(-1)^n]\left(\frac{2}{\pi}\right)^2 \left[\frac{\pi}{2n}\sin\frac{n\pi}{2} + \frac{1}{n^2}\cos\frac{n\pi}{2} - \frac{1}{n^2}\right]$$

当 $n = 2m - 1$ 时，$a_{2m-1} = 0$；当 $n = 2m$ 时

$$a_{2m} = \frac{8}{\pi^2} \cdot \frac{2}{(2m)^2}[(-1)^m - 1] = \begin{cases} 0, m = 2k \\ \frac{-4}{\pi^2(2k-1)^2}, m = 2k-1 \end{cases} \quad (k = 1, 2, \cdots)$$

故 $f(x) = \frac{1}{2} - \frac{4}{\pi^2}\sum_{k=1}^{\infty}\frac{1}{(2k-1)^2}\cos(2k-1)\pi x, \quad x \in [0, 2]$.

§10.5 综合练习

一、填空题

1. 级数 $\sum_{n=1}^{\infty}\frac{x^n}{n!}$ 的收敛半径 $R =$ _____，收敛区间为 _____.

2. 级数 $\sum_{n=0}^{\infty}aq^n(a \neq 0)$ 当 $|q| < 1$ 时是 _____，此时 $S =$ _____，而当 $|q| \geq 1$ 时级数是 _____.

3. 考虑级数的敛散性，级数 $\sum_{n=1}^{\infty}\frac{9^n}{8^n}$ 是 _____，级数 $\sum_{n=1}^{\infty}\frac{1}{2^n}$ 是 _____.

4. 级数 $\frac{1}{1 \cdot 4} + \frac{1}{4 \cdot 7} + \frac{1}{7 \cdot 10} + \cdots$ 的一般项 $u_n =$ _____，部分和 $S_n =$ _____，和 $S =$ _____.

5. 若级数 $\sum_{n=0}^{\infty}a_n x^n$ 的收敛半径为 R，则 $\sum_{n=0}^{\infty}a_n x^{2n}$ 的收敛半径为 _____.

6. 级数 $\sum_{n=1}^{\infty}\frac{1}{n2^n}x^{n-1}$ 的收敛区间为 _____.

7. $f(x) = x\sin x$ 的麦克劳林展开式为 _____.

8. $f(x) = \ln(2 + x)$ 展开为 x 的幂级数为 _____，展开为 $(x + 1)$ 的幂级数为 _____.

9. 以 2π 为周期的奇函数 $f(x)$ 展开为傅里叶级数，系数公式为 $b_n =$ _____.

10. 设 $f(x) = \frac{\pi - x^2}{2}[-l, l)$，则 $f(x)$ 的傅里叶系数 $b_n =$ _____.

11. 幂级数 $\sum_{n=1}^{\infty}\frac{x^n}{n^2}$ 的收敛半径 $R =$ _____.

12. 级数 $\sum_{n=1}^{\infty}\frac{(x-1)^n}{2n}$ 的收敛区间（不考虑端点）为 _____.

13. 若幂级数 $\sum_{n=0}^{\infty}a_n x^n$ 在 $x = 2$ 处收敛，则该级数在 $x = -1$ 处的敛散性是 _____.

14. 将以 $2l$ 为周期的函数 $f(x)$ 展开为傅里叶级数，其系数公式为 $a_0 =$ _____，

$a_n = $ _____ , $b_n = $ _____ .

15. 将函数 $f(x) = |x|$ ($-\pi \leq x < \pi$) 展开为傅里叶级数是 _____ .

二、选择题

1. 已知 $\dfrac{1}{1+x} = 1 - x + x^2 - x^3 + \cdots$, 则 $\dfrac{1}{1+x^2}$ 展开为 x 的幂级数为( ).

   A. $1 + x^2 + x^4 + \cdots$ B. $-1 + x^2 - x^4 + \cdots$
   C. $-1 - x^2 - x^4 - \cdots$ D. $1 - x^2 + x^4 - \cdots$

2. 幂级数 $\sum\limits_{n=0}^{\infty} x^n$ 在收敛区间 $(-1,1)$ 内的和函数为( ).

   A. $\dfrac{1}{1+x}$ B. $\dfrac{1}{1-x}$ C. $\dfrac{1}{1+x^2}$ D. $\dfrac{1}{1-x^2}$

3. 幂级数 $\sum\limits_{n=1}^{\infty} \dfrac{1}{n3^n} x^{2n}$ 的收敛区间为( ).

   A. $(-\sqrt{3}, \sqrt{3})$ B. $\left(-\dfrac{1}{\sqrt{3}}, \dfrac{1}{\sqrt{3}}\right)$ C. $\left(-\dfrac{1}{3}, \dfrac{1}{3}\right)$ D. $(-3, 3)$

4. 幂级数 $\sum\limits_{n=1}^{\infty} \dfrac{x^n}{n!}$ 在收敛区间 $(-\infty, +\infty)$ 内的和函数为( ).

   A. e^x B. $e^x + 1$ C. $e^x - 1$ D. e^{x+1}

5. 已知级数 $\sum\limits_{n=1}^{\infty} u_n$ 收敛, S_n 是部分和, 则它的和是( ).

   A. u_n B. S_n C. $\lim\limits_{n \to \infty} S_n$ D. $\lim\limits_{n \to \infty} u_n$

6. 幂级数 $\sum\limits_{n=1}^{\infty} (-1)^n \dfrac{1}{\sqrt{n}} x^n$ 的收敛半径为( ).

   A. ± 1 B. 0 C. $+\infty$ D. 1

7. 设幂级数 $\sum\limits_{n=0}^{\infty} a_n x^n$ 在 $x = -2$ 处收敛, 则该级数在 $x = -2$ 处( ).

   A. 条件收敛 B. 发散 C. 绝对收敛 D. 敛散性不确定

8. 幂级数 $\sum\limits_{n=0}^{\infty} \dfrac{2^n}{n+1} x^n$ 的收敛半径 $R = $( ).

   A. 2 B. 1 C. $\dfrac{1}{2}$ D. $\dfrac{1}{4}$

9. 幂级数 $\sum\limits_{n=0}^{\infty} (-1)^n \dfrac{x^n}{2n+3}$ 的收敛区间为( ).

   A. $(-1, 1)$ B. $[-1, 1]$ C. $[-1, 1)$ D. $(-1, 1]$

10. 级数 $\sum\limits_{n=1}^{\infty} (-1)^n \dfrac{k+n}{n^2}$ (常数 $k > 0$) 的敛散性是( ).

    A. 发散 B. 绝对收敛 C. 条件收敛 D. 敛散性不确定

11. $\lim\limits_{n\to\infty} u_n = 0$ 是级数 $\sum\limits_{n=1}^{\infty} u_n$ 收敛的( ).

   A. 充要条件　　　B 充分条件　　　C. 必要条件　　　D 非充分非必要条件

12. 若级数 $\sum\limits_{n=1}^{\infty} u_n$ 收敛于 S, 则级数 $\sum\limits_{n=1}^{\infty} (u_n + u_{n+1})$ 收敛于( ).

   A. $2S$　　　　B. $2S + u_1$　　　C. $2S - u_1$　　　D. 发散

13. 级数 $\sum\limits_{n=1}^{\infty} (-1)^n \dfrac{1}{n^{\frac{5}{4}}}$ 的敛散性是( ).

   A. 绝对收敛　　B. 条件收敛　　C. 敛散性不确定　　D. 发散

14. 若级数 $\sum\limits_{n=1}^{\infty} u_n$ 收敛, 级数 $\sum\limits_{n=1}^{\infty} v_n$ 发散, 则级数 $\sum\limits_{n=1}^{\infty} (u_n + v_n)$ 必定( ).

   A. 收敛　　　B. 条件收敛　　　C. 敛散性不能确定　　　D. 发散

15. $f(x) = e^{x^2}$ 的 x 的幂级数展开式为( ).

   A. $1 + x + \dfrac{x^2}{2!} + \dfrac{x^3}{3!} + \cdots$　　　B. $1 - x + \dfrac{x^2}{2!} - \dfrac{x^3}{3!} + \cdots$

   C. $1 + x^2 + \dfrac{x^4}{2!} + \dfrac{x^6}{3!} + \cdots$　　　D. $1 - x^2 + \dfrac{x^4}{2!} - \dfrac{x^6}{3!} + \cdots$

16. 函数 $f(x) = x^2 (-\pi \leq x < \pi)$ 展开为傅里叶级数,系数为( ).

   A. $a_0 = 0, a_n = (-1)^n \dfrac{1}{n^2}$　　　B. $a_0 = \dfrac{2\pi^2}{3}, a_n = \dfrac{(-1)^n}{n^2}$

   C. $a_0 = \dfrac{2\pi^2}{3}, a_n = (-1)^n \dfrac{4}{n^2}$　　　D. $a_0 = \dfrac{\pi^2}{3}, a_n = \dfrac{(-1)^n}{n^2}$

三、解答题

1. 判别下列级数的敛散性

(1) $\sum\limits_{n=1}^{\infty} \left[\left(\dfrac{4}{5}\right)^n + \dfrac{n+1}{n^2+8}\right]$;　(2) $\sum\limits_{n=1}^{\infty} \dfrac{n!}{(n+1)(n+2)\cdots(2n)}$;

(3) $\sum\limits_{n=1}^{\infty} n\tan\dfrac{\pi}{2^{n+1}}$;　(4) $\sum\limits_{n=1}^{\infty} \dfrac{n^n}{n!}$;　(5) $\sum\limits_{n=1}^{\infty} \dfrac{2^n n!}{n^n}$;　(6) $\sum\limits_{n=1}^{\infty} \dfrac{n^2}{3^n}$.

2. 判别下列级数的敛散性,如果收敛,是绝对收敛还是条件收敛?

(1) $\sum\limits_{n=1}^{\infty} (-1)^{n-1} \dfrac{1}{\sqrt{n}}$;　(2) $\sum\limits_{n=1}^{\infty} \dfrac{(-1)^{n-1} n}{3^{n-1}}$;

(3) $\sum\limits_{n=1}^{\infty} \left(\dfrac{2}{3}\right)^n \sin n\pi$;　(4) $\sum\limits_{n=1}^{\infty} (-1)^n \dfrac{2^n}{n}$;

(5) $\sum\limits_{n=1}^{\infty} (-1)^n \dfrac{\ln n}{n}$;　(6) $\sum\limits_{n=1}^{\infty} (-1)^n \dfrac{1}{n^p}$.

3. 求下列幂级数的收敛半径和收敛区间

(1) $\sum\limits_{n=1}^{\infty} (\sqrt{x})^n$;　(2) $\sum\limits_{n=1}^{\infty} \dfrac{n!}{2^n} x^n$;　(3) $\sum\limits_{n=1}^{\infty} \dfrac{x^{2n+1}}{2n+1}$;

(4) $\sum_{n=1}^{\infty} \frac{(x-5)^n}{\sqrt{n}}$; (5) $\sum_{n=1}^{\infty} \frac{3^n}{n}(x-1)^n$; (6) $\sum_{n=1}^{\infty} \frac{(x+3)^n}{n^2}$.

4. 将函数 $f(x) = \frac{2}{1-x^2}$ 展开为 x 的幂级数.

5. 将函数 $f(x) = (1+x)\ln(1+x)$ 展开为 x 的幂级数.

6. 将函数 $f(x) = \ln(1+x-2x^2)$ 展开为 x 的幂级数.

7. 将函数 $f(x) = \arcsin x$ 展开为 x 的幂级数.

8. 求 $f(x) = 2^x$ 在 $x = -1$ 处的幂级数.

9. 将函数 $f(x) = \cos x$ 展开为 $\left(x + \frac{\pi}{3}\right)$ 的幂级数.

10. 将函数 $f(x) = \frac{1}{x}$ 展开为 $(x-3)$ 的幂级数.

11. 将函数 $f(x) = \frac{1}{2+x-x^2}$ 展开为 x 的幂级数,并写出其收敛区间(不考虑端点).

12. 将函数 $f(x) = \ln x$ 在 $x = 1$ 处展开为幂级数,并指出收敛区间(不考虑端点).

13. 设函数 $f(x) = \begin{cases} 0, & -\pi < x \leq 0 \\ x^2, & 0 < x < \pi \end{cases}$ 是以 2π 为周期的函数,将 $f(x)$ 展开为傅里叶级数.

综合练习答案

一、填空题

1. $R = +\infty$ $(-\infty, +\infty)$;

2. 收敛的,$S = \frac{u}{1-q}$,发散的;

3. 发散的,收敛的;

4. $u_n = \frac{1}{(3n-2)(3n+1)}$, $S_n = \frac{1}{3}\left(1 - \frac{1}{3n+1}\right)$, $S = \frac{1}{3}$;

5. $\sqrt{R}$; 6. $(-2, 2)$

7. $\sum_{n=0}^{\infty} (-1)^n \frac{x^{2n+2}}{(2n+1)!}$, $(-\infty, +\infty)$;

8. $\ln 2 + \sum_{n=0}^{\infty} (-1)^n \frac{1}{n+1}\left(\frac{x}{2}\right)^{n+1}$ $(-2 < x \leq 2)$,

$\sum_{n=0}^{\infty} (-1)^n \frac{(x+1)^{n+1}}{n+1}$ $(-2 < x \leq 0)$;

9. $b_n = \frac{2}{\pi} \int_0^{\pi} f(x) \sin nx \, dx$;

第10章 无穷级数

10. $b_n = 0$;

11. $k = 1$;

12. $(0, 2)$;

13. 绝对收敛;

14. $a_0 = \frac{1}{l}\int_{-l}^{l} f(x)\mathrm{d}x$, $a_n = \frac{1}{l}\int_{-l}^{l} f(x)\cos\frac{n\pi x}{l}\mathrm{d}x$ $(n = 1, 2, \cdots)$,

$b_n = \frac{1}{l}\int_{-l}^{l} f(x)\sin\frac{n\pi x}{l}\mathrm{d}x$ $(n = 1, 2, \cdots)$;

15. $f(x) = \frac{\pi}{2} - \frac{4}{\pi}\sum_{k=1}^{\infty}\frac{1}{(2k-1)^2}\cos(2k-1)x$ $(-\infty, +\infty)$.

二、选择题

1. D 2. B 3. A 4. C 5. C 6. D 7. D 8. C 9. D 10. C 11. C 12. C
13. A 14. D 15. A 16. C

三、解答题

1.(1) 发散,令 $u_n = \left(\frac{4}{5}\right)^n$, $v_n = \frac{n+1}{n^2+8}$, 分别考察级数 $\sum_{n=1}^{\infty}u_n$ 与 $\sum_{n=1}^{\infty}v_n$ 的敛散性;

(2) 收敛,用比值判别法; (3) 收敛,用比值判别法;

(4) 发散; (5) 收敛; (6) 收敛.

2.(1) 条件收敛;(2) 绝对收敛;(3) 绝对收敛;(4) 发散;(5) 条件收敛;(6) 当 $\rho \leq 0$ 时发散,当 $0 < \rho < 1$ 时条件收敛,当 $\rho > 1$ 时绝对收敛.

3.(1) $R = 1$, $[0, 1)$, 由 $\lim_{n\to\infty}\left|\frac{u_{n+1}}{u_n}\right| = \sqrt{x} < 1 \Rightarrow 0 \leq x < 1$, 所以 $R = 1$, 收敛区间为 $[0, 1)$;

(2) $R = 0$, 只在 $x = 0$ 处收敛; (3) $R = 1$, $(-1, 1)$;

(4) $R = 1$, $[4, 6)$; (5) $R = \frac{1}{3}$, $\left(\frac{2}{3}, \frac{4}{3}\right)$;

(6) $R = 1$, $(-4, 2)$.

4. $f(x) = \frac{1}{1-x} + \frac{1}{1+x} = \sum_{n=0}^{\infty}[(-1)^n + 1]x^n$ $|x| < 1$;

5. $f(x) = (1+x)\ln(1+x) = x + \sum_{n=1}^{\infty}\frac{(-1)^n x^n}{n(n-1)}$ $(-1, 1]$;

6. $f(x) = \ln(1+2x)(1-x) = \ln(1+2x) + \ln(1-x)$

$= -\sum_{n=1}^{\infty}\left[\frac{(-1)^n 2^n - 1}{n}\right]x^n$ $|x| < \frac{1}{2}$;

7. $f(x) = \arcsin x = x + \sum_{n=1}^{\infty}\frac{2(2n)!}{(n!)^2(2n+1)!}\left(\frac{x}{2}\right)^{2n+1}$ $[-1, 1]$;

8. $f(x) = 2^x = e^{x\ln 2} = \sum_{n=0}^{\infty} \frac{(x\ln 2)^n}{n!} = \sum_{n=0}^{\infty} \frac{(\ln 2)^n}{n!} x^n \quad (-\infty, +\infty)$;

9. $f(x) = \cos x = \frac{1}{2} \sum_{n=0}^{\infty} (-1)^n \left[\frac{\left(x + \frac{\pi}{3}\right)^{2n}}{(2n)!} + \sqrt{3} \frac{\left(x + \frac{\pi}{3}\right)^{2n+1}}{(2n+1)!} \right] \quad (-\infty, +\infty)$;

10. $f(x) = \frac{1}{x} = \frac{1}{3} \sum_{n=0}^{\infty} (-1)^n \frac{(x-3)^n}{3^n} \quad (0, 6)$;

11. $f(x) = \frac{1}{2-x} + \frac{1}{1+x} = \frac{1}{2\left(1-\frac{x}{2}\right)} + \frac{1}{1-x} = \frac{1}{2} \sum_{n=0}^{\infty} \left(\frac{x}{2}\right)^n + \sum_{n=0}^{\infty} (-1)^n x^n$

$= \sum_{n=0}^{\infty} \left[\left(\frac{1}{2}\right)^{n+1} + (-1)^n \right] x^n \quad (-1, 1)$;

12. $f(x) = \ln x = \ln[1 + (x-1)] = \sum_{n=1}^{\infty} \frac{(-1)^{n+1}}{n} (x-1)^n$

$(0 < x < 2)$;

13. $f(x) = \frac{\pi^2}{6} + \sum_{n=1}^{\infty} \left\{ \frac{2(-1)^n}{n^2} - \cos nx + \left[\frac{\pi(-1)^n}{n} + \frac{2}{n^2 \pi} ((-1)^n - 1) \right] \sin nx \right\}$

$(-\infty < x < +\infty, x \neq (2k-1)\pi, k = 0, \pm 1, \pm 2, \cdots)$.

附 录

综合测试题(一)

一、选择题(20分)

1. 设 $f(x) = \dfrac{1-\cos^2 x}{x^2}$,当 $x \neq 0$ 时,$F(x) = f(x)$,若 $F(x)$ 在点 $x=0$ 处连续,则 $F(0) = ($).

   A. 0   B. -1 C. 1   D. 2

2. 设级数 $\sum\limits_{n=1}^{\infty} u_n$ 收敛,记 $S_n = \sum\limits_{i=1}^{n} u_i$,则( ).

   A. $\lim\limits_{n \to \infty} S_n = 0$ B. $\lim\limits_{n \to \infty} S_n$ 存在

   C. $\lim\limits_{n \to \infty} S_n$ 可能不存在   D. $\{S_n\}$ 为单调数列

3. 设有直线 $\dfrac{x}{0} = \dfrac{y}{4} = \dfrac{z}{-3}$,则该直线必定( ).

   A. 过原点且垂直于 Ox 轴   B. 过原点且平行于 Ox 轴

   C. 不过原点,但垂直于 Ox 轴   D. 不过原点,但平行于 Ox 轴

4. 设 $f(x)$ 为 $[-a,a]$ 上的连续函数,则 $\int_{-a}^{a} f(-x) dx = ($).

   A. 0   B. $2\int_0^a f(x) dx$ C. $-\int_{-a}^{a} f(x) dx$ D. $\int_{-a}^{a} f(x) dx$.

5. 微分方程 $y'' = y'$ 的通解为( ).

   A. $y = C_1 x + C_2 e^x$ B. $y = C_1 + C_2 e^x$

   C. $y = C_1 x + C_2 x$ D. $y = C_1 x + C_2 x^2$

二、填空题(20分)

1. $y = 3^u, u = v^2, v = \tan x$,则复合函数 $y = f(x) = $ _____.

2. 定积分 $\int_{\frac{1}{x}}^{1} \dfrac{1}{x^2} e^{\frac{1}{x}} dx = $ _____.

3. 设二元函数 $z = \ln(x+y^2)$,则 $dz \Big|_{\substack{x=1 \\ y=0}} = $ _____.

4. 级数 $\sum_{n=1}^{\infty} \frac{(x-1)^n}{2n}$ 的收敛区间（不考虑端点）为_____.

5. 设 D 为 $x^2+y^2 \leq a^2(a>0), y \geq 0$ 所围成的封闭区域，则 $\iint_D x^2 \mathrm{d}x\mathrm{d}y$ 化为极坐标系下的二次积分表达式为_____.

三、计算题（30分）

1. 计算 $\int \frac{\sqrt{x}-3\sqrt{x}}{\sqrt{x}}\mathrm{d}x$.

2. 求直线 $L: \frac{x-2}{3}=\frac{y+2}{1}=\frac{x-3}{-4}$ 与平面 $\pi: x+y+z=3$ 的关系.

3. 判别 $\sum_{n=1}^{\infty}(-1)^n \frac{1}{n(2n+1)}$ 是绝对收敛还是条件收敛.

4. 设 $z=f\left(\mathrm{e}^x\sin y, \frac{y}{x}\right)$，其中 $f(x,y)$ 为可微函数，求 $\frac{\partial z}{\partial x}$ 和 $\frac{\partial z}{\partial y}$.

5. 求 $\iint_D y\mathrm{d}x\mathrm{d}y$，其中 D 是由曲线 $x=y^2+1$，直线 $x=0, y=0$ 与 $y=1$ 所围成的闭区域.

四、解答题（30分）

1. 求由曲线 $y=2-x^2, y=x(x \geq 0)$ 与直线 $x=0$ 所围成的平面图形绕 Ox 轴旋转一周所形成的旋转体体积.

2. 将函数 $f(x)=\frac{3}{2+x-x^2}$ 展开为 x 的幂级数，并写出其收敛区间（不考虑端点）.

3. 设 $f(x)$ 为一连续函数，$f(x)$ 由方程 $\int_0^x tf(t)\mathrm{d}t = x^2 + f(x)$ 确定，求 $f(x)$.

综合测试题（二）

一、选择题（20分）

1. 设 $f(x)$ 是可导函数，则 $\left(\int f(x)\mathrm{d}x\right)'$ 为（　　）.

    A. $f(x)$ B. $f(x)+C$ C. $f'(x)$ D. $f'(x)+C$

2. 对于微分方程 $y''+3y'+2y=\mathrm{e}^{-x}$，利用待定系数法求其特解 y^* 时，下列特解正确的是（　　）.

    A. $y^* = A\mathrm{e}^{-x}$ B. $y^* = (Ax+B)\mathrm{e}^{-x}$

C. $y^* = Axe^{-x}$ D. $y^* = A^2xe^{-x}$

3. 设有单位向量 e_a，它同时与 $b = 3i + j + 4k$ 及 $c = i + k$ 垂直，则 e_a 为(   ).

A. $\frac{1}{\sqrt{3}}i + \frac{1}{\sqrt{3}}j - \frac{1}{\sqrt{3}}k$ B. $i + j - k$

C. $\frac{1}{\sqrt{3}}i - \frac{1}{\sqrt{3}}j + \frac{1}{\sqrt{3}}k$ D. $i - j + k$

4. 设幂级数 $\sum_{n=0}^{\infty} a_n x^n$ 在 $x = -2$ 处收敛，则该级数在 $x = 1$ 处(   ).

A. 发散   B. 敛散性不能确定   C. 条件收敛   D. 绝对收敛

5. 设 $a = \{-1, 1, 2\}$, $b = \{2, 0, 1\}$，则向量 a 与向量 b 的夹角为(   ).

A. 0   B. $\frac{\pi}{6}$ C. $\frac{\pi}{4}$ D. $\frac{\pi}{2}$

二、填空题(20 分)

1. 设 $f(x+1) = x^2 + 3x + 5$，则 $f(x) = $ _____.

2. 设 $\lim_{x \to 2} \frac{x^2 - x + a}{x - 2} = 3$，则 $a = $ _____.

3. 设 $z = y^{2x}$，则 $\frac{\partial z}{\partial y} = $ _____.

4. 设 $D: 0 \leq x \leq 1, 0 \leq y \leq 2$，$\iint_D xy \, dx \, dy = $ _____.

5. 已知 $\int f(x) \, dx = F(x) + C$，则 $\int \frac{f(\ln x)}{x} \, dx = $ _____.

三、计算题(30 分)

1. 已知直线 $L: \frac{x+1}{3} = \frac{y-1}{2} = \frac{z}{-1}$，平面 π 过点 $M(2, 1, -5)$ 且与 L 垂直，求平面 π 的方程.

2. 设 $\begin{cases} x = \int_0^t a\sin u \, du \\ y = a\sin t \end{cases}$ (a 为非零常数)，求 $\frac{dy}{dx}$.

3. 判别级数 $\sum_{n=1}^{\infty} \frac{n}{2+n^2}$ 的敛散性.

4. 求 $\lim_{x \to 0} \frac{\int_0^x e^t \sin t^2 \, dt}{x^3}$.

5. 设 $z = xy^2 + x^3 y$，求 $\frac{\partial^2 z}{\partial x \partial y}$.

四、解答题(30分)

1. 求 $\iint\limits_{D}(1-x^2-y^2)\mathrm{d}x\mathrm{d}y$，其中，$D$ 是由 $y=x, y=0, x^2+y^2=1$ 在第一象限所围成的闭区域.

2. 设 $f(x)$ 是 $(-\infty,+\infty)$ 内的连续函数. 且满足 $f(x) = 3x^2 - x\int_0^1 f(x)\mathrm{d}x$，求 $f(x)$.

3. 设有一根长为 l 的铁丝，将其分为两段，分别构成圆形和正方形. 若记圆形面积为 A_1，正方形面积为 A_2，证明当 $A_1 + A_2$ 最小时，$\dfrac{A_1}{A_2} = \dfrac{\pi}{4}$.

综合测试题(三)

一、选择题(20分)

1. 当 $x \to 0$ 时，$x^2 - \sin x$ 是 x 的( ).
   A. 高阶无穷小   B. 等价无穷小
   C. 同阶，但不等价无穷小   D. 低阶无穷小

2. 设 $f(x)$ 为 $[a,b]$ 内的连续函数，则 $\int_a^b f(x)\mathrm{d}x - \int_a^b f(t)\mathrm{d}t$ 的值( ).
   A. 小于零   B. 等于零   C. 大于零   D. 不能确定

3. 级数 $\sum\limits_{n=1}^{\infty}(-1)^n \dfrac{1}{n^{\frac{5}{4}}}$ 是( ).
   A. 绝对收敛   B. 条件收敛   C. 敛散性不确定   D. 发散

4. 设 $D = \{(x,y) \mid x^2 + y^2 \leqslant a^2, a > 0, y \geqslant 0\}$，在极坐标系中，二重积分 $\iint\limits_{D}(x^2 + y^2)\mathrm{d}x\mathrm{d}y$ 可以表示为( ).
   A. $\int_0^{\pi}\mathrm{d}\theta\int_0^a r^3\mathrm{d}r$ B. $\int_0^{\pi}\mathrm{d}\theta\int_0^a r^2\mathrm{d}r$ C. $\int_{-\pi/2}^{\pi/2}\mathrm{d}\theta\int_0^a r^3\mathrm{d}r$ D. $\int_{-\pi/2}^{\pi/2}\mathrm{d}\theta\int_0^a r^2\mathrm{d}r$

5. 微分方程 $y'' + y = \sin x$ 的一个特解具有形式( ).
   A. $y^* = a\sin x$ B. $y^* = a\cos x + b\sin x$
   C. $y^* = x(a\sin x + b\cos x)$ D. $y^* = a\cos x$

二、填空题(20分)

1. 设 $y = 2x^3 + ax + 3$ 在点 $x = 1$ 处取得极小值，则 $a = $ _____.

2. 定积分 $\int_{-1}^{1} x^{100}\sin x\mathrm{d}x = $ _____.

3. $z = \dfrac{1}{xy}$,则 $\dfrac{\partial z}{\partial x} = $ _____.

4. 设 $\boldsymbol{\alpha} = 3\boldsymbol{i} - \boldsymbol{k}, \boldsymbol{\beta} = 2\boldsymbol{i} - 3\boldsymbol{j} + 2\boldsymbol{k}$,则 $\boldsymbol{\alpha} \times \boldsymbol{\beta} = $ _____.

5. 设 $f(1) = 1$,则 $\lim\limits_{x \to 1} \dfrac{f(x) - f(1)}{x^2 - 1} = $ _____.

三、计算题(30 分)

1. 求极限 $\lim\limits_{x \to 0} \left(\dfrac{1-x}{1+x} \right)^{\frac{1}{x}}$.

2. 设 $f(x) = \begin{cases} x^2 + b, & x \neq 1, \\ 2, & x = 1, \end{cases}$ 确定常数 b 的值,使 $f(x)$ 在 $x = 1$ 处连续.

3. 已知 $f'(x) = 1 + x^2$,且 $f(0) = 1$,求 $f(x)$.

4. 设函数 $z = z(x,y)$,由方程 $x^2 + y^2 - xyz^2 = 0$ 确定,求 $\dfrac{\partial z}{\partial x}, \dfrac{\partial z}{\partial y}$.

5. 求幂级数 $\sum\limits_{n=1}^{\infty} \dfrac{1}{n4^n} x^n$ 的收敛区间(不讨论端点).

四、解答题(30 分)

1. 计算二重积分 $\iint\limits_{D} \mathrm{d}x\mathrm{d}y$,其中区域 D 是由曲线 $y = 1 - x^2$ 与 $y = x^2 - 1$ 所围成的闭区域.

2. 若极限 $\lim\limits_{x \to \infty} \left(\dfrac{x^2 + 1}{x + 1} + ax + b \right) = 0$,求常数 a, b 的值.

3. 有一根长为 l 的铁丝,将它截为两段分别构成等边三角形和正方形. 若记等边三角形的面积为 A_1,正方形的面积为 A_2,当 $A = A_1 + A_2$ 为最小时,证明 $\dfrac{A_1}{A_2} = \dfrac{3\sqrt{3}}{4}$.

综合测试题参考答案

综合测试题(一)

一、选择题

1. C;   2. B;   3. A;   4. D;   5. B.

二、填空题

1. $3^{\tan^2 x}$;   2. $e^2 - e$;   3. $\mathrm{d}x$;   4. $(0,2)$;   5. $\int_0^{\pi} \mathrm{d}\theta \int_0^a r^3 \cos^3 \theta \, \mathrm{d}r$.

三、计算题

1. $\int \dfrac{t^3 - t^2}{t^3} \cdot 6t^5 \mathrm{d}t = x - \dfrac{6}{5} x^{\frac{5}{6}} + C$（提示：令 $t = \sqrt[6]{x}$，则 $\mathrm{d}x = 6t^5 \mathrm{d}t$）.

2. 直线 l_1 的方向向量 $\boldsymbol{s} = \{3,1,-4\}$，平面 π 的法向量 $\boldsymbol{n} = \{1,1,1\}$，故易知 $\boldsymbol{s}$ 与 $\boldsymbol{n}$ 不平行，而 $\boldsymbol{n} \cdot \boldsymbol{s} = 0$，因此直线 l_1 与平面 π 平行，且点 $P(2,-2,3)$ 在 l_1 上，P 的坐标满足平面 π 的方程，这表明 P 在 π 上，故知直线 l_1 落在平面 π 上.

3. 绝对收敛.

4. $\dfrac{\partial z}{\partial x} = \mathrm{e}^x \sin y \cdot \dfrac{\partial f}{\partial u} - \dfrac{y}{x^2} \cdot \dfrac{\partial f}{\partial v}$，$\dfrac{\partial z}{\partial y} = \mathrm{e}^x \cos y \cdot \dfrac{\partial f}{\partial u} + \dfrac{1}{x} \cdot \dfrac{\partial f}{\partial v}$.

$$\left(u = \mathrm{e}^x \sin y, v = \dfrac{y}{x} \right)$$

5. 由题意知 $D = \{(x,y) \mid 0 \leq y \leq 1, 0 \leq x \leq y^2 + 1\}$，则

$$\iint_D y \mathrm{d}x \mathrm{d}y = \int_0^1 \mathrm{d}y \int_0^{y^2+1} y \mathrm{d}x = \dfrac{3}{4}.$$

四、解答题

1. 由 $\begin{cases} y = 2 - x^2, \\ y = x, \end{cases}$ 得交点 $(1,1)$，故有

$$v_x = \int_0^1 [(2 - x^2)^2 - x^2] \mathrm{d}x = \dfrac{38}{15} \pi.$$

2. $f(x) = \dfrac{1}{2-x} + \dfrac{1}{1+x} = \dfrac{1}{2 \left(1 - \dfrac{x}{2} \right)} + \dfrac{1}{1+x}$

$$= \sum_{n=0}^{\infty} \left[\left(\dfrac{1}{2} \right)^{n+1} + (-1)^n \right] x^n \quad (-1,1).$$

3. $f(x) = \int_0^x t f(t) \mathrm{d}t - x^2$，可导

$f'(x) = x f(x) - 2x, \quad f'(x) - x f(x) = -2x$

所以由线性微分方程求通解的公式有

$$f(x) = C \mathrm{e}^{\frac{1}{2} x^2} + 2.$$

将 $f(0) = 0$ 代入上式可得 $C = -2$，故

$$f(x) = -2 \mathrm{e}^{\frac{1}{2} x^2} + 2.$$

综合测试题（二）

一、选择题

1. A；　2. C；　3. A；　4. D；　5. D.

二、填空题

1. $f(x) = x^2 + x + 3$;   2. $a = -2$;   3. $\dfrac{\partial z}{\partial y} = 2xy^{2x-1}$;   4. 1;   5. $F(\ln x) + C$.

三、计算题

1. 因 $\boldsymbol{n} = \{3, 2, -1\}$，过点 $M(2, 1, -5)$，由点法式得平面 π 的方程为
$$3(x-2) + 2(y-1) - (z+5) = 0,$$
即
$$3x + 2y - z - 13 = 0.$$

2. $\dfrac{\mathrm{d}y}{\mathrm{d}x} = \dfrac{\dfrac{\mathrm{d}y}{\mathrm{d}t}}{\dfrac{\mathrm{d}x}{\mathrm{d}t}} = \dfrac{a\cos t}{a\sin t} = \cot t.$

3. 用比较判别法判定级数 $\displaystyle\sum_{n=1}^{\infty} \dfrac{n}{2+n^2}$ 发散.

4. $\displaystyle\lim_{x \to 0} \dfrac{\mathrm{e}^x \sin x^2}{3x^2} = \dfrac{1}{3}.$

5. $\dfrac{\partial z}{\partial x} = y^2 + 3x^2 y$, $\dfrac{\partial^2 z}{\partial x \partial y} = \dfrac{\partial}{\partial y}\left(\dfrac{\partial z}{\partial x}\right) = 2y + 3x^2.$

四、解答题

1. 化为极坐标计算，即
$$\iint\limits_{D}(1 - x^2 - y^2)\,\mathrm{d}x\mathrm{d}y = \int_0^{\frac{\pi}{4}}\mathrm{d}\theta \int_0^1 (1 - r^2)\,r\,\mathrm{d}r = \dfrac{\pi}{16}.$$

2. 令 $A = \displaystyle\int_0^1 f(x)\,\mathrm{d}x$，则 $f(x) = 3x^2 - Ax$，于是
$$\int_0^1 f(x)\,\mathrm{d}x = \int_0^1 (3x^2 - Ax)\,\mathrm{d}x = 1 - \dfrac{1}{2}A,$$
即
$$A = 1 - \dfrac{1}{2}A \Rightarrow A = \dfrac{2}{3}.$$
故
$$f(x) = 3x^2 - \dfrac{2}{3}x.$$

3. $A_1 = \pi r^2 = \pi\left(\dfrac{x}{2\pi}\right)^2 = \dfrac{x^2}{4\pi}$，$A_2 = \left(\dfrac{l-x}{4}\right)^2 = \dfrac{(l-x)^2}{16}$，
$$A = A_1 + A_2 = \dfrac{x^2}{4\pi} + \dfrac{(l-x)^2}{16}.$$

由导数求极值的方法，求得当 $x = \dfrac{\pi l}{4+\pi}$ 时 $A = A_1 + A_2$ 取得极小值，也是最小值，此时

$$\frac{A_1}{A_2} = \frac{\frac{1}{4\pi}x^2}{\frac{(l-x)^2}{16}} = \frac{\frac{1}{4\pi} \cdot \frac{l^2\pi^2}{(4+\pi)^2}}{\frac{1}{16} \cdot \frac{16l^2}{(4+\pi)^2}} = \frac{\pi}{4}.$$

综合测试题(三)

一、选择题

1. C； 2. B； 3. A； 4. A； 5. C.

二、填空题

1. -4； 2. 0； 3. $-\dfrac{1}{x^2y}$； 4. $-3\boldsymbol{i} - 8\boldsymbol{j} - 9\boldsymbol{k}$； 5. $\dfrac{1}{2}$.

三、计算题

1. $\dfrac{\lim\limits_{x\to 0}(1-x)^{\frac{1}{x}}}{\lim\limits_{x\to 0}(1+x)^{\frac{1}{x}}} = e^{-2}.$

2. 欲使 $f(x)$ 在 $x = 1$ 处连续,必须有
$$\lim_{x\to 1} f(x) = f(1)$$
即 $$\lim_{x\to 1}(x^2 + b) = 2$$
得 $$1 + b = 2 \Rightarrow b = 1.$$

3. 由 $f'(x) = 1 + x^2$，$\int f'(x)\mathrm{d}x = \int(1+x^2)\mathrm{d}x$，$f(x) = x + \dfrac{1}{3}x^3 + C$. 将 $f(0) = 1$ 代入得 $C = 1$，故 $f(x) = x + \dfrac{1}{3}x^3 + C$.

4. $\begin{cases} 2x - yz^2 - 2xyz\dfrac{\partial z}{\partial x} = 0 \Rightarrow \dfrac{\partial z}{\partial x} = \dfrac{2x - yz^2}{2xyz}, \\ 3y^2 - xz^2 - 2xyz\dfrac{\partial z}{\partial y} = 0 \Rightarrow \dfrac{\partial z}{\partial y} = \dfrac{3y^2 - xz^2}{2xyz}. \end{cases}$

5. $\rho = \lim\limits_{n\to\infty}\left|\dfrac{a_{n+1}}{a_n}\right| = \lim\limits_{n\to\infty}\dfrac{n4^n}{(n+1)4^{n+1}} = \dfrac{1}{4}$，所以有 $R = \dfrac{1}{\rho} = 4$，收敛区间为 $(-4, 4)$.

四、解答题

1. 由 $\begin{cases} y = 1 - x^2 \\ y = x^2 - 1 \end{cases}$，得交点 $(-1, 0), (1, 0)$，$D: x^2 - 1 \leqslant y \leqslant 1 - x^2$，$-1 \leqslant x \leqslant 1$. 则

$$\iint\limits_{D} \mathrm{d}x\mathrm{d}y = \int_{-1}^{1} \mathrm{d}x \int_{x^2-1}^{1-x^2} \mathrm{d}y = \frac{8}{3}.$$

2. $\lim\limits_{x\to\infty}\left(\dfrac{x^2+1}{x+1} + ax + b\right) = \lim\limits_{x\to\infty}\left[\dfrac{(1+a)x^2 + (a+b)x + (b+1)}{x+1}\right] = 0$

必有 $\qquad 1 + a = 0, \quad a + b = 0 \Rightarrow a = -1, \quad b = 1.$

3. 设正方形边长为 x, 等边三角形边长为 y. 则

$$A = A_1 + A_2 = \frac{\sqrt{3}}{4}y^2 + x^2$$

且满足条件 $\qquad 3y + 4x = l$

故设 $u = \dfrac{\sqrt{3}}{4}y^2 + x^2 + \lambda(3y + 4x)$, 于是

$$\begin{cases} \dfrac{\partial u}{\partial x} = 2x + 4\lambda = 0 & (1) \\ \dfrac{\partial u}{\partial y} = \dfrac{\sqrt{3}}{2}y + 3\lambda = 0 & (2) \\ 3y + 4x = l & (3) \end{cases}$$

由式(1)、式(2) 得 $x = -2\lambda, y = -2\sqrt{3}\lambda.$

代入式(3) 得 $-6\sqrt{3}\lambda - 8\lambda = l \Rightarrow \lambda = \dfrac{-l}{6\sqrt{3}+8}.$

所以当 $x = \dfrac{l}{2\sqrt{3}+4}, y = \dfrac{\sqrt{3}l}{2\sqrt{3}+4}$ 时, $A = A_1 + A_2$ 取极小值, 也就是取最小值.

$$\frac{A_1}{A_2} = \frac{\frac{\sqrt{3}}{4}y^2}{x^2} = \frac{\frac{\sqrt{3}}{4} \cdot \frac{3l^2}{(2\sqrt{3}+4)^2}}{\frac{a^2}{(2\sqrt{3}+4)^2}} = \frac{3\sqrt{3}}{4}.$$